SHUBIANDIAN JIANSHE FANWEIZHANG
SHIGONG SHOUCE

输变电建设

曹建忠　主编

中国电力出版社
CHINA ELECTRIC POWER PRESS

内 容 提 要

本书采用对照法，列举了输变配电建设工程进行建筑施工、电气安装、线路施工作业过程中常见的违章表现，与现行规程标准中的具体规定一一对应，使得开展反违章工作更具有针对性和可操作性，更易于员工接受教育，便于规范作业行为，提升施工作业人员安全素质。

全书共四篇 30 大类，具体包含公共部分、建筑工程施工、电气安装工程施工和线路工程施工。公共部分包含通用作业要求、通用施工机械器具；建筑工程施工包含土石方施工、爆破施工、脚手架施工、混凝土施工、拆除施工等；电气安装工程施工包含电气安装、改扩建工程；线路工程施工包含停电作业、不停电作业、杆塔工程、架线工程、电缆线路工程、顶管施工、盾构施工。

本书适用于从事输变配电建设的建筑工程、电气安装工程和输电网施工的各专业施工人员阅读学习，同时也可作为输变电建设工程相关施工、管理、监理人员的培训教材。

图书在版编目（CIP）数据

输变电建设反违章施工手册 / 曹建忠主编. —北京：中国电力出版社，2018.5
ISBN 978-7-5198-1854-8

Ⅰ．①输… Ⅱ．①曹… Ⅲ．①输电–电力工程–工程施工–安全技术–手册②变电所–工程施工–安全技术–手册 Ⅳ．①TM7–62

中国版本图书馆 CIP 数据核字（2018）第 046256 号

出版发行：中国电力出版社
地　　址：北京市东城区北京站西街 19 号（邮政编码 100005）
网　　址：http://www.cepp.sgcc.com.cn
责任编辑：薛　红（010-63412346）
责任校对：王小鹏
装帧设计：张俊霞
责任印制：邹树群

印　　刷：北京雁林吉兆印刷有限公司
版　　次：2018 年 5 月第一版
印　　次：2018 年 5 月北京第一次印刷
开　　本：787 毫米×1092 毫米　16 开本
印　　张：19.25
字　　数：462 千字
印　　数：0001—1500 册
定　　价：58.00 元

编审人员名单

主　编　曹建忠

副主编　孙　岢　殷根峰

参　编　姜　华　曹　振　刘　笛　姚　超

　　　　秦　也　席风臣　李陆军　侯尽然

　　　　程生安　丁同奎　水红玉　董金锋

　　　　李剑峰　王大文

主　审　林　慧

副主审　张学众　董　锐

审　核　熊卿府　管晓峰　郭　锐　杨永杰

　　　　任志方

前 言

　　违章是事故之源,是实现安全建设目标的最大风险。而反违章是一项长期、艰苦、复杂的工作,是一切安全管理工作的重中之重,是输变配电建设企业和从业人员必须长期开展的一项重要工作。

　　该书采用对照法,列举了输变配电建设工程中的建设单位、监理单位、施工企业在进行建筑施工工程、电气安装工程、线路施工工程中管理过程和作业过程中常见的违章表现,与现行规程标准中的具体规定一一对应,使得开展反违章工作更具有针对性和可操作性,更易于员工接受教育,更便于规范管理行为和作业行为,更利于安全素质的提升,更有效地促进电网建设安全进行。

　　该书是电网建设企业开展反违章活动方面的良好工作手册和培训教材,适用于从事输变配电建设的建筑工程、电气安装工程和输电网施工的各专业,书中所列出的依据内容,均引自现行有效的国家标准、行业标准和企业标准。全书内容充实、依据可靠,并具有分类清晰、叙述简洁、文字精练、查询快捷等特点。

　　该书姊妹篇为《输变电建设反违章管理手册》。两本书的编者均长期从事输变配电建设管理和监理工作,具有丰富的管理经验和现场经验。在两本书的编写过程中,得到了国家电网郑州供电公司、河南立新监理咨询有限公司郑州管理部、郑州祥和集团公司等有关单位的领导和工程技术人员的大力协助,在此表示衷心的感谢。

编 者

2018 年 5 月

 目 录

前言

第一篇 公 共 部 分

1 通用作业要求（高处作业） 3
  1.1 人员及工器具要求 3
  1.2 高处作业现场要求 3

2 通用作业要求（交叉作业） 8
  2.1 交叉作业要求 8

3 通用作业要求（有限空间作业） 10
  3.1 气体检测要求 10
  3.2 施工现场 10

4 通用作业要求（运输、装卸） 13
  4.1 人力运输和装卸 13
  4.2 机动车运输 13
  4.3 水上运输 15

5 通用作业要求（起重作业） 17
  5.1 作业现场 17
  5.2 人员及机械检查 17
  5.3 作业方案 18

6 通用作业要求（焊接与切割） 22
  6.1 氩弧焊 22
  6.2 一般规定 22
  6.3 气焊与气割 24
  6.4 电弧焊 27

7 通用作业要求（动火作业） ······························· 33
   7.1 作业现场 ·· 33
   7.2 准备工作 ·· 33

8 通用作业要求（季节性施工） ························· 36
   8.1 冬季施工 ·· 36
   8.2 夏季、雨汛期施工 ································· 37

9 通用作业要求（特殊环境下作业） ················· 39
   9.1 高海拔地区施工 ··································· 39
   9.2 地质灾害、气象灾害地区施工 ··············· 40
   9.3 山区及林（牧）区施工 ························· 40

10 通用施工机械器具（起重机械） ··················· 41
   10.1 一般规定 ··· 41
   10.2 流动式起重机 ······································ 42
   10.3 绞磨和卷扬机 ······································ 44

11 通用施工机械器具（施工机械） ··················· 45
   11.1 一般规定 ··· 45
   11.2 挖掘机 ·· 45
   11.3 推土机 ·· 45
   11.4 装载机 ·· 46
   11.5 螺旋锚钻进机 ······································ 47
   11.6 夯实机械 ··· 49
   11.7 凿岩机 ·· 49
   11.8 混凝土及砂浆搅拌机 ···························· 49
   11.9 混凝土搅拌站 ······································ 50
   11.10 混凝土泵车 ·· 51
   11.11 混凝土泵送设备 ································· 51
   11.12 磨石机 ·· 52
   11.13 混凝土切割机 ···································· 52
   11.14 压光机 ·· 54
   11.15 切断机 ·· 54
   11.16 除锈机 ·· 55
   11.17 调直机 ·· 55
   11.18 弯曲机 ·· 55
   11.19 电焊机 ·· 56
   11.20 对焊机 ·· 56
   11.21 点焊机 ·· 56
   11.22 货物提升机 ·· 57

　11.23　高空作业吊篮·······························57

　11.24　机动翻斗车·······························58

　11.25　盾构机·······························59

12　通用施工机械器具（施工工器具）·······························60

　12.1　一般规定·······························60

　12.2　起重工器具——一般规定·······························61

　12.3　起重工器具——链条葫芦和手扳葫芦·······························62

　12.4　起重工器具——钢丝绳·······························62

　12.5　起重工器具——编织防扭钢丝绳·······························63

　12.6　起重工器具——卸扣·······························63

　12.7　空气压缩机·······························64

13　通用施工机械器具（安全工器具）·······························65

　13.1　一般规定·······························65

　13.2　个体防护装备——安全带·······························67

　13.3　个体防护装备——安全帽·······························68

　13.4　绝缘安全工器具——电容型验电器·······························70

　13.5　个体防护装备——安全绳·······························71

　13.6　个体防护装备——个人保安线·······························72

　13.7　个体防护装备——连接器·······························73

　13.8　个体防护装备——缓冲器·······························73

　13.9　个体防护装备——攀登自锁器·······························73

　13.10　个体防护装备——速差自控器·······························74

　13.11　登高工器具——梯子·······························76

　13.12　登高工器具——软梯·······························77

第二篇　建　筑　工　程　施　工

14　土石方施工·······························81

　14.1　基坑支护·······························81

　14.2　人工开挖·······························81

　14.3　一般规定·······························82

　14.4　降排水·······························85

　14.5　机械施工·······························88

　14.6　无声破碎·······························91

　14.7　基坑工程监测·······························91

15　爆破施工·······························93

　15.1　爆破工程专业分包·······························93

15.2 爆破作业单位资质和人员资格 ⋯⋯⋯⋯⋯⋯⋯⋯⋯⋯⋯⋯ 94

15.3 爆破作业项目审批 ⋯⋯⋯⋯⋯⋯⋯⋯⋯⋯⋯⋯⋯⋯⋯⋯ 94

15.4 民用爆炸物品的采购 ⋯⋯⋯⋯⋯⋯⋯⋯⋯⋯⋯⋯⋯⋯⋯ 94

15.5 民用爆炸物品的道路运输 ⋯⋯⋯⋯⋯⋯⋯⋯⋯⋯⋯⋯⋯ 95

15.6 人工搬运爆破器材 ⋯⋯⋯⋯⋯⋯⋯⋯⋯⋯⋯⋯⋯⋯⋯⋯ 95

15.7 爆炸物品现场临时储存 ⋯⋯⋯⋯⋯⋯⋯⋯⋯⋯⋯⋯⋯⋯ 95

15.8 爆破作业 ⋯⋯⋯⋯⋯⋯⋯⋯⋯⋯⋯⋯⋯⋯⋯⋯⋯⋯⋯⋯ 96

16 脚手架施工 ⋯⋯⋯⋯⋯⋯⋯⋯⋯⋯⋯⋯⋯⋯⋯⋯⋯⋯⋯⋯ 98

16.1 一般规定 ⋯⋯⋯⋯⋯⋯⋯⋯⋯⋯⋯⋯⋯⋯⋯⋯⋯⋯⋯⋯ 98

16.2 脚手架和脚手板选材及搭设 ⋯⋯⋯⋯⋯⋯⋯⋯⋯⋯⋯⋯ 101

16.3 脚手架使用 ⋯⋯⋯⋯⋯⋯⋯⋯⋯⋯⋯⋯⋯⋯⋯⋯⋯⋯⋯ 110

16.4 脚手架拆除 ⋯⋯⋯⋯⋯⋯⋯⋯⋯⋯⋯⋯⋯⋯⋯⋯⋯⋯⋯ 111

17 混凝土施工 ⋯⋯⋯⋯⋯⋯⋯⋯⋯⋯⋯⋯⋯⋯⋯⋯⋯⋯⋯⋯ 113

17.1 一般规定 ⋯⋯⋯⋯⋯⋯⋯⋯⋯⋯⋯⋯⋯⋯⋯⋯⋯⋯⋯⋯ 113

17.2 模板工程 ⋯⋯⋯⋯⋯⋯⋯⋯⋯⋯⋯⋯⋯⋯⋯⋯⋯⋯⋯⋯ 113

17.3 钢筋工程 ⋯⋯⋯⋯⋯⋯⋯⋯⋯⋯⋯⋯⋯⋯⋯⋯⋯⋯⋯⋯ 117

17.4 混凝土浇筑养护 ⋯⋯⋯⋯⋯⋯⋯⋯⋯⋯⋯⋯⋯⋯⋯⋯⋯ 120

18 拆除施工 ⋯⋯⋯⋯⋯⋯⋯⋯⋯⋯⋯⋯⋯⋯⋯⋯⋯⋯⋯⋯⋯ 125

18.1 作业中 ⋯⋯⋯⋯⋯⋯⋯⋯⋯⋯⋯⋯⋯⋯⋯⋯⋯⋯⋯⋯⋯ 125

18.2 作业前 ⋯⋯⋯⋯⋯⋯⋯⋯⋯⋯⋯⋯⋯⋯⋯⋯⋯⋯⋯⋯⋯ 126

19 桩基施工 ⋯⋯⋯⋯⋯⋯⋯⋯⋯⋯⋯⋯⋯⋯⋯⋯⋯⋯⋯⋯⋯ 133

19.1 一般规定 ⋯⋯⋯⋯⋯⋯⋯⋯⋯⋯⋯⋯⋯⋯⋯⋯⋯⋯⋯⋯ 133

19.2 钻孔灌注桩基础 ⋯⋯⋯⋯⋯⋯⋯⋯⋯⋯⋯⋯⋯⋯⋯⋯⋯ 137

19.3 机械成桩 ⋯⋯⋯⋯⋯⋯⋯⋯⋯⋯⋯⋯⋯⋯⋯⋯⋯⋯⋯⋯ 138

19.4 人工挖孔桩基础 ⋯⋯⋯⋯⋯⋯⋯⋯⋯⋯⋯⋯⋯⋯⋯⋯⋯ 139

19.5 锚杆基础 ⋯⋯⋯⋯⋯⋯⋯⋯⋯⋯⋯⋯⋯⋯⋯⋯⋯⋯⋯⋯ 141

20 砖石砌体施工 ⋯⋯⋯⋯⋯⋯⋯⋯⋯⋯⋯⋯⋯⋯⋯⋯⋯⋯⋯ 143

20.1 作业前 ⋯⋯⋯⋯⋯⋯⋯⋯⋯⋯⋯⋯⋯⋯⋯⋯⋯⋯⋯⋯⋯ 143

20.2 作业中 ⋯⋯⋯⋯⋯⋯⋯⋯⋯⋯⋯⋯⋯⋯⋯⋯⋯⋯⋯⋯⋯ 145

20.3 恶劣天气注意事项 ⋯⋯⋯⋯⋯⋯⋯⋯⋯⋯⋯⋯⋯⋯⋯⋯ 152

21 装饰施工 ⋯⋯⋯⋯⋯⋯⋯⋯⋯⋯⋯⋯⋯⋯⋯⋯⋯⋯⋯⋯⋯ 154

21.1 作业前 ⋯⋯⋯⋯⋯⋯⋯⋯⋯⋯⋯⋯⋯⋯⋯⋯⋯⋯⋯⋯⋯ 154

21.2 作业中 ⋯⋯⋯⋯⋯⋯⋯⋯⋯⋯⋯⋯⋯⋯⋯⋯⋯⋯⋯⋯⋯ 155

22 构支架施工 ⋯⋯⋯⋯⋯⋯⋯⋯⋯⋯⋯⋯⋯⋯⋯⋯⋯⋯⋯⋯ 161

22.1 材料进场 ⋯⋯⋯⋯⋯⋯⋯⋯⋯⋯⋯⋯⋯⋯⋯⋯⋯⋯⋯⋯ 161

22.2 作业前 ⋯⋯⋯⋯⋯⋯⋯⋯⋯⋯⋯⋯⋯⋯⋯⋯⋯⋯⋯⋯⋯ 161

22.3　作业中 ···165

22.4　恶劣天气注意事项 ···168

第三篇　电气安装工程施工

23　电气安装 ··171

23.1　一般规定 ···171

23.2　油浸变压器、电抗器安装（作业） ···························172

23.3　油浸变压器、电抗器安装（投运前） ························174

23.4　断路器、隔离开关、组合电器安装（准备） ···············175

23.5　断路器、隔离开关、组合电器安装（搬运） ···············175

23.6　串补装置、滤波器安装（准备） ·····························178

23.7　串补装置、滤波器安装（作业） ·····························179

23.8　互感器、避雷器安装 ···180

23.9　穿墙套管安装 ···181

23.10　换流阀厅设备安装 ··181

23.11　蓄电池组安装 ···182

23.12　盘、柜安装 ···183

23.13　母线安装/软母线安装 ··184

23.14　电缆安装 ··186

23.15　电气试验、调整及启动 ···188

23.16　高压试验 ··188

23.17　换流站直流高压试验 ··190

23.18　二次回路传动试验及其他 ··191

23.19　变电站施工专业机具使用 ··199

24　改、扩建工程 ···201

24.1　一般规定 ···201

24.2　临近带电体作业 ···203

24.3　电气设备全部或部分停电作业 ···································204

24.4　改、扩建工程的专项作业 ··208

第四篇　线路工程施工

25　停电、不停电作业 ···215

25.1　不停电跨越作业施工流程 ··215

25.2　一般规定（工作票） ···216

25.3　一般规定（人体、工器具与带电体之间安全距离） ········217

25.4　一般规定（作业过程）……………………………………………221

25.5　一般规定（个体防护装备试验项目、周期和要求）……………222

25.6　一般规定（绝缘安全工器具）…………………………………224

25.7　一般规定（绝缘安全工具最小有效绝缘长度）………………227

25.8　停电跨越作业施工方案…………………………………………230

25.9　停电跨越作业施工人员…………………………………………231

25.10　停电跨越作业施工流程………………………………………232

25.11　不停电跨越作业施工人员……………………………………238

26　杆塔工程…………………………………………………………243

26.1　一般规定………………………………………………………243

26.2　钢筋混凝土电杆排焊……………………………………………247

26.3　杆塔组装………………………………………………………248

26.4　倒落式人字抱杆整体组立杆塔…………………………………249

26.5　分解组立钢筋混凝土电杆………………………………………250

26.6　附着式外拉线抱杆分解组塔……………………………………250

26.7　内悬浮内（外）拉线抱杆分解组塔……………………………251

26.8　流动式起重机组塔………………………………………………252

26.9　直升机作业……………………………………………………253

26.10　杆塔拆除………………………………………………………254

27　架线工程…………………………………………………………256

27.1　施工方案………………………………………………………256

27.2　跨越架搭设与拆除………………………………………………256

27.3　人力及机械牵引放线……………………………………………260

27.4　张力放线………………………………………………………261

27.5　压接……………………………………………………………266

27.6　导线、地线升空…………………………………………………268

27.7　紧线……………………………………………………………268

27.8　平衡挂线………………………………………………………271

27.9　导线、地线更换施工……………………………………………272

28　电缆线路工程……………………………………………………275

28.1　一般规定………………………………………………………275

28.2　电缆通道施工……………………………………………………277

28.3　电缆敷设施工……………………………………………………278

28.4　电缆接头施工……………………………………………………280

28.5　电缆试验………………………………………………………282

29　顶管施工…………………………………………………………284

29.1　施工准备………………………………………………………284

29.2　施工用电 ……………………………………………………………… 284

29.3　安全防护 ……………………………………………………………… 285

29.4　基坑工程（作业前） ………………………………………………… 286

29.5　基坑工程（作业中） ………………………………………………… 286

29.6　基坑工程（恶劣天气注意事项） …………………………………… 289

29.7　吊装工程 ……………………………………………………………… 289

30　盾构施工 ……………………………………………………………… 292

30.1　准备工作 ……………………………………………………………… 292

30.2　作业过程 ……………………………………………………………… 293

输变电建设 *反违章*
施工手册

第一篇

公共部分

1 通用作业要求（高处作业）

1.1 人员及工器具要求

违章表现	规程规定	规程依据
1）高处作业人员未按要求参加每年一次的体检。 2）未能选派身体健康人员参加高处作业	高处作业的人员应每年体检一次。患有不宜从事高处作业病症的人员，不得参加高处作业	《国家电网公司电力安全工作规程（电网建设部分）（试行）》
1）架子工、高处作业人员存在进场前未进行特殊工种报审无证上岗现象。 2）存在特殊工种证件超期未年检现象	架子工等高处作业人员应持证上岗	《建筑施工特种作业人员管理规定》（住建部第75号令）
1）安全带检验记录、报告过期，未提供合格报告。 2）安全带存在变形、破裂等情况，使用不合格安全带现象	安全带使用前应检查是否在有效期内，是否有变形、破裂等情况，禁止使用不合格的安全带	《国家电网公司电力安全工作规程（电网建设部分）（试行）》
1）安全网检验记录、报告过期，未提供合格报告。 2）安全网存在破损，使用不合格安全网现象	安全网周期检验每年一次，使用前应检查是否在有效期内，是否有变形、破裂等情况，禁止使用不合格的安全网	《安全网》GB 5725—2009
1）安全绳检验记录、报告过期，未提供合格报告。 2）安全绳存在破损、配件不全等情况，存在使用不合格安全绳现象	织带式安全绳、纤维绳式安全绳末端不应留有散丝，绳体在构造上和使用过程中不应打结，在接近焊接、切割、热源等场所时，应对安全绳进行隔热保护，所有零部件应顺滑，无材料或制造缺陷，无尖角或锋利边缘。 周期检验，应每年一次	《坠落防护安全绳》GB 24543—2009

1.2 高处作业现场要求

违章表现	规程规定	规程依据
高处作业处，未明确专责监护人到场监护	按照 GB 3608《高处作业分级》的规定，凡在距坠落高度基准面 2m 及以上有可能坠落的高度进行的作业均称为高处作业。高处作业应设专责监护人	《国家电网公司电力安全工作规程（电网建设部分）（试行）》

违章表现	规程规定	规程依据
1) 高处作业人员未使用安全带，或未正确佩戴安全带。 2) 安全带及后备防护设施未执行低挂高用要求。 3) 杆塔组立、脚手架施工等高处作业时，未采用速差自控器等后备保护设施。 4) 特殊高处作业未使用全方位安全带	高处作业人员应正确使用安全带，宜使用全方位防冲击安全带，杆塔组立、脚手架施工等高处作业时，应采用速差自控器等后备保护设施。安全带及后备防护设施应高挂低用。高处作业过程中，应随时检查安全带绑扎的牢靠情况	《国家电网公司电力安全工作规程（电网建设部分）（试行）》
1) 施工人员未正确配戴安全防护用品。 2) 项目部管理人员未对施工人员进行安全交底	高处作业人员应着灵便，衣袖、裤脚应扎紧，穿软底防滑鞋，并正确佩戴个人防护用具	《国家电网公司电力安全工作规程（电网建设部分）（试行）》
现场安全措施所设围栏未按照坠落范围进行布置	物体不同高度可能坠落范围半径	《国家电网公司电力安全工作规程（电网建设部分）（试行）》
1) 特殊高处作业未配备与地面联系的信号或通信装置。 2) 特殊高处作业未设专人负责	特殊高处作业宜设有与地面联系的信号或通信装置，并由专人负责	《国家电网公司电力安全工作规程（电网建设部分）（试行）》
1) 遇恶劣气候时，未停止露天高处作业。 2) 施工人员冒险作业。 3) 未及时发布灾害预警信息	遇有六级及以上风或暴雨、雷电、冰雹、大雪、大雾、沙尘暴等恶劣气候时，应停止露天高处作业	《国家电网公司电力安全工作规程（电网建设部分）（试行）》 《气象灾害防御条例》（国务院令第570号）
1) 高处作业下方的危险区施工现场未设围栏。 2) 高处作业下方的危险区未设"禁止靠近"的安全标志牌。 3) 施工人员存在高处作业下方危险区内人员停留、穿行的行为	高处作业下方危险区内禁止人员停留或穿行，高处作业的危险区应设围栏及"禁止靠近"的安全标志牌	《国家电网公司电力安全工作规程（电网建设部分）（试行）》

违章表现	规程规定	规程依据
1）高处作业平台、走道、斜道未装不低于1.2m高的护栏。 2）高处作业平台、走道、斜道未在0.5～0.6m处设腰杆。 3）高处作业平台、走道、斜道未设180mm高的挡脚板	高处作业的平台、走道、斜道等应装设不低于1.2m高的护栏（0.5～0.6m处设腰杆），并设180mm高的挡脚板	《国家电网公司电力安全工作规程（电网建设部分）（试行）》
夜间或光线不足的地方进行高处作业，存在照明设施不满足要求的现象	在夜间或光线不足的地方进行高处作业，应设充足的照明	《国家电网公司电力安全工作规程（电网建设部分）（试行）》
1）高处作业地点、各层平台、走道及脚手架上堆放的物件存在超过允许载荷的现象。 2）高处作业施工用料未随用随吊。 3）在脚手架上使用临时物体（箱子、桶、板等）作为补充台架	高处作业地点、各层平台、走道及脚手架上堆放的物件不得超过允许载荷，施工用料应随用随吊。禁止在脚手架上使用临时物体（箱子、桶、板等）作为补充台架	《国家电网公司电力安全工作规程（电网建设部分）（试行）》
1）高处作业所用的工具和材料存在随意摆放现象。 2）施工人员未按规定使用绳索，传递物件随意抛接	高处作业所用的工具和材料应放在工具袋内或用绳索拴在牢固的构件上，较大的工具应系保险绳。上下传递物件应使用绳索，不得抛掷	《国家电网公司电力安全工作规程（电网建设部分）（试行）》
施工人员高处作业时，工件、余料随意摆放，未采取防坠措施	高处作业时，各种工件、边角余料等应放置在牢靠的地方，并采取防止坠落的措施	《国家电网公司电力安全工作规程（电网建设部分）（试行）》
高处焊接作业未采取防止安全绳（带）损坏措施	高处焊接作业时应采取措施防止安全绳（带）损坏	《国家电网公司电力安全工作规程（电网建设部分）（试行）》
1）高处作业人员存在上下杆塔使用绳索或拉线的现象。 2）高处作业人员存在顺杆或单根构件下滑或上爬现象。 3）杆塔上水平转移时未使用水平绳或设置临时扶手。 4）垂直转移时未使用速差自控器或安全自锁器等装置。 5）杆塔设计时未提供安全保护设施的安装用孔	高处作业人员上下杆塔等设施应沿脚钉或爬梯攀登，在攀登或转移作业位置时不得失去保护。杆塔上水平转移时应使用水平绳或设置临时扶手，垂直转移时应使用速差自控器或安全自锁器等装置。禁止使用绳索或拉线上下杆塔，不得顺杆或单根构件下滑或上爬。杆塔设计时应提供安全保护设施的安装用孔	《国家电网公司电力安全工作规程（电网建设部分）（试行）》

违章表现	规程规定	规程依据
施工人员下脚手架时存在沿绳、脚手立杆或横杆等攀爬现象	下脚手架应走斜道或梯子，不得沿绳、脚手立杆或横杆等攀爬	《国家电网公司电力安全工作规程（电网建设部分）（试行）》
1）攀登无爬梯或无脚钉的杆塔等设施未使用相应工具。 2）多人沿同一路径上下同一杆塔等设施时应未逐个进行	攀登无爬梯或无脚钉的杆塔等设施应使用相应工具，多人沿同一路径上下同一杆塔等设施时应逐个进行	《国家电网公司电力安全工作规程（电网建设部分）（试行）》
1）存在当电杆及拉线埋设不牢固、强度不符合要求情况下，就上电杆工作的现象。 2）在电杆上工作未选用适合于杆型的脚扣，未系好安全带。 3）在构架及电杆上作业时，地面未设专人监护。 4）登高用具未进行检查和试验	在电杆上进行作业前应检查电杆及拉线埋设是否牢固、强度是否足够，并应选用适合于杆型的脚扣，系好安全带。在构架及电杆上作业时，地面应有专人监护、联络。用具应按《国家电网公司电力安全工作规程（电网建设部分）（试行）》附录D的表D.2规定进行定期检查和试验	《国家电网公司电力安全工作规程（电网建设部分）（试行）》
施工人员在带电区传递物品时未按规定使用干燥的绝缘绳	高处作业区附近有带电体时，传递绳应使用干燥的绝缘绳	《国家电网公司电力安全工作规程（电网建设部分）（试行）》
施工人员在霜冻、雨雪后进行高处作业时未采取防冻和防滑措施	在霜冻、雨雪后进行高处作业，人员应采取防冻和防滑措施	《国家电网公司电力安全工作规程（电网建设部分）（试行）》
1）在气温低于-10℃进行露天高处作业时，现场未搭设取暖室。 2）取暖室内未采取防火措施	在气温低于-10℃进行露天高处作业时，施工场所附近宜设取暖休息室，并采取防火措施	《国家电网公司电力安全工作规程（电网建设部分）（试行）》
在轻型或简易结构的屋面上作业时，未设置防止坠落的可靠措施	在轻型或简易结构的屋面上作业时，应有防止坠落的可靠措施	《国家电网公司电力安全工作规程（电网建设部分）（试行）》
1）在屋顶及其他危险的边沿进行作业，临空面未装设安全网或防护栏杆。 2）高处作业人员未使用安全带，或未正确佩戴安全带	在屋顶及其他危险的边沿进行作业，临空面应装设安全网或防护栏杆，施工作业人员应使用安全带	《国家电网公司电力安全工作规程（电网建设部分）（试行）》
1）高处作业人员存在坐在平台、孔洞边缘的现象。 2）高处作业人员存在骑坐在栏杆上现象。 3）高处作业存在凭借栏杆起吊物件现象	高处作业人员不得坐在平台、孔洞边缘，不得骑坐在栏杆上，不得站在栏杆外作业或凭借栏杆起吊物件	《国家电网公司电力安全工作规程（电网建设部分）（试行）》

违章表现	规程规定	规程依据
1）高空作业车使用，项目部管理人员未对施工人员进行安全交底。 2）未按规定试验、维护、保养高空作业车	高空作业车（包括绝缘型高空作业车、车载垂直升降机）和高处作业吊篮应分别按 GB/T 9465《高空作业车》和 GB 19155《高处作业吊篮》的规定使用、试验、维护与保养	《国家电网公司电力安全工作规程（电网建设部分）（试行）》
1）自制的汽车吊高处作业平台，未经计算、验证即使用。 2）自制的汽车吊高处作业平台未制定操作规程。 3）自制的汽车吊高处作业平台操作规程未经施工单位分管领导批准即投入使用。 4）未按规定维修、保养、检查	自制的汽车吊高处作业平台，应经计算、验证，并制定操作规程，经施工单位分管领导批准后方可使用。使用过程中应定期检查、维护与保养，并做好记录	《国家电网公司电力安全工作规程（电网建设部分）（试行）》

2 通用作业要求（交叉作业）

2.1 交叉作业要求

违章表现	规程规定	规程依据
1）方案及交底记录中未明确各方施工范围及注意事项。 2）垂直交叉作业，层间未搭设严密、牢固的防护隔离设施。 3）未采取防高处落物、防坠落等防护措施。 4）施工安全作业技术交底存在人员交底不到位，未全员交底。 5）做好物体打击伤害事故应急准备和应急响应演练	作业前，应明确交叉作业各方的施工范围及安全注意事项；垂直交叉作业，层间应搭设严密、牢固的防护隔离设施，或采取防高处落物、防坠落等防护措施	《国家电网公司电力安全工作规程（电网建设部分）（试行）》
1）交叉作业未设置专责监护人。 2）上层物件未固定前，存在下层已开始施工作业的现象。 3）工具、材料、边角余料等存在上下抛掷现象。 4）交叉作业时存在吊物下方接料或停留现象	交叉作业时，作业现场应设置专责监护人，上层物件未固定前，下层应暂停作业。工具、材料、边角余料等不得上下抛掷。不得在吊物下方接料或停留	《国家电网公司电力安全工作规程（电网建设部分）（试行）》
1）交叉作业场所存在作业通道不畅通现象。 2）交叉作业场所有危险的出入口处未悬挂安全标志	交叉作业场所的通道应保持畅通；有危险的出入口处应设围栏并悬挂安全标志	《国家电网公司电力安全工作规程（电网建设部分）（试行）》
交叉作业场所存在现场照明光线昏暗等现象	交叉作业场所应保持充足光线	《国家电网公司电力安全工作规程（电网建设部分）（试行）》
1）两个以上生产经营单位在同一作业区域进行生产经营活动，存在可能危及对方生产安全的，未签订安全生产管理协议。 2）未指定专职安全生产管理人员进行安全监察和协调，现场未采取相应的安全措施	第四十五条 两个以上生产经营单位在同一作业区域进行生产经营活动，可能危及对方生产安全的，应当签订安全生产管理协议，明确各自的安全生产管理职责和应当采取的安全措施，并指定专职安全生产管理人员进行安全监察和协调	《中华人民共和国安全生产法》

违章表现	规程规定	规程依据
1）施工现场未设专责监护人。 2）作业前未与作业人员明确联络信号	进入井、箱、柜、深坑、隧道、电缆夹层内等有限空间作业，应在作业入口处设专责监护人。监护人员应事先与作业人员规定明确的联络信号，并与作业人员保持联系，作业前和离开时应准确清点人数	《国家电网公司电力安全工作规程（电网建设部分）（试行）》

3 通用作业要求（有限空间作业）

3.1 气体检测要求

违章表现	规程规定	规程依据
1） 有限空间作业方案、交底记录未明确"先通风、再检测、后作业"的原则。 2） 有限空间作业前未进行风险辨识，未分析有限空间内气体种类和进行评估监测，无辨识、评估监测记录。 3） 有限空间作业出入口未保持畅通并设置明显的安全警示标志。 4） 有限空间作业夜间未设警示红灯。 5） 施工安全作业技术交底存在人员交底不到位，未全员交底	有限空间作业应坚持"先通风、再检测、后作业"的原则，作业前应进行风险辨识，分析有限空间内气体种类并进行评估监测，做好记录。出入口应保持畅通并设置明显的安全警示标志，夜间应设警示红灯	《国家电网公司电力安全工作规程（电网建设部分）（试行）》
有限空间作业检测人员检测未采取安全防护措施	检测人员进行检测时，应当采取相应的安全防护措施，防止中毒窒息等事故发生	《国家电网公司电力安全工作规程（电网建设部分）（试行）》
1） 有限空间作业现场的氧气含量存在超出 19.5%～23.5%的范围的现象。 2） 有限空间作业有害有毒气体、可燃气体、粉尘容许浓度不符合国家标准的安全要求且未采取相应的控制措施	有限空间作业现场的氧气含量应在19.5%～23.5%。有害有毒气体、可燃气体、粉尘容许浓度应符合国家标准的安全要求，不符合时应采取清洗或置换等措施	《国家电网公司电力安全工作规程（电网建设部分）（试行）》

3.2 施工现场

违章表现	规程规定	规程依据
有限空间内盛装或者残留的物料对作业存在危害时，作业前未对物料进行清洗、清空或者置换，就进行现场工作	有限空间内盛装或者残留的物料对作业存在危害时，作业前应对物料进行清洗、清空或者置换，危险有害因素符合相关要求后，方可进入有限空间作业	《国家电网公司电力安全工作规程（电网建设部分）（试行）》

违章表现	规程规定	规程依据
在有限空间作业中，通风不良，存在用纯氧进行通风换气的现象	在有限空间作业中，应保持通风良好，禁止用纯氧进行通风换气	《国家电网公司电力安全工作规程（电网建设部分）（试行）》
1）在氧气浓度、有害气体、可燃性气体、粉尘的浓度可能发生变化的环境中作业未连续检测，现场检查气体危险因素不符合相关要求。2）在氧气浓度、有害气体、可燃性气体、粉尘的浓度可能发生变化的环境中作业未保持必要的测定次数或连续检测。3）检测的时间存在早于作业开始前30min的现象。4）作业中断超过30min，未经重新通风、检测合格后就进入现场工作	在氧气浓度、有害气体、可燃性气体、粉尘的浓度可能发生变化的环境中作业应保持必要的测定次数或连续检测。检测的时间不宜早于作业开始前30min。作业中断超过30min，应当重新通风、检测合格后方可进入	《国家电网公司电力安全工作规程（电网建设部分）（试行）》
在有限空间作业场所，未配备安全和抢救器具以及其他必要的器具和设备	在有限空间作业场所，应配备安全和抢救器具，如：防毒面罩、呼吸器具、通信设备、梯子、绳缆以及其他必要的器具和设备	《国家电网公司电力安全工作规程（电网建设部分）（试行）》
1）有限空间作业场所未使用安全矿灯或36V以下的安全灯。2）有限空间作业场所在潮湿环境下，作业人员使用超过12V安全电压的手持电动工具，未按规定配备剩余电流动作保护装置（漏电保护器）。3）在金属容器等导电场所，存在剩余电流动作保护装置（漏电保护器）、电源连接器和控制箱等放在容器、导电场所里面的现象。4）在金属容器等导电场所，存在电动工具的开关距离监护人位置较远的现象	有限空间作业场所应使用安全矿灯或36V以下的安全灯，潮湿环境下应使用12V的安全电压，使用超过安全电压的手持电动工具，应按规定配备剩余电流动作保护装置（漏电保护器）。在金属容器等导电场所，剩余电流动作保护装置（漏电保护器）、电源连接器和控制箱等应放在容器、导电场所外面，电动工具的开关应设在监护人伸手可及的地方	《国家电网公司电力安全工作规程（电网建设部分）（试行）》
由于防爆、防氧化不能采用通风换气措施或受作业环境限制不易充分通风换气的场所，作业人员未按规定使用空气呼吸器或软管面具等隔离式呼吸保护器具	对由于防爆、防氧化不能采用通风换气措施或受作业环境限制不易充分通风换气的场所，作业人员应使用空气呼吸器或软管面具等隔离式呼吸保护器具	《国家电网公司电力安全工作规程（电网建设部分）（试行）》
进行缺氧危险作业时，存在使用过滤式面具现象	当进行缺氧危险作业时，严禁使用过滤式面具	《缺氧危险作业安全规程》GB 8958—2006

违章表现	规程规定	规程依据
1）有限空间作业场所，发现通风设备停止运转，作业人员未立即停止有限空间作业，未清点作业人员，未及时撤离作业现场。 2）有限空间内氧含量浓度低于国家标准或者行业标准规定的限值时，作业人员未立即停止有限空间作业，未清点作业人员，未及时撤离作业现场。 3）有限空间内有毒有害气体浓度高于国家标准或者行业标准规定的限值时，作业人员未立即停止有限空间作业，未清点作业人员，未及时撤离作业现场	发现通风设备停止运转、有限空间内氧含量浓度低于或者有毒有害气体浓度高于国家标准或者行业标准规定的限值时，应立即停止有限空间作业，清点作业人员，撤离作业现场	《国家电网公司电力安全工作规程（电网建设部分）（试行）》
1）有限空间作业中发生事故，现场有关人员存在报警不及时，延误急救的现象。 2）有限空间作业中发生事故，存在盲目施救现象	有限空间作业中发生事故，现场有关人员应当立即报警，禁止盲目施救	《国家电网公司电力安全工作规程（电网建设部分）（试行）》
应急救援人员实施救援时，未佩戴必要的呼吸器具、救援器材	应急救援人员实施救援时，应当做好自身防护，佩戴必要的呼吸器具、救援器材	《国家电网公司电力安全工作规程（电网建设部分）（试行）》
1）在进入有限空间施工前未检查，如坑洞口的石块松动、土有裂缝，仍进入施工。 2）在进入有限空间施工前未进行检查，如坑洞里有明显积水，仍进入施工	在进入有限空间施工作业前应对施工空间进行检查，现场应做好防坍塌、防积水等检查，如有坍塌、积水等现象应及时处理确保安全后，方可进入施工	《国家电网公司电力安全工作规程（电网建设部分）（试行）》

4 通用作业要求（运输、装卸）

4.1 人力运输和装卸

违章表现	规程规定	规程依据
1）人力运输和装卸时，重大物件多人抬运时步调不一致，未同起同落。 2）人力运输和装卸时，重大物件直接用肩扛运。 3）人力运输和装卸时，重大物件多人抬运时没有设专人指挥	人力运输和装卸时，重大物件不得直接用肩扛运；多人抬运时应步调一致，同起同落，并应有人指挥	《国家电网公司电力安全工作规程（电网建设部分）（试行）》
1）钢筋混凝土电杆卸车时，每卸一根，其余电杆未掩牢。 2）钢筋混凝土电杆卸车时，车辆停在有坡度的路面上。 3）钢筋混凝土电杆卸车时，卸完一处后，剩余电杆未绑扎牢固就继续运输到下一处	钢筋混凝土电杆卸车时，车辆不得停在有坡度的路面上。每卸一根，其余电杆应掩牢；每卸完一处，剩余电杆绑扎牢固后方可继续运输	《国家电网公司电力安全工作规程（电网建设部分）（试行）》

4.2 机动车运输

违章表现	规程规定	规程依据
1）机动车辆通过渡口时，驾驶员不听从渡口工作人员的指挥。 2）机动车涉水运输时，路面水深超过汽车排气管。 3）机动车在泥泞的坡路或冰雪路面上行车速度过快。 4）机动车在泥泞的坡路或冰雪路面上行车，车轮未装防滑链。 5）机动车辆通过渡口时，驾驶员不遵守轮渡安全规定。 6）冬季车辆过冰河时，驾驶员未根据当地气候情况，未查看河水冰冻程度，盲目过河	路面水深超过汽车排气管时，不得强行通过；在泥泞的坡路或冰雪路面上应缓行，车轮应装防滑链；冬季车辆过冰河时，应根据当地气候情况和河水冰冻程度决定是否行车，不得盲目过河。车辆通过渡口时，应遵守轮渡安全规定，听从渡口工作人员的指挥	《国家电网公司电力安全工作规程（电网建设部分）（试行）》

违章表现	规程规定	规程依据
1）机动车辆未配备灭火器。 2）机动车辆配备的灭火器压力不足、软管损坏。 3）机动车辆配备的灭火器无出厂合格证、月度外观检查记录等	机动车辆运输应按《中华人民共和国道路交通安全法》的有关规定执行。车上应配备灭火器	《国家电网公司电力安全工作规程（电网建设部分）（试行）》
1）勘察人员未留有勘察记录。 2）运输道路有未加固整修之处	重要物资运输前应事先对道路进行勘察，需要加固整修的道路应及时处理	《国家电网公司电力安全工作规程（电网建设部分）（试行）》
1）运输人员在滚动电缆盘时，地面不平整。 2）运输电缆盘时，盘上的电缆头未牢固。 3）运输人员未顺着电缆缠绕方向滚动电缆盘。 4）卸电缆盘时，运输人员直接从车上、船上推下电缆盘。 5）运输人员滚动破损的电缆盘。 6）电缆盘放置时平放。 7）电缆盘立放，但未采取防止滚动的措施	运输电缆盘时，盘上的电缆头应固定牢固，应有防止电缆盘在车、船上滚动的措施。卸电缆盘不能从车、船上直接推下。滚动电缆盘的地面应平整，滚动电缆盘应顺着电缆缠紧方向，破损的电缆盘不应滚动。电缆盘放置时应立放，并采取防止滚动措施	《国家电网公司电力安全工作规程（电网建设部分）（试行）》
载货机动车搭乘除押运和装卸人员外的其他人员	禁止货运机动车载客	《中华人民共和国道路交通安全法》（中华人民共和国主席令2011年第47号）第五十条
1）物件重心与车厢承重中心不一致。 2）易滚动的物件顺其滚动方向未掩牢并捆绑牢固。 3）用超长架装载超长物件时，尾部未设警告标志。 4）用超长架装载超长物件时，超长架与车厢未固定，物件与超长架及车厢未捆绑牢固。 5）押运人员运输途中疏于检查，未留有检查记录，物件捆绑松动应及时加固	装运超长、超高或重大物件时应遵守下列规定： 1）物件重心与车厢承重中心应基本一致。 2）易滚动的物件顺其滚动方向应掩牢并捆绑牢固。 3）用超长架装载超长物件时，在其尾部应设警告标志；超长架与车厢固定，物件与超长架及车厢应捆绑牢固。 4）押运人员应加强途中检查，捆绑松动应及时加固	《国家电网公司电力安全工作规程（电网建设部分）（试行）》

违章表现	规程规定	规程依据
货运汽车挂车、半挂车、平板车、起重车、自动倾卸车和拖拉机挂车车厢内有作业人员乘坐现象	货运汽车挂车、半挂车、平板车、起重车、自动倾卸车和拖拉机挂车车厢内禁止载人	《国家电网公司电力安全工作规程（电网建设部分）（试行）》

4.3 水上运输

违章表现	规程规定	规程依据
1）船舶接送作业人员时，船上搭载和存放易燃易爆物品。 2）船舶接送作业人员时，船上未配备合格齐备的救生设备。 3）船舶接送作业人员时，乘船人员使用救生设备不熟练。 4）船舶接送作业人员时，乘船人员未掌握必要的安全常识。 5）船舶接送作业人员，时有超载超员现象	用船舶接送作业人员应遵守下列规定： 1）禁止超载超员。 2）船上应配备合格齐备的救生设备。 3）乘船人员应正确穿戴救生衣，掌握必要的安全常识，会熟练使用救生设备。 4）船上禁止搭载和存放易燃易爆物品	《国家电网公司电力安全工作规程（电网建设部分）（试行）》
1）遇有洪水恶劣天气未停止水上运输。 2）遇有大风恶劣天气未停止水上运输。 3）遇有大雾恶劣天气未停止水上运输。 4）遇有大雪恶劣天气未停止水上运输	遇有洪水或者大风、大雾、大雪等恶劣天气，应停止水上运输	《国家电网公司电力安全工作规程（电网建设部分）（试行）》
1）人力运输的道路障碍物未及时清除。 2）人力在山区抬运笨重物件或钢筋混凝土电杆时，道路的宽度小于1.2m。 3）人力在山区抬运笨重物件或钢筋混凝土电杆时，道路的坡度大于1:4。 4）人力在山区抬运笨重物件或钢筋混凝土电杆时，道路的宽度小于1.2m或坡度宜大于1:4时，未采取有效的作业方案	人力运输的道路应事先清除障碍物；山区抬运笨重物件或钢筋混凝土电杆的道路，其宽度不宜小于1.2m，坡度不宜大于1:4，如不满足要求，应采取有效的方案作业	《国家电网公司电力安全工作规程（电网建设部分）（试行）》
1）人力运输和装卸时，运输用的工器具存在缺陷。 2）人力运输和装卸时，运输用的工器具在使用前未进行认真检查	人力运输和装卸时，运输用的工器具应牢固可靠，每次使用前应进行认真检查	《国家电网公司电力安全工作规程（电网建设部分）（试行）》

违章表现	规程规定	规程依据
雨雪后人力抬运物件时，未采取防滑措施	雨雪后人力抬运物件时，应有防滑措施	《国家电网公司电力安全工作规程（电网建设部分）（试行）》
1）用跳板或圆木装卸滚动物件时，未用绳索控制物件。物件滚落前方禁止有人。 2）用跳板或圆木装卸滚动物件时，物件滚落前方有人	用跳板或圆木装卸滚动物件时，应用绳索控制物件。物件滚落前方禁止有人	《国家电网公司电力安全工作规程（电网建设部分）（试行）》
1）在高处进行焊割作业时动火点下部存在易燃易爆物，但未采取可靠的隔离、防护措施。 2）在高处进行焊割作业结束后未检查现场是否留有火种，就离开作业现场。 3）在高处进行焊割作业时动火点下部存在易燃易爆物	在高处进行焊割作业时，应把动火点下部的易燃易爆物移至安全地点，或采取可靠的隔离、防护措施。作业结束后，应检查是否留有火种，确认合格后方可离开现场	《国家电网公司电力安全工作规程（电网建设部分）（试行）》 《焊接与切割安全》GB 9448—1999
1）运输前制定了运输方案，但装卸条件不符合要求。 2）运输前，未制定运输方案。 3）运输前制定了运输方案，但船舶状况不符合要求。 4）运输笨重物件或大型施工机械前未编制专项装卸运输方案。 5）运输笨重物件或大型施工机械前编制了专项装卸运输方案，但方案中存在缺陷。 6）船舶存在超载现象。 7）运输前制定了运输方案，但水运线路选择有缺陷	运输前，应根据水运路线、船舶状况、装卸条件等制定合理的运输方案，装卸笨重物件或大型施工机械应制定专项装卸运输方案，船舶禁止超载	《国家电网公司电力安全工作规程（电网建设部分）（试行）》
1）承担运输任务的船舶有缺陷。 2）船舶上未配备救生设备。 3）未与船舶运输单位签订安全协议。 4）与船舶运输单位签订了安全协议，但内容中安全职责不明确	承担运输任务的船舶应安全可靠，船舶上应配备救生设备，并签订安全协议	《国家电网公司电力安全工作规程（电网建设部分）（试行）》
1）入舱的物件放置不平稳。 2）入舱的物件放置超高。 3）易滚、易滑和易倒入舱物件未绑扎。 4）易滚、易滑和易倒入舱物件绑扎不牢固	入舱的物件应放置平稳，易滚、易滑和易倒的物件应绑扎牢固	《国家电网公司电力安全工作规程（电网建设部分）（试行）》

5　通用作业要求（起重作业）

5.1　作业现场

违章表现	规程规定	规程依据
1）起重作业操作人员在作业前未对作业现场环境进行全面了解。 2）起重作业操作人员在作业前未对架空电力线的分布情况进行全面了解。 3）起重作业操作人员在作业前未对构件重量和分布情况进行全面了解	起重作业操作人员在作业前应对作业现场环境、架空电力线以及构件重量和分布等情况进行全面了解	《国家电网公司电力安全工作规程（电网建设部分）（试行）》

5.2　人员及机械检查

违章表现	规程规定	规程依据
1）起重机械的起重臂、吊钩、平衡重等转动体上无鲜明的色彩标志。 2）起重机械未装有音响清晰的喇叭、电铃或汽笛等信号装置	各类起重机械应装有音响清晰的喇叭、电铃或汽笛等信号装置。在起重臂、吊钩、平衡重等转动体上应标以鲜明的色彩标志	《国家电网公司电力安全工作规程（电网建设部分）（试行）》
1）起重机械使用单位对起重机械安全技术状况和管理情况未进行定期或专项检查。 2）起重机械使用单位对起重机械安全技术状况和管理情况进行定期或专项检查，但未记录相关督查缺陷整改情况	起重机械使用单位对起重机械安全技术状况和管理情况应进行定期或专项检查，并指导、追踪、督查缺陷整改	《国家电网公司电力安全工作规程（电网建设部分）（试行）》
1）起重作业未设专人指挥。 2）起重作业现场指挥人员分工不明确	起重作业应由专人指挥，分工明确	《国家电网公司电力安全工作规程（电网建设部分）（试行）》
重大物件的起重、搬运作业负责人经验不足	重大物件的起重、搬运作业应由有经验的专人负责	《国家电网公司电力安全工作规程（电网建设部分）（试行）》

违章表现	规程规定	规程依据
1）起重作业前作业负责人未对全体作业人员进行安全技术交底。 2）起重作业前进行安全技术交底，但交底内容不全。 3）起重作业前进行了安全技术交底，但作业人员未在交底记录上签字	建设工程施工前，施工单位负责项目管理的技术人员应当就有关安全施工的技术要求对施工作业班组、作业人员作出详细说明，并由双方签字确认	《建筑工程安全生产管理条例》（国务院令2003年第393号）第二十七条
1）存在利用限制器和限位装置代替操纵机构的现象。 2）起重机械的个别监测仪表以及制动器、限位器、安全阀、闭锁机构等安全装置有调整或拆除的情况。 3）起重机械的各种监测仪表以及制动器、限位器、安全阀、闭锁机构等安全装置存在缺陷	起重机械的各种监测仪表以及制动器、限位器、安全阀、闭锁机构等安全装置应完好齐全、灵敏可靠，不得随意调整或拆除。禁止利用限制器和限位装置代替操纵机构	《国家电网公司电力安全工作规程（电网建设部分）（试行）》
1）起重作业操作人员未按规定的起重性能作业。 2）起重作业操作人员在起重作业时存在超载现象	起重作业操作人员应按规定的起重性能作业，禁止超载	《国家电网公司电力安全工作规程（电网建设部分）（试行）》
1）操作室内堆放有碍操作的物品。 2）存在非操作人员进入操作室的现象。 3）起重作业未划定作业区域并设置相应的安全标志	操作室内禁止堆放有碍操作的物品，非操作人员禁止进入操作室；起重作业应划定作业区域并设置相应的安全标志，禁止无关人员进入	《国家电网公司电力安全工作规程（电网建设部分）（试行）》
1）在露天有六级及以上大风或大雨、大雪、大雾、雷暴等恶劣天气时，进行起重吊装作业。 2）雨雪过后作业前，未先试吊进行作业	在露天有六级及以上大风或大雨、大雪、大雾、雷暴等恶劣天气时，应停止起重吊装作业。雨雪过后作业前，应先试吊，确认制动器灵敏可靠后方可进行作业	《国家电网公司电力安全工作规程（电网建设部分）（试行）》

5.3 作业方案

违章表现	规程规定	规程依据
1）特殊环境、特殊吊件等施工作业未编制专项安全施工方案或专项安全技术措施。	对达到一定规模的、风险性较大的分部分项工程编制专项施工方案，并附具安全验算结果。对专项施工方案，施工单位还应当组织专家进行论证、审查	《建筑工程安全生产管理条例》（国务院令2003年第393号）第二十六条

违章表现	规程规定	规程依据
2） 特殊环境、特殊吊件等施工作业的专项安全施工方案或专项安全技术措施需要专家论证但未做该项工作。 3） 特殊环境、特殊吊件等施工作业有专项安全施工方案或专项安全技术措施，但针对性不强或未附具安全验算结果	对达到一定规模的、风险性较大的分部分项工程编制专项施工方案，并附具安全验算结果。对专项施工方案，施工单位还应当组织专家进行论证、审查	《建筑工程安全生产管理条例》（国务院令2003年第393号）第二十六条
1） 项目管理实施规划中未编制机械配置、大型吊装方案及各项起重作业的安全措施。 2） 项目管理实施规划中缺少机械配置内容。 3） 项目管理实施规划中缺少大型吊装方案内容。 4） 项目管理实施规划中缺少各项起重作业的安全措施内容。 5） 项目管理实施规划中有机械配置、大型吊装方案及各项起重作业的安全措施，但针对性不强	项目管理实施规划中应有机械配置、大型吊装方案及各项起重作业的安全措施	《国家电网公司电力安全工作规程（电网建设部分）（试行）》
1） 未编制起重机械安装专项安全施工方案。 2） 未编制起重机械拆除专项安全施工方案。 3） 起重机械拆装专项安全施工方案针对性不强。 4） 起重机械拆装未安排专业技术人员现场监督。 5） 起重机械拆装专项安全施工方案未完成编审批	安装、拆卸施工起重机械应当编制拆装方案指定安全施工措施，并由专业技术人员现场监督	《建筑工程安全生产管理条例》（国务院令2003年第393号）第十七条
1） 在高寒地带施工的起重设备，未按规定定期更换冬、夏季发动机油。 2） 在高寒地带施工的起重设备，未按规定定期更换冬、夏季齿轮油。 3） 在高寒地带施工的起重设备，未按规定定期更换冬、夏季传动液压油	在高寒地带施工的起重设备，应按规定定期更换冬、夏季传动液压油、发动机油和齿轮油等，保证油质能满足其使用条件	《国家电网公司电力安全工作规程（电网建设部分）（试行）》

违章表现	规程规定	规程依据
1) 起重机械操作（指挥）人员未持证上岗。 2) 未建立起重机械操作人员台账。 3) 建立起重机械操作人员台账，但与现场实际不符	特种作业人员，必须按照国家有关规定经过专门的安全作业培训，并取得特种作业操作资格证书后，方可上岗作业	《建筑工程安全生产管理条例》（国务院令2003年第393号）第二十五条
1) 起重机械使用前未经检验检测机构监督检验合格。 2) 起重机械使用前经检验检测机构监督检验合格但不在有效期内	起重机械使用前应经检验检测机构监督检验合格并在有效期内	《国家电网公司电力安全工作规程（电网建设部分）（试行）》
1) 起重作业时，起吊物体绑扎不牢固。 2) 起重作业时，吊钩无防止脱钩的保险装置。 3) 起重作业时，起吊物体棱角或特别光滑的部位，在棱角和滑面与绳索（吊带）接触处未加以包垫。 4) 起重作业时，起重吊钩未挂在物件的重心线上	起吊物体应绑扎牢固，吊钩应有防止脱钩的保险装置。若物体有棱角或特别光滑的部位时，在棱角和滑面与绳索（吊带）接触处应加以包垫。起重吊钩应挂在物件的重心线上	《国家电网公司电力安全工作规程（电网建设部分）（试行）》
1) 起重作业时，单独采用瓷质部件作为吊点吊装含瓷件的组合设备。 2) 起重作业时，瓷质组件吊装时未使用不危及瓷质安全的吊索	瓷件的组合设备不得单独采用瓷质部件作为吊点，产品特别许可的小型瓷质组件除外。瓷质组件吊装时应使用不危及瓷质安全的吊索，例如尼龙吊带等	《国家电网公司电力安全工作规程（电网建设部分）（试行）》
1) 辅助人员未使用带有滤光镜的头罩或手持面罩，或未佩戴安全镜、护目镜或其他合适的眼镜。 2) 焊接或切割作业时，作业人员在观察电弧时，未使用带有滤光镜的头罩或手持面罩，或未佩戴安全镜、护目镜或其他合适的眼镜	焊接或切割作业时，作业人员在观察电弧时，应使用带有滤光镜的头罩或手持面罩，或佩戴安全镜、护目镜或其他合适的眼镜。辅助人员也应佩戴类似的眼保护装置	《国家电网公司电力安全工作规程（电网建设部分）（试行）》 《焊接与切割安全》GB 9448—1999
起重作业时，起重指挥信号存在缺陷	起重作业时，起重指挥信号应简明、统一、畅通	《国家电网公司电力安全工作规程（电网建设部分）（试行）》

违章表现	规程规定	规程依据
1）起重作业时，操作人员未按照指挥人员的信号进行作业。 2）起重作业时，指挥人员的信号不清或错误，操作人员仍继续操作	起重作业时，操作人员应按照指挥人员的信号进行作业，当信号不清或错误时，操作人员可拒绝执行	《国家电网公司电力安全工作规程（电网建设部分）（试行）》
起重作业时，操作室远离地面的起重机械，正常指挥发生困难，地面及作业层（高空）的指挥人员均未采用对讲机等有效的通信联络进行指挥	起重作业时，操作室远离地面的起重机械，在正常指挥发生困难时，地面及作业层（高空）的指挥人员均应采用对讲机等有效的通信联络进行指挥	《国家电网公司电力安全工作规程（电网建设部分）（试行）》

6 通用作业要求（焊接与切割）

6.1 氩弧焊

违章表现	规程规定	规程依据
焊机未置于室内，无可靠的接地（接零）。多台对焊机并列安装时，间距少于 3m，未分别接在不同相位的电网上，未设置各自的断路器	对焊机应安置于室内，并有可靠的接地（接零）。如多台对焊机并列安装时，间距不得少于 3m，并应分别接在不同相位的电网上，分别有各自的断路器	《国家电网公司电力安全工作规程（电网建设部分）（试行）》
1）氩弧焊机运行中出现异常未立即关闭气源。 2）氩弧焊机运行中出现异常未立即关闭电源	若氩弧焊机运行中出现各种异常，应立即关闭电源和气源	《国家电网公司电力安全工作规程（电网建设部分）（试行）》
1）作业人员在电弧附近吸烟、进食。 2）作业人员在电弧附近赤身和裸露其他部位	在电弧附近禁止赤身和裸露其他部位，禁止在电弧附近吸烟、进食，以免臭氧、烟尘吸入体内	《国家电网公司电力安全工作规程（电网建设部分）（试行）》

6.2 一般规定

违章表现	规程规定	规程依据
1）焊接或切割现场存在火灾隐患。 2）焊接或切割周围 10m 范围内存在易燃易爆物品	1）焊接或切割作业只能在无火灾隐患的条件下实施。 2）禁止在储存或加工易燃、易爆物品的场所周围 10m 范围内进行焊接或切割作业	《国家电网公司电力安全工作规程（电网建设部分）（试行）》
1）在焊接或切割作业前，操作人员未对设备的安全性和可靠性进行检查。 2）在焊接或切割作业前，操作人员未对个人防护用品进行检查。 3）在焊接或切割作业前，操作人员未对操作环境进行检查	在焊接或切割作业前，操作人员应对设备的安全性和可靠性、个人防护用品、操作环境进行检查	《国家电网公司电力安全工作规程（电网建设部分）（试行）》 《焊接与切割安全》GB 9448—1999
1）操作人员登高进行焊割作业时穿硬底鞋。 2）操作人员登高进行焊割作业时穿带钉易滑鞋	登高进行焊割作业者，衣着要灵便，戴好安全帽和安全带，穿胶底鞋，禁止穿硬底鞋和带钉易滑的鞋	《国家电网公司电力安全工作规程（电网建设部分）（试行）》 《焊接与切割安全》GB 9448—1999

违章表现	规程规定	规程依据
1）焊接与切割设备缺少制造厂提供的操作说明书。 2）焊接与切割设备缺少操作安全规程	焊接与切割设备应按制造厂提供的操作说明书和安全规程使用	《国家电网公司电力安全工作规程（电网建设部分）（试行）》 《焊接与切割安全》GB 9448—1999
1）焊接、切割设备存在安全隐患，操作人员继续焊接作业。 2）焊接、切割设备存在安全隐患，操作人员自行维修	焊接、切割设备应处于正常的工作状态，存在安全隐患时，应停止使用并由维修人员修理	《国家电网公司电力安全工作规程（电网建设部分）（试行）》 《焊接与切割安全》GB 9448—1999
焊接与切割的作业场所照明不足	焊接与切割的作业场所应有良好的照明	《国家电网公司电力安全工作规程（电网建设部分）（试行）》 《焊接与切割安全》GB 9448—1999
1）进行焊接或切割作业时，作业人员衣着有敞领和卷袖的现象。 2）进行焊接或切割作业时，作业人员未穿专用工作服。 3）进行焊接或切割作业时，作业人员未穿绝缘鞋。 4）进行焊接或切割作业时，作业人员未戴防护手套。 5）进行焊接或切割作业时，作业人员穿戴的工作服、绝缘鞋、防护手套等不符合专业防护要求	焊接或切割作业时，操作人员应穿戴专用工作服、绝缘鞋、防护手套等符合专业防护要求的劳动保护用品。衣着不得敞领卷袖	《国家电网公司电力安全工作规程（电网建设部分）（试行）》
1）焊接、切割作业现场空间狭小。 2）焊接、切割作业现场通风不好	焊接、切割的操作应要在足够的通风条件下进行，必要时应采取机械通风方式	《国家电网公司电力安全工作规程（电网建设部分）（试行）》 《焊接与切割安全》GB 9448—1999
1）进行焊接或切割作业时，无防止触电、爆炸和防止金属飞溅引起火灾的措施。 2）在人员密集的场所进行焊接与切割作业，未设挡光屏	进行焊接或切割作业时，应有防止触电、爆炸和防止金属飞溅引起火灾的措施。在人员密集的场所作业时，宜设挡光屏	《国家电网公司电力安全工作规程（电网建设部分）（试行）》 《焊接与切割安全》GB 9448—1999

违章表现	规程规定	规程依据
1）在风力大于五级以上进行露天焊接与切割作业。 2）下雨天进行露天焊接与切割作业。 3）下雪天进行露天焊接与切割作业。 4）因特殊原因必须在风力五级以上及下雨、下雪下进行焊接和切割作业，未采取防风、防雨雪的措施	在风力五级以上及下雨、下雪时，不可露天或高处进行焊接和切割作业。如必须作业时，应采取防风、防雨雪的措施	《国家电网公司电力安全工作规程（电网建设部分）（试行）》 《焊接与切割安全》GB 9448—1999

6.3 气焊与气割

违章表现	规程规定	规程依据
1）气瓶的检验不符合国家的相关规定。 2）使用过期未经检验的气瓶。 3）使用过期检验不合格的气瓶	气瓶的检验应按国家的相关规定进行检验。过期未经检验或检验不合格的气瓶禁止使用	《国家电网公司电力安全工作规程（电网建设部分）（试行）》
与所装气体混合后能引起燃烧、爆炸其他气瓶一起存放	禁止与所装气体混合后能引起燃烧、爆炸的气瓶一起存放	《国家电网公司电力安全工作规程（电网建设部分）（试行）》
1）乙炔气瓶存放未保持直立。 2）乙炔气瓶存放时无防止倾倒的措施	乙炔气瓶存放时应保持直立，并应有防止倾倒的措施	《国家电网公司电力安全工作规程（电网建设部分）（试行）》
1）乙炔气瓶放置在有放射性射线的场所。 2）乙炔气瓶放在橡胶等绝缘体上	乙炔气瓶禁止放置在有放射性射线的场所，亦不得放在橡胶等绝缘体上	《国家电网公司电力安全工作规程（电网建设部分）（试行）》
1）气瓶与带电物体接触。 2）氧气瓶沾染油脂	气瓶不得与带电物体接触。氧气瓶不得沾染油脂	《国家电网公司电力安全工作规程（电网建设部分）（试行）》
1）氧气瓶卧放时超过5层。 2）氧气瓶卧放时无支架固定。 3）氧气瓶卧放时两侧未设立桩	氧气瓶卧放时不宜超过5层，两侧应设立桩，立放时应有支架固定	《国家电网公司电力安全工作规程（电网建设部分）（试行）》
1）发现气瓶丝堵和角阀丝扣有磨损及锈蚀情况，但未及时更换。 2）气瓶瓶阀及管接头处漏气。 3）气瓶丝堵和角阀丝扣有磨损及锈蚀情况	气瓶瓶阀及管接头处不得漏气。应经常检查丝堵和角阀丝扣的磨损及锈蚀情况，发现损坏应立即更换	《国家电网公司电力安全工作规程（电网建设部分）（试行）》

违章表现	规程规定	规程依据
1）气瓶存放在烈日下曝晒。 2）气瓶存放地点通风不好。 3）气瓶存放处靠近热源或在烈日下曝晒	气瓶存放应在通风良好的场所，禁止靠近热源或在烈日下曝晒	《国家电网公司电力安全工作规程（电网建设部分）（试行）》
1）使用中的氧气瓶与乙炔气瓶未垂直放置并固定。 2）使用中的氧气瓶与乙炔气瓶的距离小于5m	使用中的氧气瓶与乙炔气瓶应垂直放置并固定起来，氧气瓶与乙炔气瓶的距离不得小于5m	《国家电网公司电力安全工作规程（电网建设部分）（试行）》
1）气瓶未装减压器直接使用。 2）气瓶减压器无合格证	各类气瓶禁止不装减压器直接使用，禁止使用不合格的减压器	《国家电网公司电力安全工作规程（电网建设部分）（试行）》
1）氩气瓶存放处与明火距离小于3m。 2）氩气瓶立放时没有支架。 3）氩气瓶搬运时撞砸氩气瓶	氩气瓶不许撞砸，立放应有支架，并远离明火3m以上	《国家电网公司电力安全工作规程（电网建设部分）（试行）》
1）汽车装运时，乙炔瓶未直立排放。 2）汽车装运时，氧气瓶未横向卧放，头部朝向一侧，并应垫牢，装载高度不得超过车厢高度。 3）汽车装运时，车厢高度低于乙炔瓶高的2/3。 4）汽车装运时，气瓶押运人员坐在车厢内	汽车装运时，氧气瓶应横向卧放，头部朝向一侧，并应垫牢，装载高度不得超过车厢高度；乙炔瓶应直立排放，车厢高度不得低于瓶高的2/3。气瓶押运人员应坐在司机驾驶室内，不得坐在车厢内	《国家电网公司电力安全工作规程（电网建设部分）（试行）》
1）氩弧焊作业消除焊缝焊渣时，头部未避开敲击焊渣飞溅方向。 2）氩弧焊作业消除焊缝焊渣时，未戴防护眼镜	当消除焊缝焊渣时，应戴防护眼镜，头部应避开敲击焊渣飞溅方向	《国家电网公司电力安全工作规程（电网建设部分）（试行）》
1）氩弧焊作业完毕后未关闭电焊机。 2）氩弧焊作业完毕关闭电焊机后，未断开电源。 3）氩弧焊作业完毕后未关闭电焊机，再断开电源。 4）氩弧焊作业完毕后未清扫作业场地	作业完毕应关闭电焊机，再断开电源，清扫作业场地	《国家电网公司电力安全工作规程（电网建设部分）（试行）》
1）气瓶运输前未旋紧瓶帽。 2）气瓶运输存在抛、滑或碰击的现象	气瓶运输前应旋紧瓶帽。应轻装轻卸，禁止抛、滑或碰击	《国家电网公司电力安全工作规程（电网建设部分）（试行）》

违章表现	规程规定	规程依据
1）气瓶与易燃物、易爆物同间存放。 2）气瓶存放处 10m 内有明火	气瓶存放处 10m 内禁止明火，禁止与易燃物、易爆物同间存放	《国家电网公司电力安全工作规程（电网建设部分）（试行）》
1）汽车装运时，车上有吸烟现象。 2）汽车装运时，未配置灭火器具	汽车装运时，车上禁止烟火，运输乙炔气瓶的车上应备有相应的灭火器具	《国家电网公司电力安全工作规程（电网建设部分）（试行）》
1）易燃品、油脂和带油污的物品与氧气瓶同车运输。 2）氧气瓶与乙炔瓶同车运输	易燃品、油脂和带油污的物品不得与氧气瓶同车运输。禁止氧气瓶与乙炔瓶同车运输	《国家电网公司电力安全工作规程（电网建设部分）（试行）》
1）乙炔气瓶的使用压力超过 0.147MPa（1.5kgf/cm^2）。 2）乙炔气瓶的输气流速每瓶超过 1.5～2m^3/h	乙炔气瓶的使用压力不得超过 0.147MPa（1.5kgf/cm^2），输气流速每瓶不得超过 1.5～2m^3/h	《国家电网公司电力安全工作规程（电网建设部分）（试行）》
气瓶的搬运未使用专门的台架或手推车	气瓶的搬运应使用专门的台架或手推车	《国家电网公司电力安全工作规程（电网建设部分）（试行）》
1）环境温度在 0～15℃时，乙炔气瓶的剩余压力小于 0.1MPa。 2）气瓶内的气体全部用尽。 3）环境温度小于 0℃时，乙炔气瓶的剩余压力小于 0.05MPa。 4）环境温度在 15～25℃时，乙炔气瓶的剩余压力小于 0.2MPa。 5）环境温度在 25～40℃时，乙炔气瓶的剩余压力小于 0.3MPa。 6）用后的气瓶阀门未关紧。 7）用后的气瓶关紧其阀门后，未标注"空瓶"字样。 8）氧气瓶的剩余压力小于 0.2MPa（2kgf/cm^2）	气瓶内的气体不得全部用尽，氧气瓶应留有 0.2MPa（2kgf/cm^2）的剩余压力；乙炔气瓶应留有不低于表 5 规定的剩余压力。用后的气瓶应关紧其阀门并标注"空瓶"字样	《国家电网公司电力安全工作规程（电网建设部分）（试行）》
1）气瓶的阀门开启快。 2）开启乙炔气瓶时未站在阀门的侧后方	气瓶的阀门应缓慢开启。开启乙炔气瓶时应站在阀门的侧后方	《国家电网公司电力安全工作规程（电网建设部分）（试行）》
施工现场的乙炔气瓶未安装防回火装置	施工现场的乙炔气瓶应安装防回火装置	《国家电网公司电力安全工作规程（电网建设部分）（试行）》

违章表现	规程规定	规程依据
气瓶配置的防振圈少于2个	气瓶应佩戴2个防振圈	《国家电网公司电力安全工作规程(电网建设部分)(试行)》
1) 瓶阀冻结时用火烘烤解冻。 2) 用浸热水的棉布盖上解冻时,水的温度高于40℃	瓶阀冻结时禁止用火烘烤,可用浸40℃热水的棉布盖上使其缓慢解冻	《国家电网公司电力安全工作规程(电网建设部分)(试行)》

6.4 电弧焊

违章表现	规程规定	规程依据
1) 电焊机外壳接地电阻大于4Ω。 2) 电焊机的外壳接地或接零松动。 3) 电焊机多台串联接地	电焊机的外壳应可靠接地或接零。接地时其接地电阻不得大于4Ω。不得多台串联接地	《国家电网公司电力安全工作规程(电网建设部分)(试行)》
1) 重点要害及重要场所未经消防安全部门批准,未落实安全措施进行焊割。 2) 在带有压力(液体压力或气体压力)的设备上或带电的设备上进行焊接。 3) 在油漆未干的结构或其他物体上进行焊接	1) 重点要害及重要场所未经消防安全部门批准,未落实安全措施不能焊割。 2) 不准在带有压力(液体压力或气体压力)的设备上或带电的设备上进行焊接。在特殊情况下需在带压和带电的设备上进行焊接时,应采取安全措施,并经本单位分管生产的领导(总工程师)批准。对承重构架进行焊接,应经过有关技术部门的许可。 3) 禁止在油漆未干的结构或其他物体上进行焊接	《电力设备典型消防规程》DL 5027—2015
1) 多台电焊机集中布置时,作业人员未对电焊机和控制刀闸作对应的编号。 2) 电焊机一次侧电源线超过5m。 3) 电焊机二次侧引出线超过30m。 4) 电焊机一、二次线应布置不整齐,不牢固可靠	施工现场的电焊机应根据施工区需要而设置。多台电焊机集中布置时,应将电焊机和控制刀闸作对应的编号。电焊机一次侧电源线不得超过5m,二次侧引出线不得超过30m。一、二次线应布置整齐,牢固可靠	《国家电网公司电力安全工作规程(电网建设部分)(试行)》
1) 露天装设的电焊机场所潮湿。 2) 露天装设的电焊机无防雨、雪措施	露天装设的电焊机应设置在干燥的场所,并应有防雨、雪措施	《国家电网公司电力安全工作规程(电网建设部分)(试行)》
1) 焊钳及电焊线的绝缘层有破损。 2) 焊钳手把发热	焊钳及电焊线的绝缘应良好;导线截面积应与作业参数相适应。焊钳应具有良好的隔热能力	《国家电网公司电力安全工作规程(电网建设部分)(试行)》

违章表现	规程规定	规程依据
1）焊接或切割作业结束后，作业人员未切断电源或气源就离开工作现场。 2）焊接或切割作业结束后，作业人员未检查作业场所周围及防护设施是否有起火危险，就离开工作现场。 3）焊接或切割作业结束后，作业人员未整理好器具，就离开工作现场	焊接或切割作业结束后，应切断电源或气源，整理好器具，仔细检查作业场所周围及防护设施，确认无起火危险后方可离开	《国家电网公司电力安全工作规程（电网建设部分）（试行）》
电焊机各电路对机壳的热态绝缘电阻低于 0.4MΩ	电焊机各电路对机壳的热态绝缘电阻不得低于 0.4MΩ	《国家电网公司电力安全工作规程（电网建设部分）（试行）》
电焊机未设置单独的电源控制装置	电焊机应有单独的电源控制装置	《国家电网公司电力安全工作规程（电网建设部分）（试行）》
1）电焊设备无定期维修、保养的记录。 2）电焊设备使用前未进行检查，存在异常现象	电焊设备应经常维修、保养。使用前应进行检查，确认无异常后方可合闸	《国家电网公司电力安全工作规程（电网建设部分）（试行）》
1）电焊机倒换接头时，未切断电源。 2）电焊机转移作业地点时，未切断电源。 3）电焊机发生故障时，未切断电源	电焊机倒换接头，转移作业地点或发生故障时，应切断电源	《国家电网公司电力安全工作规程（电网建设部分）（试行）》
1）高处焊接与切割作业时，所使用的焊条、工具、小零件等未装在牢固的无孔洞的工具袋内。 2）高处焊接与切割作业时，所使用的焊条、工具、小零件等装在有孔洞的工具袋内	高处焊接与切割作业时，所使用的焊条、工具、小零件等应装在牢固的无孔洞的工具袋内，防止落下伤人	《国家电网公司电力安全工作规程（电网建设部分）（试行）》 《焊接与切割安全》GB 9448—1999
在高处进行电焊作业时，未设进行拉合闸和调节电流等作业的人员	在高处进行电焊作业时，宜设专人进行拉合闸和调节电流等作业	《国家电网公司电力安全工作规程（电网建设部分）（试行）》 《焊接与切割安全》GB 9448—1999

违章表现	规程规定	规程依据
1）高处进行焊接与切割作业时，作业人员将焊接电缆缠绕在身上操作。 2）高处进行焊接与切割作业时，作业人员将气焊、气割的橡皮软管缠绕在身上操作	高处进行焊接与切割作业时，禁止将焊接电缆或气焊、气割的橡皮软管缠绕在身上操作，以防触电或燃爆	《国家电网公司电力安全工作规程（电网建设部分）（试行）》 《焊接与切割安全》GB 9448—1999
1）在高处进行焊割作业时，作业区域上方有高压线。 2）在高处进行焊割作业时，作业区域上方有裸导线。 3）在高处进行焊割作业时，作业区域上方有低压电源线	登高焊割作业应避开高压线、裸导线及低压电源线	《国家电网公司电力安全工作规程（电网建设部分）（试行）》
1）高处作业时，电焊机及其他焊割设备与高处焊割作业点未设监护人。 2）高处作业时，电焊机及其他焊割设备与高处焊割作业点的下部地面间隔小于10m	高处焊接与切割作业时，电焊机及其他焊割设备与高处焊割作业点的下部地面保持10m以上的间隔，并应设监护人	《国家电网公司电力安全工作规程（电网建设部分）（试行）》 《焊接与切割安全》GB 9448—1999
1）高处焊接与切割作业时，作业人员随身携带电焊导线或气焊软管登高。 2）高处焊接与切割作业时，作业人员从高处跨越。 3）高处焊接与切割作业时，作业人员在未切断电源或气源的情况下，用绳索提吊电焊导线、软管	高处焊接与切割作业时，不得随身携带电焊导线或气焊软管登高，不得从高处跨越。电焊导线、软管应在切断电源或气源后用绳索提吊	《国家电网公司电力安全工作规程（电网建设部分）（试行）》 《焊接与切割安全》GB 9448—1999
1）进行焊接或切割作业时，缺少防止触电、爆炸和防止金属飞溅引起火灾的措施。 2）进行焊接或切割作业，在人员密集的场所作业时，未设挡光屏	进行焊接或切割作业时，应有防止触电、爆炸和防止金属飞溅引起火灾的措施。在人员密集的场所作业时，宜设挡光屏	《国家电网公司电力安全工作规程（电网建设部分）（试行）》
1）进行焊接或切割作业时在进行焊接或切割操作的地方未配置灭火设备。 2）进行焊接或切割作业时在进行焊接或切割操作的地方配置灭火设备不符合要求	进行焊接或切割作业时在进行焊接或切割操作的地方应配置适宜、足够的灭火设备	《国家电网公司电力安全工作规程（电网建设部分）（试行）》

违章表现	规程规定	规程依据
1）氩弧焊时，在容器内焊接又不能采用局部通风的情况下，作业人员未采用送风式头盔、送风口罩或防毒口罩等个人防护用品。 2）氩弧焊时，作业人员未穿戴非棉布工作服。 3）在容器内氩弧焊作业时，容器外未设人监护和配合。 4）在容器内氩弧焊作业时，容器外安排专人监护和配合，但监护人临时离开未通知容器内作业人员	氩弧焊时，由于臭氧和紫外线作用强烈，宜穿戴非棉布工作服（如耐酸呢、柞丝绸等）。在容器内焊接又不能采用局部通风的情况下，可以采用送风式头盔、送风口罩或防毒口罩等个人防护用品。容器外应设人监护和配合	《国家电网公司电力安全工作规程（电网建设部分）（试行）》
1）大量钍钨棒集中在一起。 2）钍钨极和铈钨极加工时，未采用密封式或抽风式砂轮磨削。 3）钍钨极和铈钨极未放在铝盒内保存。 4）钍钨极和铈钨极加工时，操作者未佩戴口罩、手套等个人防护用品。 5）氩弧焊未采用放射剂量极低的铈钨极	氩弧焊尽可能采用放射剂量极低的铈钨极。钍钨极和铈钨极加工时，应采用密封式或抽风式砂轮磨削，操作者应佩戴口罩、手套等个人防护用品，加工后要洗净手脸。钍钨极和铈钨极应放在铝盒内保存。避免由于大量钍钨棒集中在一起时，其放射性剂量超出安全规定而伤人	《国家电网公司电力安全工作规程（电网建设部分）（试行）》
氩弧焊未设专人操作开关	氩弧焊应由专人操作开关	《国家电网公司电力安全工作规程（电网建设部分）（试行）》
1）工件接地不符合要求，不能很好地防备和削弱高频电磁场对操作人员的影响。 2）焊枪电缆和地线未用金属编织线屏蔽，不能很好地防备和削弱高频电磁场对操作人员的影响。 3）未适当降低频率，不能很好地防备和削弱高频电磁场对操作人员的影响。 4）使用高频振荡器作为稳弧装置，不能很好地防备和削弱高频电磁场对操作人员的影响。	防备和削弱高频电磁场影响的主要措施有： 1）工件良好接地，焊枪电缆和地线要用金属编织线屏蔽。 2）适当降低频率。 3）尽量不要使用高频振荡器作为稳弧装置，减小高频电作用时间。	《国家电网公司电力安全工作规程（电网建设部分）（试行）》

违章表现	规程规定	规程依据
5）高频电作用时间长，不能很好的防备和削弱高频电磁场对操作人员的影响。 6）连续作业超过 6h，不能很好的防备和削弱高频电磁场对操作人员的影响。 7）操作人员未佩戴静电防尘口罩等其他个人防护用品，不能很好的防备和削弱高频电磁场对操作人员的影响	4）连续作业不得超过 6h。 5）操作人员随时佩戴静电防尘口罩等其他个人防护用品	《国家电网公司电力安全工作规程（电网建设部分）（试行）》
1）磨钍钨极作业时操作人员未戴口罩。 2）磨钍钨极作业时操作人员未戴手套。 3）使用砂轮机磨钍钨极时，操作人员未按照砂轮机操作规程操作	磨钍钨极时应戴口罩、手套，并遵守砂轮机操作规程	《国家电网公司电力安全工作规程（电网建设部分）（试行）》
1）电焊工清除焊渣时未戴防护眼镜。 2）电焊工未使用反射式镜片	电焊工宜使用反射式镜片。清除焊渣时应戴防护眼镜	《国家电网公司电力安全工作规程（电网建设部分）（试行）》
1）采用电缆管、电缆外皮或吊车轨道等作为电焊地线。 2）在采用屏蔽电缆的变电站内施焊时，未设置专用地线。 3）在采用屏蔽电缆的变电站内施焊时，采用了专用地线，但接地点范围大于 5m	禁止将电缆管、电缆外皮或吊车轨道等作为电焊地线。在采用屏蔽电缆的变电站内施焊时，应用专用地线，且应在接地点 5m 范围内进行	《国家电网公司电力安全工作规程（电网建设部分）（试行）》
1）电焊导线附近有其他热源。 2）电焊导线接触到钢丝绳或转动机械。 3）电焊导线穿过道路未采取防护措施	电焊导线不得靠近热源，且禁止接触钢丝绳或转动机械。电焊导线穿过道路应采取防护措施	《国家电网公司电力安全工作规程（电网建设部分）（试行）》
1）电焊作业台未接地。 2）在狭小或潮湿地点施焊，未垫以木板或采取其他防止触电的措施。 3）在狭小或潮湿地点施焊，未设监护人	电焊作业台应可靠接地。在狭小或潮湿地点施焊时，应垫以木板或采取其他防止触电的措施，并设监护人	《国家电网公司电力安全工作规程（电网建设部分）（试行）》

违章表现	规程规定	规程依据
1) 氩弧焊焊机电源线、引出线及各接点接触不牢固。 2) 氩弧焊焊机二次接地线接在焊机壳体上	氩弧焊作业前检查焊机电源线、引出线及各接点接触是否牢固,二次接地线禁止接在焊机壳体上	《国家电网公司电力安全工作规程(电网建设部分)(试行)》
1) 氩弧焊机接地线及焊接工作回路线搭接在易燃易爆的物品上。 2) 氩弧焊机接地线及焊接工作回路线搭接在管道和电力、仪表保护套以及设备上	焊机接地线及焊接工作回路线不准搭接在易燃易爆的物品上,不准搭接在管道和电力、仪表保护套以及设备上	《国家电网公司电力安全工作规程(电网建设部分)(试行)》
1) 氩弧焊作业场地空气不流通。 2) 氩弧焊作业中未开动通风排毒设备。 3) 氩弧焊作业中通风装置失效	氩弧焊作业场地应空气流通。作业中应开动通风排毒设备。通风装置失效时,应停止作业	《国家电网公司电力安全工作规程(电网建设部分)(试行)》

7 通用作业要求（动火作业）

7.1 作业现场

违章表现	规程规定	规程依据
1）一般动火作业过程中，未检测动火现场可燃性、易爆气体含量或粉尘浓度是否合格。 2）火作业前未清除动火现场以及周围上下方的易燃易爆物品。 3）在油船油车停靠区域进行动火作业。 4）在附近有与明火作业相抵触的工作进行动火作业。 5）施工项目部动火作业现场通排风不好，不能保证泄漏的气体能顺畅排走。 6）与生产系统直接相连的阀门上未上锁挂牌，并进行清洗置换	1）动火作业前应清除动火现场以及周围上下方的易燃易爆物品。 2）一般动火作业过程中，应每隔 2.0h～4.0h 检测动火现场可燃性，易爆气体含量或粉尘浓度是否合格。 3）与生产系统直接相连的阀门上应上锁挂牌，并进行清洗置换。 4）动火作业现场通排风不好，如有必要，检测动火场所可燃气体含量应合格。 5）禁止在附近有与明火作业相抵触的工作进行动火作业。 6）禁止在油船油车停靠区域进行动火作业	《电力设备典型消防规程》DL 5027—2015

7.2 准备工作

违章表现	规程规定	规程依据
1）动火工作票未提前办理，动火工作票签发人兼职该项工作的工作负责人。 2）专责监护人和工作负责人未始终监督现场动火作业。 3）动火工作票签发人，工作负责人未进行《电力设备典型消防规程》等制度的培训，考试不合格	1）一般动火工作票应提前 8h 办理，动火工作票签发人不准兼职该项工作的工作负责人，动火工作票至少一式三份。 2）包括电焊工在内动火工作票签发人，工作负责人都应进行《电力设备典型消防规程》等制度的培训，并经考试合格。 3）专责监护人和工作负责人应始终监督现场动火作业	《电力设备典型消防规程》DL 5027—2015
1）氩弧焊机运行中出现异常未立即关闭气源。 2）氩弧焊机运行中出现异常未立即关闭电源	若氩弧焊机运行中出现各种异常应立即关闭电源和气源	《国家电网公司电力安全工作规程（电网建设部分）（试行）》

违章表现	规程规定	规程依据
1）动火工作负责人未办理动火工作票。 2）电焊工未取得特种作业操作资格证书。 3）施工项目部动火作业现场未设定专责监护人；动火作业人员未正确佩戴安全防护用品。 4）动火作业超过有限期限未重新办理动火工作票，负责人未对作业人员进行交底。变电一种票有效期超过 24h，二种票有效期超过 120h	在防火重点部位或场所以及禁止明火区动火作业，应填用动火工作票，其方式有一级动火工作票和二级动火工作票两种，具体填用办法见 Q/GDW 1799.1—2013《国家电网公司电力安全工作规程（变电部分）》	《国家电网公司电力安全工作规程（电网建设部分）（试行）》
施工项目部动火作业未设专人监护，动火作业前未清除动火现场及周围的易燃物品，未采取其他有效的防火安全措施，并未配备足够适用的消防器材	动火作业应有专人监护，动火作业前应清除动火现场及周围的易燃物品，或采取其他有效的防火安全措施，配备足够适用的消防器材	《国家电网公司电力安全工作规程（电网建设部分）（试行）》
作业人员人工挖孔桩作业时未用梯	人工挖孔桩基础人员上下应用软梯	《国家电网公司电力安全工作规程（电网建设部分）（试行）》
1）使用中的氧气瓶和乙炔瓶未垂直放置并固定起来，氧气瓶和乙炔瓶的距离小于5m，气瓶的放置地点靠近热源，距明火不足10m。 2）氧气瓶和乙炔气瓶放在一起运送，或与易燃物品、装有可燃气体的容器一起运送。 3）气瓶搬运未使用专门的抬架或手推车	1）气瓶的存储应符合国家有关规定。 2）气瓶搬运应使用专门的抬架或手推车。 3）禁止把氧气瓶和乙炔气瓶放在一起运送，也不准与易燃物品或装有可燃气体的容器一起运送。 4）使用中的氧气瓶和乙炔瓶应垂直放置并固定起来，氧气瓶和乙炔瓶的距离不得小于 5m，气瓶的放置地点不准靠近热源，应距明火 10m 以外	《国家电网公司电力安全工作规程（电网建设部分）（试行）》
1）电焊设备的带电和转动部分未装设防护罩。 2）露天施焊的电焊设备没有防雨罩。 3）电焊机的外壳未可靠接地或接地电阻大于4Ω	电焊机的外壳必须可靠接地，接地电阻不得大于4Ω；露天施焊用的电焊设备应有防雨罩；电焊设备的带电和转动部分应装有防护罩	《国家电网公司电力安全工作规程（电网建设部分）（试行）》

违章表现	规程规定	规程依据
动火作业人员在下列情况下进行动火作业： 1）压力容器或管道未泄压。 2）存放易燃易爆物品的容器未清洗干净或未进行有效置换。 3）在风力达 5 级以上时露天作业。 4）喷漆现场。 5）遇有火险异常情况未查明原因和消除前	下列情况禁止动火： a）压力容器或管道未泄压前； b）存放易燃易爆物品的容器未清洗干净前或未进行有效置换前； c）风力达 5 级以上的露天作业； d）喷漆现场； e）遇有火险异常情况未查明原因和消除前	《国家电网公司电力安全工作规程（电网建设部分）（试行）》
施工人员在操作前未检查施工操作环境、清理动火现场，未配备消防器材，或消防器材不适用等	动火作业现场的通风要良好，作业前应清除动火现场及周围的易燃物品，配备足够适用的消防器材	《国家电网公司电力安全工作规程（电网建设部分）（试行）》
施工项目部动火作业现场通排风不好，不能保证泄漏的气体能顺畅排走	动火作业现场的通排风应良好，以保证泄漏的气体能顺畅排走	《国家电网公司电力安全工作规程（电网建设部分）（试行）》
在对盛有或盛过易燃易爆等化学危险物品的容器、设备、管道等生产、储存装置动火作业前，施工人员未将其与生产系统彻底隔离，并进行清洗置换。未检测可燃气体、易燃液体的可燃蒸汽含量或检测不合格，即进行动火作业	凡盛有或盛过易燃易爆等化学危险物品的容器、设备、管道等生产、储存装置，在动火作业前应将其与生产系统彻底隔离，并进行清洗置换，检测可燃气体、易燃液体的可燃蒸汽含量合格后，方可动火作业	《国家电网公司电力安全工作规程（电网建设部分）（试行）》
施工项目部作业现场未尽可能地把动火时间和范围压缩到最低限度	尽可能地把动火时间和范围压缩到最低限度	《国家电网公司电力安全工作规程（电网建设部分）（试行）》
施工项目部动火作业过程中动火区域内有条件拆下的构件如油管、阀门等，未拆下来移至安全场所	动火区域中有条件拆下的构件如油管、阀门等，应拆下来移至安全场所	《国家电网公司电力安全工作规程（电网建设部分）（试行）》
施工项目部可以采用不动火的方法替代而能够达到同样效果时，未采用替代的方法处理	可以采用不动火的方法替代而能够达到同样效果时，尽量采用替代的方法处理	《国家电网公司电力安全工作规程（电网建设部分）（试行）》
动火作业人员在动火作业间断或终结后，未清理现场，未确认无残留火种后即离开	动火作业间断或终结后，应清理现场，确认无残留火种后，方可离开	《国家电网公司电力安全工作规程（电网建设部分）（试行）》

8 通用作业要求（季节性施工）

8.1 冬季施工

违章表现	规程规定	规程依据
1）作业人员在严寒季节采用工棚保温措施施工未遵守规程规定。 2）施工项目部在霜雪天气进行户外露天作业未及时清除场地霜雪，未采取防冻防滑措施。 3）施工项目部在环境温度低于−25℃时进行室外作业时，主要受力机具未将安全系数提高10%～20%。 4）施工项目部在冬季施工没有为作业人员配发防止冻伤、滑跌、雪盲及有害气体中毒等个人防护用品或采取相应措施，防寒服装等颜色不醒目。 5）施工项目部在入冬之前，未对消防器具应进行全面检查，对消防设施及施工用水外露管道，未做好保温防冻措施。 6）施工项目部在入冬之前未对取暖设施进行全面检查，未加强冬季用火管理，未配备必要的防寒设施。 7）瓶阀冻结未按规定进行缓解解冻。 8）施工项目部在冬季坑槽施工方案中未根据土质情况制定边坡防护措施。 9）施工项目部在施工现场使用裸线；电线敷设未采取防砸、防碾压措施；未采取防止电线冻结在冰雪中的措施；大风雪后，未对供电线路进行检查，未制定防止断线造成触电事故的措施。	1）冬季施工应为作业人员配发防止冻伤、滑跌、雪盲及有害气体中毒等个人防护用品或采取相应措施，防寒服装等颜色宜醒目。 2）入冬之前，对消防器具应进行全面检查，对消防设施及施工用水外露管道，应做好保温防冻措施。 3）对取暖设施应进行全面检查，加强用火管理，配备必要的防寒设施。 4）冬季坑槽施工方案中应根据土质情况制定边坡防护措施。 5）施工现场禁止使用裸线；电线敷设要防砸，防碾压；防止电线冻结在冰雪中；大风雪后，应对供电线路进行检查，防止断线造成触电事故。 6）现场道路及脚手架、跳板和走道等，应及时清除积水、积霜、积雪并采取防滑措施。 7）施工机械设备的水箱、油路管道等润滑部件应经常检查，适季更换油材；油箱或容器内的油料冻结时，应采用热水或蒸汽化冻，禁止用火烤化。 8）用明火加热时，配备足量的消防器材，人员离场应及时熄灭火源。 9）汽车及轮胎式机械在冰雪路面上行驶应更换雪地胎或加装防滑链。 10）环境温度低于-25℃时，不宜进行室外施工作业，确需施工时，主要受力机具应将安全系数提高10%～20%。 11）严寒季节采用工棚保温措施施工应遵守下列规定： a）使用锅炉作为加温设备，锅炉应经过压力容器设备检验合格。锅炉操作人员应经过培训合格、取证。 b）工棚内养护人员不能少于两人，应有防止一氧化碳中毒、窒息的措施。	《国家电网公司电力安全工作规程（电网建设部分）（试行）》

违章表现	规程规定	规程依据
10）施工现场道路及脚手架、跳板和走道等，未及时清除积水、积霜、积雪，未采取防滑措施。 11）施工项目部在冬季未对施工机械设备的水箱、油路管道等润滑部件进行经常检查，未适季更换油材；油箱或容器内的油料冻结时，采用用火烤化的方法。 12）施工项目部用明火加热时，未配备足量的消防器材，人员离场未及时熄灭火源。 13）汽车及轮胎式机械在冰雪路面上行驶未更换雪地胎或加装防滑链	c）采用苫布直接遮盖、用炭火养生的基础，加火或测温人员应先打开苫布通风，并测量一氧化碳和氧气浓度，达到符合指标时，才能进入基坑，同时坑上设置监护人。 12）在霜雪天气进行户外露天作业应及时清除场地霜雪，采取防冻防滑措施。 13）人员驻地取暖措施不宜采用炭火取暖，如因条件所限只能采取炭火取暖时，应采取措施防止一氧化碳中毒。 14）氧气、乙炔瓶阀冻结时禁止用火烘烤，可用浸40℃热水的棉布盖上使其缓解解冻	《国家电网公司电力安全工作规程（电网建设部分）（试行）》
人员驻地采用炭火取暖时，未采取措施防止一氧化碳中毒	人员驻地取暖措施不宜采用炭火取暖，如因条件所限只能采取炭火取暖时，应采取措施防止一氧化碳中毒	《国家电网公司电力安全工作规程（电网建设部分）（试行）》

8.2 夏季、雨汛期施工

违章表现	规程规定	规程依据
1）施工项目部在夏季高温季节未调整作业时间，未避开高温时段，未做好防暑降温工作。 2）施工项目部在夏季高温季节未加强防火管理，易燃易爆物品与其他物品共同存放	夏季高温季节应调整作业时间，避开高温阶段，并做好防暑降温工作。加强夏季防火管理，易燃易爆品应单独存放	《国家电网公司电力安全工作规程（电网建设部分）（试行）》
1）施工项目部在雨季前未做好防风、防雨、防洪等应急处置方案，现场排水系统未整修畅通。 2）施工项目部在雷雨季节前，未对建筑物、施工机械、跨越架等的避雷装置进行全面检查，未进行接地电阻测定。 3）台风和汛期到来之前，施工现场和生活区的临建设施以及高架机械未进行修缮和加固，未准备充足的防汛器材。	1）雨季前应做好防风、防雨、防洪等应急处置方案。现场排水系统应整修畅通，必要时应筑防汛堤。 2）雷雨季节前，应对建筑物、施工机械、跨越架等的避雷装置进行全面检查，并进行接地电阻测定。 3）台风和汛期到来之前，施工现场和生活区的临建设施以及高架机械应进行修缮和加固，准备充足的防汛器材。 4）对正在组装、吊装的构支架应确保地锚埋设和拉线固定牢靠，独立的架构组合应采用四面拉线固定。	《国家电网公司电力安全工作规程（电网建设部分）（试行）》

违章表现	规程规定	规程依据
4）施工项目部对正在组装、吊装的构支架地锚埋设和拉线固定不牢靠，独立的架构组合未采用四面拉线固定。 5）施工项目部在铁塔构架、避雷针、避雷线安装后未及时接地。 6）施工项目部在台风、暴雨发生时进行施工作业。 7）施工项目部未开展防灾自查工作，无相关记录。 8）施工项目部在暴雨、台风、汛期后未对临建设施、脚手架、机电设备、电源线路等进行检查并及时修理加固	5）铁塔构架、避雷针、避雷线一经安装应接地。 6）机电设备及配电系统应按有关规定进行绝缘检查和接地电阻测定。 7）台风、暴雨发生时禁止施工作业。 8）暴雨、台风、汛期后应对临建设施、脚手架、机电设备、电源线路等进行检查并及时修理加固。 9）施工项目部应开展防灾自查工作，并做好相关记录	《国家电网公司电力安全工作规程（电网建设部分）（试行）》

9 通用作业要求（特殊环境下作业）

9.1 高海拔地区施工

违章表现	规程规定	规程依据
1）施工项目部劳动强度与时间安排不合理，未给作业人员提供高热量的膳食。 2）施工项目部在高原地区施工未考虑机械出力降效情况。 3）施工人员施工或外出时单独行动，未保持联络，未根据实际情况配备食物、饮用水，车辆燃油等应急物品。 4）施工项目部未配备性能满足高海拔施工的机械设备、工器具及交通工具，机械设备、车辆未配备小型氧气瓶等医疗应急物品。 5）施工项目部进行高处作业时，作业人员未随身携带小型氧气瓶或袋,高处作业时间超过1h。 6）施工项目部未根据需要配备防紫外线灼伤的眼镜,防晒药膏等紫外线防护用品。 7）施工项目部施工现场未配备必要的医疗设备及药品。 8）施工项目部在高海拔地区施工（海拔3300m及以上），未对作业人员进行体检合格，直接参加施工。作业人员未定期进行体格检查，也没有建立个人健康档案。 9）施工项目部掘挖基础施工中，通风不好，基坑上方未设专责监护人	1）高海拔地区施工（海拔3300m及以上），作业人员应体检合格，并经习服适应后，方可参加施工。作业人员应定期进行体格检查，并建立个人健康档案。 2）施工现场应配备必要的医疗设备及药品。 3）合理安排劳动强度与时间，为作业人员提供高热量的膳食。 4）根据需要应配备防紫外线灼伤的眼镜，防晒药膏等紫外线防护用品。 5）掘挖基础施工中，必要时应进行送风，同时基坑上方要有专责监护人。 6）进行高处作业时，作业人员应随身携带小型氧气瓶或袋,高处作业时间不应超过1h。 7）应配备性能满足高海拔施工的机械设备、工器具及交通工具，机械设备、车辆宜配备小型氧气瓶或氧气袋等医疗应急物品。 8）施工或外出时不得单独行动，并应保持联络，应根据实际情况配备食物、饮用水，车辆燃油等应急物品。 9）高原地区施工需要考虑机械出力降效情况，必要时通过试验手段进行测试	《国家电网公司电力安全工作规程（电网建设部分）（试行）》

9.2 地质灾害、气象灾害地区施工

违章表现	规程规定	规程依据
施工项目部在地质灾害、气象灾害多发地区施工，未与当地有关部门保持联系，未设专人关注记录当地有关部门发布的预警信息，未及时做好应急预防措施	在地质灾害、气象灾害多发地区施工，应与当地有关部门保持联系，设专人关注记录当地有关部门发布的预警信息，及时做好应急预防措施，必要时要停工转移	《国家电网公司电力安全工作规程（电网建设部分）（试行）》

9.3 山区及林（牧）区施工

违章表现	规程规定	规程依据
1）施工人员在山区及林牧区施工未做防毒蛇、野兽、毒蜂等生物侵害的措施，施工或外出时未保持联系，未携带必要的应急防卫器械，防护用具及药品。 2）施工人员山区及林牧区施工未采取防止误踩深沟、陷阱的措施。未穿硬胶底鞋。私自穿越不明地狱、水域，未随时保持联系，私自单独远离作业现场。作业完毕，作业负责人未清点人数。 3）施工人员山区及林牧区施工未做好森林乙脑炎等传染性较强的疾病预防工作，未及时为施工人员注射疫苗，配备相关药品。 4）施工项目部在山区及林牧区施工未严格遵守环境保护相关规定。 5）施工项目部在山区及林牧区施工未严格遵守当地关于春季秋季防火相关规定，防火期施工携带火种上山作业	1）山区及林牧区施工应严格遵守当地关于春季秋季防火相关规定，防火期施工不得携带火种上山作业。 2）山区及林牧区施工应严格遵守环境保护相关规定。 3）山区及林牧区施工应做好森林乙脑炎等传染性较强的疾病预防工作，及时为施工人员注射疫苗，配备相关药品。 4）山区及林牧区施工应防止误踩深沟、陷阱。应穿硬胶底鞋。不得穿越不明地域、水域，随时保持联系，不得单独远离作业现场。作业完毕，作业负责人应清点人数。 5）山区及林牧区施工做好防毒蛇、野兽、毒蜂等生物侵害的措施，施工或外出时应保持联系，携带必要的应急防卫器械，防护用具及药品	《国家电网公司电力安全工作规程（电网建设部分）（试行）》

10 通用施工机械器具（起重机械）

10.1 一般规定

违章表现	规程规定	规程依据
1）在起吊、牵引过程中，受力钢丝绳的周围、上下方、转向滑车内角侧、吊臂和起吊物的下面，有人逗留和通过。 2）吊物上站人，作业人员利用吊钩上升或下降。用起重机械载运人员。 3）起重臂跨越电力线进行作业。 4）吊装作业人员未进行试吊（吊起100mm后暂停，检查起重系统的稳定性、制动器的可靠性、物件的平稳性、绑扎的牢固性，确认无误）即开始正式起吊。作业人员未对易晃动的重物采用控制措施。 5）吊索与物件的夹角超出规定要求。吊索与物件棱角之间未加垫块。 6）存在起重机械进行斜拉、斜吊和起吊地下埋设或凝固在地面上的重物以及其他不明重量的物体现象。 7）起吊物件长时间悬挂在空中。作业中遇突发故障，吊装作业人员未采取措施将物件降落到安全地方，并关闭发动机或切断电源后进行检修。无法放下吊物时，吊装人员未采取保险措施，有无关人员进入危险区域。 8）物件起升和下降速度不够平稳、均匀，操作人员在起升或下降过程中突然采取制动措施。吊装作业未设专人指挥	1）禁止使用起重机械进行斜拉、斜吊和起吊地下埋设或凝固在地面上的重物以及其他不明重量的物体。 2）吊索与物件的夹角宜采用45°～60°，且不得小于30°或大于120°，吊索与物件棱角之间应加垫块。 3）吊件起吊100mm后应暂停，检查起重系统的稳定性、制动器的可靠性、物件的平稳性、绑扎的牢固性，确认无误后方可继续起吊。对易晃动的重物应拴好控制绳。 4）物件起升和下降速度应平稳、均匀，不得突然制动。 5）禁止起吊物件长时间悬挂在空中，作业中遇突发故障，应采取措施将物件降落到安全地方，并关闭发动机或切断电源后进行检修。无法放下吊物时，应采取适当的保险措施，除排险人员外，任何人员不得进入危险区域。 6）在起吊、牵引过程中，受力钢丝绳的周围、上下方、转向滑车内角侧、吊臂和起吊物的下面，禁止有人逗留和通过。 7）吊物上不可站人，禁止作业人员利用吊钩上升或下降。禁止用起重机械载运人员。 8）禁止起重臂跨越电力线进行作业	《国家电网公司电力安全工作规程（电网建设部分）（试行）》

违章表现	规程规定	规程依据
施工企业未按国家有关规定对深基坑、高大模板及脚手架、大型起重机械安拆及作业、重型索道运输、重要的拆除爆破等超过一定规模的危险性较大的分部分项工程的专项施工方案（含安全技术措施），组织专家进行论证、审查，未根据论证报告修改完善专项施工方案。 方案未经施工企业技术负责人、项目总监理工程师、业主项目部项目经理签字。 施工项目部总工程师未交底，专职安全管理人员未到现场监督实施	对深基坑、高大模板及脚手架、大型起重机械安拆及作业、重型索道运输、重要的拆除爆破等超过一定规模的危险性较大的分部分项工程的专项施工方案（含安全技术措施），施工企业还应按国家有关规定组织专家进行论证、审查，并根据论证报告修改完善专项施工方案，经施工企业技术负责人、项目总监理工程师、业主项目部项目经理签字后，由施工项目部总工程师交底，专职安全管理人员现场监督实施	《国家电网公司基建安全管理规定》[国网（基建/2）173—2015]第五十六条
未建立现场施工机械安全管理机构。 未配备施工机械管理人员，未落实施工机械安全管理责任。 未对进入现场的施工机械和工器具的安全状况进行准入检查，并对施工过程中起重机械的安装、拆卸、重要吊装、关键工序作业进行有效监控；项目部未及时将施工队（班组）安全工器具进行定期试验、送检	建立现场施工机械安全管理机构，配备施工机械管理人员，落实施工机械安全管理责任，对进入现场的施工机械和工器具的安全状况进行准入检查，并对施工过程中起重机械的安装、拆卸、重要吊装、关键工序作业进行有效监控；负责施工队（班组）安全工器具的定期试验、送检工作	《国家电网公司基建安全管理规定》[国网（基建/2）173—2015]第十八条
滑车组的钢丝绳产生扭绞	滑车组的钢丝绳不得产生扭绞；使用时滑车组两滑车轴心间的距离不得小于表 6 的规定	《国家电网公司电力安全工作规程（电网建设部分）（试行）》

10.2 流动式起重机

违章表现	规程规定	规程依据
1）当吊钩处于作业位置最低点时，卷筒上缠绕的钢丝绳，除固定绳尾的圈数外，放出钢丝绳时，卷筒上保留钢丝绳少于 3 圈；当吊钩处于作业位置最高点时，卷筒上绕绳余量不足 1 圈。	1）起重机行驶和作业的场地应保持平坦坚实，机身倾斜度不得超过制造厂的规定，其车轮、支腿或履带的前端、外侧与沟、坑边缘的距离不得小于沟、坑深度的 1.2 倍，小于 1.2 倍时应采取防倾倒、防坍塌措施。	《国家电网公司电力安全工作规程（电网建设部分）（试行）》

违章表现	规程规定	规程依据
2）起重机行驶和作业的场地不够平坦坚实，机身倾斜度超过制造厂的规定，其车轮、支腿或履带的前端、外侧与沟、坑边缘的距离不满足要求，未采取相应防倾倒、防坍塌措施，未设安全警示牌。 3）汽车式起重机作业前未支好全部支腿，支腿未加垫木。作业中扳动支腿操纵阀；吊装作业人员在有载荷时调整支腿，且未将起重臂转至正前或正后方位。 4）起吊重物时，重物中心与吊钩中心未在同一垂线上；荷载由多根钢丝绳支承时，未设置能有效地保证各根钢丝绳受力均衡的装置。作业中发现起重机倾斜、支腿不稳等异常现象时，未立即使重物降落在安全的地方，或在重物下降过程中制动。 5）停机时，作业人员将重物悬挂在空中。 6）起吊作业完毕后，臂杆未放在支架上就收起支腿；吊钩未用专用钢丝绳挂牢或未固定于规定位置。汽车式起重机吊物行走。 7）履带起重机主臂工况吊物行走时，吊物没有位于起重机的正前方，未用绳索拉住，行走速度过快；吊物离地面超过500mm，吊物重量超过起重机当时允许起重量的70%。操作人员在塔式工况下吊物行走。 8）履带起重机行驶时，地面的接地比压不符合说明书的要求，且未在履带下铺设路基板，回转盘、臂架及吊钩未固定住，汽车式起重机下坡时空挡滑行。 9）作业时，臂架、吊具、辅具、钢丝绳及吊物等与架空输电线及其他带电体之间小于安全距离，未设专人监护。	2）汽车式起重机作业前应支好全部支腿，支腿应加垫木。作业中禁止扳动支腿操纵阀；调整支腿应在无载荷时进行，且应将起重臂转至正前或正后方位。 3）汽车式起重机起吊作业应在起重机的侧向和后向进行；变幅角度或回转半径应与起重量相适应。起重机带载回转时，回转速度要均匀，重物未停稳前，不准作反向操作。向前回转时，臂杆中心线不得越过支腿中心。 4）起吊重物时，重物中心与吊钩中心应在同一垂线上；荷载由多根钢丝绳支承时，宜设置能有效地保证各根钢丝绳受力均衡的装置。作业中发现起重机倾斜、支腿不稳等异常现象时，应立即使重物降落在安全的地方，下降中禁止制动。 5）当吊钩处于作业位置最低点时，卷筒上缠绕的钢丝绳，除固定绳尾的圈数外，放出钢丝绳时，卷筒上应至少保留3圈；当吊钩处于作业位置最高点时，卷筒上还宜留有至少1整圈的绕绳余量。 6）停机时，应先将重物落地，不得将重物悬在空中停机。 7）起吊作业完毕后，应先将臂杆放在支架上，后起支腿；吊钩应用专用钢丝绳挂牢或固定于规定位置。汽车式起重机禁止吊物行走。 8）履带起重机主臂工况吊物行走时，吊物应位于起重机的正前方，并用绳索拉住，缓慢行走；吊物离地面不得超过500mm，吊物重量不得超过起重机当时允许起重量的70%。塔式工况禁止吊物行走。 9）履带起重机行驶时，地面的接地比压要符合说明书的要求，必要时可在履带下铺设路基板，回转盘、臂架及吊钩应固定住，汽车式起重机下坡时不得空挡滑行。 10）作业时，臂架、吊具、辅具、钢丝绳及吊物等与架空输电线及其他带电体之间不得小于安全距离，且应设专人监护。	《国家电网公司电力安全工作规程（电网建设部分）（试行）》

违章表现	规程规定	规程依据
10）长期或频繁地靠近架空线路或其他带电体作业时，未采取隔离防护措施。 11）作业人员在加油时吸烟或动用明火。油料着火时，用水浇泼。 12）汽车式起重机起吊作业未在起重机的侧向和后向进行；变幅角度或回转半径与起重量不适应。起重机带载回转时，回转速度不够均匀，重物未停稳前，就进行反向操作。向前回转时，臂杆中心线越过支腿中心	11）长期或频繁地靠近架空线路或其他带电体作业时，应采取隔离防护措施。 12）加油时禁止吸烟或动用明火。油料着火时，应使用泡沫灭火器或砂土扑灭，禁止用水浇泼	《国家电网公司电力安全工作规程（电网建设部分）（试行）》

10.3 绞磨和卷扬机

违章表现	规程规定	规程依据
1）绞磨和卷扬机放置不够平稳，锚固不够可靠，未采取防滑动措施。受力前方有人。 2）卷筒未与牵引绳保持垂直。牵引绳未从卷筒下方卷入，排列不整齐，通过磨芯时重叠或相互缠绕，在卷筒或磨芯上缠绕少于5圈，绞磨卷筒与牵引绳最近的转向滑车未保持5m以上的距离。 3）拉磨尾绳少于两人，没有在锚桩后面、绳圈外侧。站在绳圈内，距离绞磨小于2.5m；作业人员未及时清除磨绳上的油脂。 4）机动绞磨和卷扬机在载荷的情况下过夜。 5）磨绳在通过磨芯时出现重叠或相互缠绕，作业人员未及时停止作业、排除故障，强行进行牵引。作业人员在转动的卷筒上调整牵引绳位置。 6）作业人员跨越正在作业的卷扬钢丝绳。物料提升后，操作人员离开机械。 7）被吊物件或吊笼下面有人员停留或通过。 8）机动绞磨未设置过载保护装置，采用松尾绳的方法卸荷	1）绞磨和卷扬机应放置平稳，锚固应可靠，并应有防滑动措施。受力前方不得有人。 2）拉磨尾绳不应少于两人，且应位于锚桩后面、绳圈外侧，不得站在绳圈内，距离绞磨不得小于2.5m；当磨绳上的油脂较多时应清除。 3）机动绞磨宜设置过载保护装置，不得采用松尾绳的方法卸荷。 4）卷筒应与牵引绳保持垂直。牵引绳应从卷筒下方卷入，且排列整齐，通过磨芯时不得重叠或相互缠绕，在卷筒或磨芯上缠绕不得少于5圈，绞磨卷筒与牵引绳最近的转向滑车应保持5m以上的距离。 5）机动绞磨和卷扬机不得在载荷的情况下过夜。 6）磨绳在通过磨芯时不得重叠或相互缠绕，当出现该情况时，应停止作业，及时排除故障，不得强行牵引。不得在转动的卷筒上调整牵引绳位置。 7）作业人员不得跨越正在作业的卷扬钢丝绳。物料提升后，操作人员不得离开机械。 8）被吊物件或吊笼下面禁止人员停留或通过	《国家电网公司电力安全工作规程（电网建设部分）（试行）》

11 通用施工机械器具（施工机械）

11.1 一般规定

违章表现	规程规定	规程依据
材料站、施工现场中正在使用中的机械金属外壳存在未可靠接地的情况	机械金属外壳应可靠接地	《国家电网公司电力安全工作规程（电网建设部分）（试行）》

11.2 挖掘机

违章表现	规程规定	规程依据
1）操作挖掘机未按操作规程进行，存在进铲过深，提斗过猛，挖土高度超过 4m 的情况。 2）挖掘机行驶时，存在铲斗未位于机械的正前方，离地面高度不满足规范要求（1m 左右），回转机构未制动，上下坡的坡度超过 20° 的情况。 3）液压挖掘装载机存在操作手柄不平顺，液压挖掘装载机臂杆下降中途突然停顿。行驶时未将铲斗和斗柄的油缸活塞杆完全伸出等情况	操作挖掘机时进铲不宜过深，提斗不得过猛，挖土高度一般不得超过 4m。挖掘机行驶时，铲斗应位于机械的正前方并离地面 1m 左右，回转机构应制动，上下坡的坡度不得超过 20°。液压挖掘装载机的操作手柄应平顺，臂杆下降中途不得突然停顿。行驶时应将铲斗和斗柄的油缸活塞杆完全伸出，使铲斗、斗柄和动臂靠紧	《国家电网公司电力安全工作规程（电网建设部分）（试行）》
机械如在寒冷季节使用，施工方案中未针对机械特点编制防冻、防滑措施，施工前未进行安措交底	机械在寒冷季节使用，针对机械特点应做好防冻、防滑工作	《国家电网公司电力安全工作规程（电网建设部分）（试行）》

11.3 推土机

违章表现	规程规定	规程依据
1）推土机在建筑物附近工作时，与建筑物的墙、柱、台阶等的距离不满足规程要求，距离小于 1m。	向边坡推土时，铲刀不得超出边坡。换好倒挡后方可提铲刀倒车。推土机上下坡时的坡度不得超过 35°，横坡不得超过 10°。推土机在建筑物附近工作时，与建筑物的墙、柱、台阶等的距离不得小于 1m	《国家电网公司电力安全工作规程（电网建设部分）（试行）》

违章表现	规程规定	规程依据
2）向边坡推土时，存在铲刀超出边坡，未换好倒挡就提铲刀倒车的情况。 3）推土机上下坡时的路面坡度不满足规范要求，存在坡度超过35°，横坡时超过10°的情况	向边坡推土时，铲刀不得超出边坡。换好倒挡后方可提铲刀倒车。推土机上下坡时的坡度不得超过35°，横坡不得超过10°。推土机在建筑物附近工作时，与建筑物的墙、柱、台阶等的距离不得小于1m	《国家电网公司电力安全工作规程（电网建设部分）（试行）》
钢筋送入压滚时，操作人员手与曳轮距离不足。操作人员在机械运转中调整滚筒，戴手套操作	钢筋送入压滚时，手与曳轮应保持一定距离，不得接近。机械运转中不得调整滚筒。不得戴手套操作	《国家电网公司电力安全工作规程（电网建设部分）（试行）》
钢筋调直到末端时，未采取防止钢筋甩动伤人措施	钢筋调直到末端时，严防钢筋甩动伤人	《国家电网公司电力安全工作规程（电网建设部分）（试行）》
施工人员在调直短于2m或直径大于9mm的钢筋时未按规定低速进行	调直短于2m或直径大于9mm的钢筋时应低速进行	《国家电网公司电力安全工作规程（电网建设部分）（试行）》
钢筋调直作业台和弯曲机台面未在同一水平面上	作业台和弯曲机台面要保持水平	《国家电网公司电力安全工作规程（电网建设部分）（试行）》
芯轴、成型轴、挡铁轴规格与加工钢筋不匹配（芯轴直径应为钢筋直径的2.5倍）。挡铁轴无轴套	按加工钢筋的直径和弯曲半径的要求装好相应规格的芯轴、成型轴、挡铁轴，芯轴直径应为钢筋直径的2.5倍。挡铁轴应有轴套	《国家电网公司电力安全工作规程（电网建设部分）（试行）》

11.4 装载机

违章表现	规程规定	规程依据
1）装载机操作不满足规范要求，存在起步前未先鸣声示意，铲斗提升离地不足0.5m。行驶过程中未测试制动器的可靠性，未避开路障或高压线等；除操作人员外，存在搭乘其他人员，铲斗内载人的情况。	1）装载机工作距离不宜过大，超过合理运距时，应由自卸汽车配合装运作业。自卸汽车的车厢容积应与铲斗容量相匹配。 2）起步前，应先鸣声示意，宜将铲斗提升离地0.5m。行驶过程中应测试制动器的可靠性并避开路障或高压线等。除规定的操作人员外，不得搭乘其他人员，铲斗不应载人。 3）行驶中，应避免突然转向，铲斗装载后升起行驶时，不得急转弯或紧急制动。	《国家电网公司电力安全工作规程（电网建设部分）（试行）》

违章表现	规程规定	规程依据
2）铲装或挖掘作业时铲斗偏载，在未举臂时前进。铲斗装满后，举臂距地面高度未达规范要求（约 0.5m 时），即后退、转向、卸料。卸料时，举臂翻转铲斗动作过快。 3）存在装载机工作距离过大，超过合理运距时，未使用自卸汽车配合装运作业；自卸汽车的车厢容积与铲斗容量不匹配的情况。 4）装载机操作不满足规范要求，存在铲斗提升到最高位置运输物料、运载物料时铲臂下铰点离地面高度不满足规范要求（0.5m 左右），行驶不平稳等情况。 5）装载机操作不满足规范要求，存在行驶中突然转向，铲斗装载后升起行驶时急转弯或紧急制动的情况	4）不得将铲斗提升到最高位置运输物料。运载物料时，宜保持铲臂下铰点离地面0.5m 左右，并保持平稳行驶。 5）铲装或挖掘应避免铲斗偏载，不得在收斗或半收斗而未举臂时前进。铲斗装满后，应举臂到距地面约 0.5m 时，再后退、转向、卸料。卸料时，举臂翻转铲斗应低速缓慢动作。 6）在电力线路附近作业时，应遵守邻近带电体作业的相关规定	《国家电网公司电力安全工作规程（电网建设部分）（试行）》

11.5 螺旋锚钻进机

违章表现	规程规定	规程依据
1）在电力线路附近作业时，存在未遵守邻近带电体作业的相关规定的现象。 2）机架未放平，未固定好即开始行驶，行走时遇尖、硬障碍物时强行通过；使用单边履带进行转向操作。 3）在设备选定钻进位置后，升起钻进机架过快，操作手柄与机架的动作不一致。 4）设备稳固后，动力头下有异物，螺旋锚传扭销不牢固，动力头操作手柄复位不正常。 5）操作绞盘时，离合手柄未按机械上的标识位置操作，未在绞盘每一个状态上进行 1~2s 的试运行，造成离合器离合不到位。	1）在电力线路附近作业时，应遵守邻近带电体作业的相关规定。 2）在设备行走前检查机架是否放平，固定好机架方可行驶，行走时遇尖、硬障碍物时，不得强行通过；禁止仅使用单边履带进行转向操作。 3）在设备选定钻进位置后，应缓慢升起钻进机架，同时检查操作手柄与机架的动作是否协调一致。 4）设备稳固完毕后，应确认动力头下无异物，螺旋锚传扭销牢固，动力头操作手柄复位正常。 5）操作绞盘时，离合手柄应按机械上的标识位置操作，在绞盘每一个状态上进行1~2s 的试运行，以确保离合器完全离合到位。 6）绞盘滚筒上至少应保留 5 圈钢丝绳。	《国家电网公司电力安全工作规程（电网建设部分）（试行）》

违章表现	规程规定	规程依据
6) 存在绞盘滚筒上钢丝绳不足 5 圈的现象。 7) 存在安装及拆除螺旋锚时未停机、制动的现象。 8) 螺旋锚钻不满足操作规程，存在起动后未做 3～5min 急速运转后检查即开始工作，或急速运转时间过长（超过 10min）的现象。 9) 螺旋锚钻进机存在支腿不稳固，钻进过程中钻进压力超过 28MPa，下降压力超过 16MPa 的现象	7) 安装及拆除螺旋锚时应停机并制动。 8) 螺旋锚钻起动后怠速运转 3～5min，检查仪表是否运行正常；检查滑道机构和动力头是否运行正常，确认正常时才能工作。怠速运转时间不得超过 10min。 9) 钻进过程中应随时检查螺旋锚钻进机支腿的稳固情况，钻进压力最大不得超 28MPa，下降压力不得超过 16MPa	《国家电网公司电力安全工作规程（电网建设部分）（试行）》
1) 设置导向滑车未对正卷筒中心；导向滑轮使用开口拉板式滑轮，滑车与卷筒的距离小于卷筒（光面）长度的 20 倍，与有槽卷筒小于 15 倍，或小于 15m。 2) 作业人员未在作业前进行检查和试车，以确认卷扬机设置稳固，各部件合格就投入使用。 3) 作业人员在作业时向滑轮上套钢丝绳，在卷筒、滑轮附近用手扶运行中的钢丝绳，跨越行走中的钢丝绳，在各导向滑轮的内侧逗留或通过。 4) 吊起的重物在空中短时间停留时，未用棘爪锁住，休息时未将物件或吊笼降至地面。 5) 卷扬机未完全停稳时就进行换挡或改变转动方向。 6) 卷扬机传动部分未安装防护罩。 7) 作业中发现异常情况时，作业人员未立即停机检查，排除故障	使用卷扬机应遵守下列规定： 1) 作业前应进行检查和试车，确认卷扬机设置稳固，防护设施、电气绝缘、离合器、制动装置、保险棘轮、导向滑轮、索具等合格后，方可使用。 2) 作业时禁止向滑轮上套钢丝绳，禁止在卷筒、滑轮附近用手扶运行中的钢丝绳，不准跨越行走中的钢丝绳，不准在各导向滑轮的内侧逗留或通过。 3) 吊起的重物在空中短时间停留时，应用棘爪锁住，休息时应将物件或吊笼降至地面。 4) 作业中如发现异常情况时，应立即停机检查，排除故障后方可使用。 5) 卷扬机未完全停稳时不得换挡或改变转动方向。 6) 设置导向滑车应对正卷筒中心；导向滑轮不得使用开口拉板式滑轮，滑车与卷筒的距离不应小于卷筒（光面）长度的 20 倍，与有槽卷筒不应小于 15 倍，且应不小于 15m。 7) 卷扬机传动部分应安装防护罩	《国家电网公司电力安全工作规程（电网建设部分）（试行）》

11.6 夯实机械

违章表现	规程规定	规程依据
1) 夯实机械操作时不满足规程要求，存在无专人调整电源线，电源线长度超过 50m，夯实机前方站人，夯实机四周 1m 范围内有非操作人员的现象。多台夯实机械同时工作时，其平列间距小于 5m，前后间距小于 10m。 2) 存在夯实机械的操作扶手未绝缘，夯土机械开关箱中剩余电流动作保护器不符合潮湿场所的要求；操作人员未按规定正确使用绝缘防护用品的情况	夯实机械的操作扶手应绝缘，夯土机械开关箱中的剩余电流动作保护器应符合潮湿场所的要求。操作时，应按规定正确使用绝缘防护用品。操作时，应一人打夯，一人调整电源线。电源线长度不应大于 50m，夯实机前方不得站人，夯实机四周 1m 范围内，不得有非操作人员。多台夯实机械同时工作时，其平列间距不得小于 5m，前后间距不得小于 10m	《国家电网公司电力安全工作规程（电网建设部分）（试行）》

11.7 凿岩机

违章表现	规程规定	规程依据
1) 作业后未按规程操作，操作人员未擦净尘土、油污，未妥善保管，致使电动机受潮。 2) 电动凿岩机电缆线敷设在水中或在金属管道上。施工现场存在无警示标志，现场有机械、车辆等在电缆上通过的现象。 3) 钻孔时，当突然卡钎停钻或钎杆弯曲，操作人员未立即松开离合器，退回钻机。遇局部硬岩层时，强行推进	使用电动凿岩机应遵守下列规定： 1) 电缆线不得敷设在水中或在金属管道上通过。施工现场应设标志，不得有机械、车辆等在电缆上通过。 2) 钻孔时，当突然卡钎停钻或钎杆弯曲，应立即松开离合器，退回钻机。若遇局部硬岩层时，可操纵离合器缓慢推动，或变更转速和推进量。 3) 作业后，应擦净尘土、油污，妥善保管在干燥地点，防止电动机受潮	《国家电网公司电力安全工作规程（电网建设部分）（试行）》

11.8 混凝土及砂浆搅拌机

违章表现	规程规定	规程依据
1) 搅拌机进料斗升起时，存在施工人员在料斗下通过或停留的现象。作业完毕后，未将料斗固定好。 2) 搅拌机使用完毕后，未按规程操作，未及时清理，未将料斗升起，双保险挂钩未挂牢，未拉闸断电，电箱门未锁好。	1) 搅拌机应安置在坚实的地方，用支架或支脚筒架稳，不准以轮胎代替支撑。 2) 进料斗升起时，禁止任何人在料斗下通过或停留。作业完毕后应将料斗固定好。 3) 运转时，禁止将工具伸进滚筒内。现场检修时，应固定好料斗，切断电源。进入滚筒时，外面应有人监护。	《国家电网公司电力安全工作规程（电网建设部分）（试行）》

违章表现	规程规定	规程依据
3）搅拌机运转时违反规程，施工人员将工具伸进滚筒内。现场检修时，作业人员未固定好漏斗，未切断电源。进入滚筒时，外面未设专人监护。 4）存在搅拌机未安置在坚实的地方，未使用支架或支脚筒架稳，采用轮胎代替支撑的现象	4）作业完毕应将机械内外刷干净，并将料斗升起，挂牢双保险钩后，拉闸断电并锁好电箱门。 5）搅拌机应搭设能防风、防雨、防晒、防砸的防护棚，在出料口设置安全限位挡墙，操作平台设置应便于搅拌机手操作。 6）采用自动配料机及装载机配合上料时，装载机操作人员要严格执行装载机的各项安全操作规程。 7）搅拌机上料斗升起过程中，禁止在斗下敲击斗身。进料时不得将头、手伸入料斗与机架之间。 8）皮带输送机在运行过程中不得进行检修。皮带发生偏移等故障时，应停车排除故障。不得从运行中的皮带上跨越或从其下方通过。 9）清理搅拌斗下的砂石，应待送料斗提升并固定稳妥后方可进行。清扫闸门及搅拌器应在切断电源后进行。 10）作业后送料斗应收起，挂好双侧安全挂钩，切断电源，锁上电源箱	《国家电网公司电力安全工作规程（电网建设部分）（试行）》

11.9 混凝土搅拌站

违章表现	规程规定	规程依据
1）施工完毕后未按规程操作，存在送料斗未及时收起，双保险挂钩未挂牢，未切断电源，电箱门未锁好的现象。 2）施工人员在皮带输送机运行过程中进行检修。皮带发生偏移等故障时，施工人员未停车排除故障。施工人员从运行中的皮带上跨越或从其下方通过。 3）施工人员未按规程操作，未待送料斗提升并固定稳妥就开始清理搅拌斗下的砂石。清扫闸门及搅拌器未在切断电源后进行。	搅拌机应安装在坚实的地方，用支架或支脚筒架稳，不准以轮胎代替支撑。进料斗升起时，禁止任何人在斗下通过或停留。作业完毕后应将料斗固定好。运转时，禁止将工具伸进滚筒内。现场检修时，应固定好料斗，切断电源。进入滚筒时，外面应有人监护。作业完毕应将机械内外刷干净，并将料斗升起，挂牢双保险钩后，拉闸断电并锁好电箱门。搅拌机应搭设能防风、防雨、防晒、防砸的防护棚，在出料口设置安全限位挡墙，操作平台设置应便于搅拌机手操作。采用自动配料机及装载机配合上料时，装载机操作人员要严格执行装载机的各项安全操作规程。搅拌机上料斗升起过程中，禁止在斗下敲击斗身。进料时不得将头、手伸入料斗与机架之间。皮带输送机在运行过程中不得进行检修。皮带发生偏移等故障时，应停车排	《国家电网公司电力安全工作规程（电网建设部分）（试行）》

违章表现	规程规定	规程依据
4）搅拌机上料斗升起过程中，施工人员在斗下敲击斗身。进料时施工人员头、手伸入料斗与机架之间。 5）采用自动配料机及装载机配合上料时，装载机操作人员未严格执行装载机的各项安全操作规程。 6）搅拌机未搭设防护棚，在出料口未设置安全限位挡墙，操作平台设置不便于搅拌机手操作	除故障。不得从运行中的皮带上跨越或从其下方通过。清理搅拌斗下的砂石，应待送料斗提升并固定稳妥后方可进行。清扫闸门及搅拌器应在切断电源后进行。作业后送料斗应收起，挂好双侧安全挂钩，切断电源，锁上电源箱	《国家电网公司电力安全工作规程（电网建设部分）（试行）》

11.10 混凝土泵车

违章表现	规程规定	规程依据
1）存在作业人员在地面上拖拉布料杆前端软管；作业人员延长布料配管和布料杆的现象。 2）泵送混凝土未连续进行。输送管道堵塞时违反规程操作，存在采用加大气压的方法疏堵的现象。 3）存在泵车就位后未及时打开停车灯的现象。 4）存在泵车就位地点不平坦、坚实，周围有障碍物，上空有高压输电线、泵车停放在斜坡上的现象。 5）泵车就位后，未按规程及时支起支腿，保持机身的水平和稳定。使用布料杆送料时，机身倾斜度大于3°	泵送混凝土应连续进行。输送管道堵塞时，不得采用加大气压的方法疏堵。泵车就位后，应支起支腿并保持机身的水平和稳定。使用布料杆送料时，机身倾斜度不宜大于3°。就位后，泵车应打开停车灯，避免碰撞。不得在地面上拖拉布料杆前端软管；禁止延长布料配管和布料杆。泵车就位地点应平坦坚实，周围无障碍物，上空无高压输电线。泵车不得停放在斜坡上	《国家电网公司电力安全工作规程（电网建设部分）（试行）》

11.11 混凝土泵送设备

违章表现	规程规定	规程依据
1）水平泵送管道未按直线敷设。 2）垂直泵送管道直接装接在泵的输出口上，垂直管前端未按规定加装带有逆止阀的水平管。	泵送管道的敷设应符合下列要求： 1）水平泵送管道宜直线敷设。 2）垂直泵送管道不得直接装接在泵的输出口上，应在垂直管前端按规定加装长度带有逆止阀的水平管。	《国家电网公司电力安全工作规程（电网建设部分）（试行）》

违章表现	规程规定	规程依据
3）敷设向下倾斜的管道时，未在输出口上加装水平管，或虽加装了水平管，其长度小于倾斜管高低差的5倍。 4）泵送管道无支承固定，在管道和固定物之间未设置木垫做缓冲，管道直接与钢筋或模板相连，管道与管道间应连接不牢靠；管道接头与卡箍未扣牢密封，造成漏浆；作业人员将已磨损的管道装在后端高压区	3）敷设向下倾斜的管道时，应在输出口上加装一段水平管，其长度不应小于倾斜管高低差的5倍。 4）泵送管道应有支承固定，在管道和固定物之间应设置木垫做缓冲，不得直接与钢筋或模板相连，管道与管道间应连接牢靠；管道接头与卡箍应扣牢密封，不得漏浆；不得将已磨损的管道装在后端高压区	《国家电网公司电力安全工作规程（电网建设部分）（试行）》
泵机运转时，操作人员将手或铁锹伸入料斗或用手抓握分配阀。在料斗或分配阀上作业时，操作人员未先关闭电动机，未消除蓄能器压力	泵机运转时，不应将手或铁锹伸入料斗或用手抓握分配阀。当需在料斗或分配阀上作业时，应先关闭电动机，并消除蓄能器压力	《国家电网公司电力安全工作规程（电网建设部分）（试行）》

11.12 磨石机

违章表现	规程规定	规程依据
1）存在现场操作人员未穿胶靴，戴绝缘手套。 2）磨石机手柄未套绝缘管。线路未采用接零保护，或采用接零保护的接点少于2处，未安装剩余电流动作保护器。 3）存在磨块未夹紧的现象	操作人员必须穿胶靴，戴好绝缘手套。磨石机手柄必须套绝缘管。线路采用接零保护，接点不得少于2处，并须安装剩余电流动作保护装置（漏电保护器）。磨块应夹紧，并应经常检查夹具，以免磨石飞出伤人	《国家电网公司电力安全工作规程（电网建设部分）（试行）》

11.13 混凝土切割机

违章表现	规程规定	规程依据
1）使用前，操作人员未检查并确认混凝土切割机各部件是否完好、正常。 2）混凝土切割机起动后，未按规定先空载运转，确认各部件一切正常就开始作业。 3）混凝土切割作业中，切割操作人员存在违反规程规定强行进刀的现象。	使用前，应检查并确认电动机、电缆线均正常，保护接地良好，防护装置安全有效，锯片、砂轮等选用符合要求，安装正确。起动后，应空载运转，检查并确认锯片运转方向正确，升降机构灵活，运转中无异常、异响，一切正常后，方可作业。混凝土切割操作人员，在推切割机时，不得强行进刀。切割厚度应按机械出厂铭牌规定进行，不得超厚切割。混凝土切割时应注意力的变化，防止卡锯片等。混凝土切割作业中，当工件发	《国家电网公司电力安全工作规程（电网建设部分）（试行）》

违章表现	规程规定	规程依据
4）混凝土切割作业中，切割操作人员存在违反规定超厚切割。 5）混凝土切割作业中，操作人员没有注意到力的变化，造成卡锯片的现象。 6）混凝土切割作业中，存在发现异常未立即停机排除故障的现象。 7）切割机使用前，作业人员未检查混凝土切割机各部件是否完好有效	生冲击、跳动及异常音响时，应立即停机检查，排除故障后，方可继续作业。使用前，应检查并确认电动机、电缆线均正常，保护接地良好，防护装置安全有效，锯片、砂轮等选用符合要求，安装正确	《国家电网公司电力安全工作规程（电网建设部分）（试行）》
1）运转中，当遇卡钎或转速减慢时，操作人员未及时减小轴向推力；当钎杆仍不转时，操作人员未立即停机排除故障。 2）开孔时，违反规程操作，存在用手、脚去挡钎头。未按照先慢速运转，待孔深达 10mm～15mm 后再逐渐转入全速运转进行操作；退钎时拔出速度过快，岩粉较多，未进行强力吹孔。 3）风动凿岩机作业现场，存在风、水管缠绕、打结的现象，无防止车辆碾压措施。违反操作规程使用弯折风管的方法停止供气。 4）风动凿岩机施工现场，开钻前作业人员未检查作业面。开钻后，周围石质有松动，场地有杂物，遗留瞎炮等。 5）风动凿岩机施工现场，使用前作业人员未检查风管、水管，未采用压缩空气吹出风管内的水分和杂物，作业人员未配备个人防护用品。风动凿岩机使用过程中，风管、水管有漏水、漏气的现象。 6）作业后未关闭水管阀门、卸掉水管，未进行空运转，且没有吹净机内残存水滴即关闭风管阀门	使用风动凿岩机应遵守下列规定： 1）使用前，应检查风管、水管，不得有漏水、漏气现象，并应采用压缩空气吹出风管内的水分和杂物。 2）开钻前，应检查作业面，周围石质应无松动，场地应清理干净，不得遗留瞎炮。 3）风、水管不得缠绕、打结，并不得受各种车辆碾压。不得用弯折风管的方法停止供气。 4）开孔时，应慢速运转，不得用手、脚去挡钎头。应待孔深达 10mm～15mm 后再逐渐转入全速运转。退钎时，应慢速徐徐拔出，若岩粉较多，应强力吹孔。 5）运转中，当遇卡钎或转速减慢时，应立即减少轴向推力；当钎杆仍不转时，应立即停机排除故障。 6）作业后，应关闭水管阀门，卸掉水管，进行空运转，吹净机内残存水滴，再关闭风管阀门	《国家电网公司电力安全工作规程（电网建设部分）（试行）》

11.14 压光机

违章表现	规程规定	规程依据
1）压光机工作前未检查配件是否固定牢固，其他部位螺钉是否松动。 2）现场操作人员未戴绝缘手套，未穿绝缘鞋。 3）磨削操作时，操作人员未检查磨盘旋转方向是否与箭头所示一致。 4）磨削操作时，磨盘消耗到一定程度时未及时更换。 5）存在操作人员用增加重物从而增大负荷的作业方式，来加快磨削速度的现象	工作前应检查配件是否固定牢固，其他部位螺钉是否松动。作业前应戴好绝缘手套，穿好绝缘鞋。接通电源后，应检查磨盘旋转方向是否与箭头所示一致。磨盘消耗到一定程度时，停止工作，进行更换后方可继续作业。禁止在机体上以增加重物从而增大负荷的作业方式，来加快磨削速度	《国家电网公司电力安全工作规程（电网建设部分）（试行）》
存在操作人员在作业中更换轴芯、销子以及变换角度和调速，进行清扫和加油的现象	作业中不应更换轴芯、销子以及变换角度和调速，也不得进行清扫和加油	《国家电网公司电力安全工作规程（电网建设部分）（试行）》
挡铁轴的直径和强度小于被弯钢筋的直径和强度。操作人员在弯曲机上弯曲不直的钢筋	挡铁轴的直径和强度不得小于被弯钢筋的直径和强度。不直的钢筋不得在弯曲机上弯曲	《国家电网公司电力安全工作规程（电网建设部分）（试行）》

11.15 切断机

违章表现	规程规定	规程依据
1）切断机旁未设放料台，切断机运转中操作人员用手直接清除切刀附近的断头和杂物。在钢筋摆动和切刀周围，有非操作人员停留。 2）设备切刀有裂纹，刀架螺栓未紧固，防护罩不牢靠，检查齿轮吻合间隙不合适。 3）起动后，操作人员未先空机运转检查传动部分及轴承运转正常即投入使用。 4）断料时，手与切刀之间的距离小于150mm，作业人员在活动刀片前进时送料。手握端小于400mm时，作业人员未采用套管或夹具将钢筋短头压住或夹牢。 5）切长钢筋时无人扶抬，切短钢筋未使用套管或钳子夹料，用手直接送料。 6）切断钢筋超过机械的负载能力，切低合金钢等特种钢筋时，未使用高硬度刀片	起动前，应检查切刀应无裂纹，刀架螺栓紧固，防护罩牢靠，然后用手转动皮带轮，检查齿轮吻合间隙，调整切刀间隙。起动后，先空机运转，检查传动部分及轴承运转正常后方可使用。机械运转正常后方可断料，断料时手与切刀之间的距离不得小于150mm，活动刀片前进时不应送料。如手握端小于400mm时，应采用套管或夹具将钢筋短头压住或夹牢。切断钢筋不得超过机械的负载能力，切低合金钢等特种钢筋时，应使用高硬度刀片。切长钢筋时应有人扶抬，操作时应动作一致。切短钢筋应用套管或钳子夹料，不得用手直接送料。切断机旁应设放料台，机械运转中不得用手直接清除切刀附近的断头和杂物。在钢筋摆动和切刀周围，非操作人员不得停留	《国家电网公司电力安全工作规程（电网建设部分）（试行）》

11.16　除锈机

违章表现	规程规定	规程依据
1）操作除锈机人员未戴口罩和手套。 2）除锈未在钢筋调直后进行。操作时，操作人员未将钢筋放平握紧，未站在钢丝刷的侧面。操作人员对带钩的钢筋上机除锈。整根长钢筋除锈未由两人配合操作	操作除锈机时应戴口罩和手套。除锈应在钢筋调直后进行。操作时应将钢筋放平握紧，操作人员应站在钢丝刷的侧面。带钩的钢筋不得上机除锈。整根长钢筋除锈应由两人配合操作，互相呼应	《国家电网公司电力安全工作规程（电网建设部分）（试行）》
作业前，作业人员未检查各部件是否正常即开始施焊	作业前，检查对焊机的压力机构应灵活，夹具应牢固，气、液压系统无泄漏，确认正常后，方可施焊	《国家电网公司电力安全工作规程（电网建设部分）（试行）》

11.17　调直机

违章表现	规程规定	规程依据
存在调直机上堆放物件的现象	调直机上不得堆放物件	《国家电网公司电力安全工作规程（电网建设部分）（试行）》

11.18　弯曲机

违章表现	规程规定	规程依据
钢筋加工设备芯轴、挡铁轴、转轴等有损坏和裂纹，防护罩不紧固。作业人员未经空运转确认各部件正常即开始作业	检查并确认芯轴、挡铁轴、转轴等无损坏和裂纹，防护罩紧固可靠。经空运转确认正常后，方可作业	《国家电网公司电力安全工作规程（电网建设部分）（试行）》
作业人员未留有对焊机开关触点、电极（铜头）定期检查、维修记录；冷却水管不畅通，有漏水或超过规定温度情况	对焊机开关的触点、电极（铜头）应定期检查维修。冷却水管应保持畅通，不得漏水或超过规定温度	《国家电网公司电力安全工作规程（电网建设部分）（试行）》
焊接操作时，存在施工人员未戴防护眼镜及手套，脚下无绝缘措施的现象。工作棚未使用防火材料，棚内有易燃易爆物品，未配备灭火器材	焊接操作时应戴防护眼镜及手套，并站在橡胶绝缘垫或干燥木板上。工作棚应用防火材料搭设，棚内不得堆放易燃易爆物品，并应备有灭火器材	《国家电网公司电力安全工作规程（电网建设部分）（试行）》

11.19　电焊机

违章表现	规程规定	规程依据
存在施工人员在雨、雪天气露天电焊施工,潮湿环境中操作的现象。未站在绝缘物上,未穿绝缘鞋	雨雪天不应露天电焊作业。在潮湿地带作业时,操作人员应站位于绝缘物上方,并穿绝缘鞋	《国家电网公司电力安全工作规程(电网建设部分)(试行)》
存在未切断电源,用拖拉电缆的方法移动焊机的现象	移动电焊机时,应切断电源,不得用拖拉电缆的方法移动焊机	《国家电网公司电力安全工作规程(电网建设部分)(试行)》

11.20　对焊机

违章表现	规程规定	规程依据
焊接较长钢筋时,未设置托架。配合搬运钢筋的操作人员,在焊接时未采取防止火花烫伤措施	焊接较长钢筋时,应设置托架。配合搬运钢筋的操作人员在焊接时应注意防止火花烫伤	《国家电网公司电力安全工作规程(电网建设部分)(试行)》

11.21　点焊机

违章表现	规程规定	规程依据
存在焊机设置地方潮湿,放置不平稳牢固。焊机无接地或接地不可靠,导线绝缘不良好的现象	焊机应设在干燥的地方并放置平稳、牢固。焊机应可靠接地,导线应绝缘良好	《国家电网公司电力安全工作规程(电网建设部分)(试行)》
存在焊接作业前,施工人员未清除上下两极油渍和污物的现象	作业前应清除上下两极油渍和污物	《国家电网公司电力安全工作规程(电网建设部分)(试行)》
存在焊接作业前施工人员未按规程要求顺序接通电源的现象	作业前,应先接通控制线路的转换开关和焊接电流的小开关,安插好级数调节开关的闸刀位置,接通水源、气源、控制箱上各调节按钮,最后接通电源	《国家电网公司电力安全工作规程(电网建设部分)(试行)》
存在焊机通电后,施工人员未检查电气设备、操作机构、冷却系统、气路系统及机体外壳有无漏电等现象	焊机通电后,应检查电气设备、操作机构、冷却系统、气路系统及机体外壳有无漏电等现象	《国家电网公司电力安全工作规程(电网建设部分)(试行)》
焊接施工前,作业人员未根据钢筋截面积调整电压,发现焊头漏电未立即停电更换,继续使用	焊接前应根据钢筋截面积调整电压,发现焊头漏电应立即停电更换,不得继续使用	《国家电网公司电力安全工作规程(电网建设部分)(试行)》

违章表现	规程规定	规程依据
焊接操作时存在未戴防护眼镜及手套，并没有站在橡胶绝缘垫或干燥木板上的现象。工作棚未采用防火材料搭设，棚内堆放易燃易爆物品，未备有灭火器材	焊接操作时应戴防护眼镜及手套，并站在橡胶绝缘垫或干燥木板上。工作棚应用防火材料搭设，棚内不得堆放易燃易爆物品，并应备有灭火器材	《国家电网公司电力安全工作规程（电网建设部分）（试行）》

11.22 货物提升机

违章表现	规程规定	规程依据
物料提升机未根据现场运送材料、物件的重量进行设计。安装完毕，未经有关部门检测合格就开始使用。未见监理项目部安全检查签证记录	物料提升机应根据运送材料、物件的重量进行设计。安装完毕，应经有关部门检测合格后方可使用	《国家电网公司电力安全工作规程（电网建设部分）（试行）》
搭设物料提升机时，存在相邻两立杆的接头未错开，间距小于500mm，横杆与斜撑未同时安装，滑轮不垂直，滑轮间距的误差大于10mm的现象	搭设物料提升机时，相邻两立杆的接头应错开且不得小于500mm，横杆与斜撑应同时安装，滑轮应垂直，滑轮间距的误差不得大于10mm	《国家电网公司电力安全工作规程（电网建设部分）（试行）》
物料提升机未固定于建筑物上，未设控制绳。每组控制绳间隔过大（大于10m～15m一组），与地面的夹角一般大于60°	物料提升机应固定在建筑物上，否则应拉设控制绳。控制绳应每隔10m～15m高度设一组，与地面的夹角一般不得大于60°	《国家电网公司电力安全工作规程（电网建设部分）（试行）》
物料提升机无安全保险装置和过卷扬限制器	物料提升机应设有安全保险装置和过卷扬限制器	《国家电网公司电力安全工作规程（电网建设部分）（试行）》

11.23 高空作业吊篮

违章表现	规程规定	规程依据
用于高处作业的吊篮无使用、试验、维护与保养记录；未见监理项目部吊篮安全性证明文件审查记录	高处作业吊篮应按GB 19155《高处作业吊篮》的规定使用、试验、维护与保养	《国家电网公司电力安全工作规程（电网建设部分）（试行）》
存在吊篮在空中作业时安全锁未锁好的现象	当吊篮在空中作业时，应把安全锁锁好	《国家电网公司电力安全工作规程（电网建设部分）（试行）》
存在吊篮升降作业过程中指挥信号不统一，指挥信号有误的现象	吊篮升降应有统一的指挥信号（旗、笛、电铃等），做到指挥信号准确无误。信号不清，司机可拒绝作业	《国家电网公司电力安全工作规程（电网建设部分）（试行）》

违章表现	规程规定	规程依据
存在作业完毕或暂停作业时吊篮未落地的现象	作业完毕或暂停作业，吊篮应落到地面	《国家电网公司电力安全工作规程（电网建设部分）（试行）》
吊篮内作业人员的安全带未挂在保险绳上，保险绳未单独设在建筑物牢固处	吊篮内作业人员的安全带应挂在保险绳上，保险绳单独设在建筑物牢固处	《国家电网公司电力安全工作规程（电网建设部分）（试行）》
吊篮安全锁灵敏度不可靠（无法保证吊篮平台下滑速度大于25m/min 时，安全锁应在不超过100mm 距离内自动锁住悬吊平台的钢丝绳），吊篮安全锁未在有效检定期内	吊篮安全锁应灵敏可靠，当吊篮平台下滑速度大于 25m/min 时，安全锁应在不超过100mm 距离内自动锁住悬吊平台的钢丝绳；安全锁应在有效检定期内	《国家电网公司电力安全工作规程（电网建设部分）（试行）》

11.24 机动翻斗车

违章表现	规程规定	规程依据
存在机动翻斗车行驶时带人。路面不良、上下坡或急转弯时，驾驶人员未低速行驶；下坡时，驾驶人员空挡滑行的现象	机动翻斗车行驶时不得带人。路面不良、上下坡或急转弯时，应低速行驶；下坡时不应空挡滑行	《国家电网公司电力安全工作规程（电网建设部分）（试行）》
存在装载作业时材料的高度超过操作人员的视线的现象	装载时，材料的高度不得影响操作人员的视线	《国家电网公司电力安全工作规程（电网建设部分）（试行）》
存在机动翻斗车向坑槽或混凝土集料斗内卸料时，距离不足，坑槽或集料斗前无挡车、防翻车措施的现象	机动翻斗车向坑槽或混凝土集料斗内卸料时，应保持适当距离，坑槽或集料斗前应有挡车措施，以防翻车	《国家电网公司电力安全工作规程（电网建设部分）（试行）》
机动翻斗车作业现场，料斗内载人，料斗在卸料工况下行驶，进行平整地面作业	料斗内不应载人。料斗不得在卸料工况下行驶或进行平整地面作业	《国家电网公司电力安全工作规程（电网建设部分）（试行）》
存在机动翻斗车停车时，停在坡道上的现象	停车时，应选择适合地点，不得在坡道上停车	《国家电网公司电力安全工作规程（电网建设部分）（试行）》

违章表现	规程规定	规程依据
钢丝绳端部用绳卡固定连接时，绳卡压板与钢丝绳主要受力的不在一侧，并存在正反交叉设置	1）钢丝绳端部用绳卡固定连接时，绳卡压板应在钢丝绳主要受力的一边，并不得正反交叉设置。 2）绳卡间距不应小于钢丝绳直径的6倍，连接端的绳卡数量应符合附录E的表E.6的规定。 3）当两根钢丝绳用绳卡搭接时，绳卡数量应增加50%。绳卡受载一、二次以后应作检查，在多数情况下，螺母需要进一步拧紧。 4）插接的环绳或绳套，其插接长度应不小于钢丝绳直径的15倍，且不得小于300mm	《国家电网公司电力安全工作规程（电网建设部分）（试行）》

11.25 盾构机

违章表现	规程规定	规程依据
存在盾构机超负荷作业的现象，运转有异常或振动等现象时，未立即停机检查	盾构机不得超负荷作业，运转有异常或振动等现象时，应立即停机进行检查	《国家电网公司电力安全工作规程（电网建设部分）（试行）》
设备操作前，操作人员未检查盾构机部件及附件，无检查记录	开始作业前，应检查盾构机各部件及注浆、控制、通信、防火、液压、电源、油箱等系统	《国家电网公司电力安全工作规程（电网建设部分）（试行）》
施工现场，盾构机的出土皮带运输机未设专人监护	盾构机的出土皮带运输机应由专人监护	《国家电网公司电力安全工作规程（电网建设部分）（试行）》
设备操作时，未按操作规程检查盾构机的气体检测装置，未核实作业环境气体变化情况，在有毒有害气体超标时未立即停止作业	应经常检查盾构机的气体检测装置，核实作业环境气体变化情况，如有毒有害气体浓度高于国家标准或者行业标准规定的限值时，应立即停止作业	《国家电网公司电力安全工作规程（电网建设部分）（试行）》
存在主机室内放置杂物，配电柜上放水杯等非工作物品，操作人员在主机室内吸烟的现象	主机室内严禁放置杂物，配电柜上禁止放水杯等物品，机内严禁吸烟	《国家电网公司电力安全工作规程（电网建设部分）（试行）》

12 通用施工机械器具（施工工器具）

12.1 一般规定

违章表现	规程规定	规程依据
作业前交底记录中无施工工器具相关内容	施工项目部管理责任完善安全技术交底和施工队（班组）班前站班会机制，向作业人员如实告知作业场所和工作岗位可能存在的风险因素、防范措施以及事故（事件）现场应急处置措施	《国家电网公司基建安全管理规定》国网（基建/2）173—2015第十八条
施工现场存在对机械作业有妨碍或不安全的因素。夜间作业照明不充足	施工现场应消除对机械作业有妨碍或不安全的因素。夜间作业应设置充足的照明	《国家电网公司电力安全工作规程（电网建设部分）（试行）》
施工现场未配置相应的安全防护设施和三废处理装置	在机械产生对人体有害的气体、液体、尘埃、渣滓、放射性射线、振动、噪声等场所，应配置相应的安全防护设施和三废处理装置	《国家电网公司电力安全工作规程（电网建设部分）（试行）》
1）操作人员未严格遵循使用说明书规定的操作要求，违章作业。2）操作人员未严格遵循使用说明书规定的操作要求，擅离工作岗位或将机械交给其他无证人员操作。3）施工现场存在无关人员进入作业区或操作室内情况	作业过程中，操作人员应严格遵循使用说明书规定的操作要求，禁止违章作业，不得擅自离开工作岗位或将机械交给其他无证人员操作。禁止无关人员进入作业区或操作室内	《国家电网公司电力安全工作规程（电网建设部分）（试行）》
机械作业前，操作人员未接受施工任务和安全技术措施交底	机械作业前，操作人员应接受施工任务和安全技术措施交底	《国家电网公司电力安全工作规程（电网建设部分）（试行）》
机械的安全防护装置及监测、指示、仪表、报警等自动报警、信号装置存在破损、不齐全等情况	机械的安全防护装置及监测、指示、仪表、报警等自动报警、信号装置应完好齐全	《国家电网公司电力安全工作规程（电网建设部分）（试行）》
新机、经过大修或技术改造的机械，未按出厂使用说明书的要求和现行有关国家标准进行测试和试运转，特殊机械未按照有关要求到检测机构进行检测	新机、经过大修或技术改造的机械，应按出厂使用说明书的要求和现行有关国家标准进行测试和试运转，特殊机械还应按照有关要求到检测机构进行检测	《国家电网公司电力安全工作规程（电网建设部分）（试行）》

违章表现	规程规定	规程依据
自制、改装、经过大修或技术改造的机具未按 DL/T 875《输电线路施工机具设计、试验基本要求》的规定进行试验，未经鉴定合格使用	自制、改装、经过大修或技术改造的机具除应按 DL/T 875《输电线路施工机具设计、试验基本要求》的规定进行试验外，还应经鉴定合格后方可使用	《国家电网公司电力安全工作规程（电网建设部分）（试行）》

12.2 起重工器具——一般规定

违章表现	规程规定	规程依据
1）施工人员未在使用前检查起重滑车、钢丝绳（套）等起重工器具。 2）自制或改装起重工器具，未按有关规定进行试验，并经鉴定合格，即投入使用。或虽经试验、鉴定合格，但存在超负荷使用现象，施工现场起重设备存在严重隐患。 3）千斤顶未设置在平整、坚实处，未采用垫木垫平。 4）使用油压式千斤顶时，有人员站在安全栓前面	1）起重滑车、钢丝绳（套）等起重工器具使用前应进行检查。 2）起重设备的吊索具和其他起重工具应按出厂说明书和铭牌的规定使用，不准超负荷使用。 3）自制或改装起重工器具，应按有关规定进行试验，经鉴定合格后方可使用，并不得超负荷	《国家电网公司电力安全工作规程（电网建设部分）（试行）》
存在盾构机未按顺序拼装，施工人员未对使用的起重索具逐一检查即开始吊装，无锁具检查记录的现象	盾构机应按顺序拼装，并对使用的起重索具逐一检查，可靠后方可吊装	《国家电网公司电力安全工作规程（电网建设部分）（试行）》
1）起重吊装作业的指挥人员与操作人员未执行规定的指挥信号。 2）起重吊装作业的指挥人员、司机与操作人员存在配合不好的现象。 3）起重吊装作业的指挥人员、司机和安拆人员等存在无证上岗的情况	起重吊装作业的指挥人员、司机和安拆人员等应持证上岗，作业时应与操作人员密切配合，执行规定的指挥信号	《国家电网公司电力安全工作规程（电网建设部分）（试行）》

12.3 起重工器具——链条葫芦和手扳葫芦

违章表现	规程规定	规程依据
1）作业人员在使用链条葫芦、手扳葫芦前，未检查和确认各部件是否可靠、正常。 2）接线时，电缆线护套未穿进设备的接线盒内，未予以固定	1）使用前应检查和确认吊钩及封口部件、链条、转动装置及刹车装置可靠，转动灵活正常。 2）刹车片禁止沾染油脂和石棉。 3）起重链不得打扭，不得拆成单股使用；使用中发生卡链，应将受力部位封固后方可进行检修。 4）手拉链或者扳手的拉动方向应与链槽方向一致，不得斜拉硬扳；手动受力值应符合说明书的规定，不得强行超载使用。 5）操作人员禁止站在葫芦正下方，不得站在重物上面操作，也不得将重物吊起后停留在空中而离开现场，起吊过程中禁止任何人在重物下行走或停留。 6）带负荷停留较长时间或过夜时，应采用手拉链或扳手绑扎在起重链上，并采取保险措施。 7）起重能力在5t以下的允许一人拉链，起重能力在5t以上的允许两人拉链，不得随意增加人数猛拉。 8）2台及2台以上链条葫芦起吊同一重物时，重物的重量应不大于每台链条葫芦的允许起重量	《国家电网公司电力安全工作规程（电网建设部分）（试行）》

12.4 起重工器具——钢丝绳

违章表现	规程规定	规程依据
在捆扎或吊运物件时，钢丝绳直接和物体的棱角相接触	在捆扎或吊运物件时，不得使钢丝绳直接和物体的棱角相接触	《国家电网公司电力安全工作规程（电网建设部分）（试行）》

12.5 起重工器具——编织防扭钢丝绳

违章表现	规程规定	规程依据
1）编织防扭钢丝绳未按有关规定进行定期检验。 2）编织防扭钢丝未在架线施工前进行专项检查	编织防扭钢丝绳应按有关规定进行定期检验。编织防扭钢丝绳应在架线施工前进行专项检查	《国家电网公司电力安全工作规程（电网建设部分）（试行）》
1）棕绳使用拉力大于9.8N/mm²。 2）施工人员未在使用前逐段检查棕绳，使用霉烂、腐蚀、断股或损伤的棕绳，绳索有修补使用行为	棕绳一般仅限于手动操作（经过滑轮）提升物件，或作为控制绳等辅助绳索使用；使用允许拉力不得大于 9.8N/mm²。旧绳、用于捆绑或在潮湿状态时应按允许拉力减半使用。使用前应逐段检查，霉烂、腐蚀、断股或损伤者不得使用，绳索不得修补使用	《国家电网公司电力安全工作规程（电网建设部分）（试行）》
1）化纤绳使用前未进行外观检查。 2）在受力方向变化较大的场合或在高处使用时未采用吊环式滑车。 3）采用吊钩式滑车，无防止脱钩的钩口闭锁装置	化纤绳使用前应进行外观检查。使用时与带电体有可能接触时，应按GB/T 13035《带电作业用绝缘绳索》的规定进行试验、干燥、隔潮等	《国家电网公司电力安全工作规程（电网建设部分）（试行）》
作业人员使用环间转动不灵活、链条形状不一致的链式安全绳作业	链式安全绳下端环、连接环和中间环的各环间转动灵活，链条形状一致	《国家电网公司电力安全工作规程（电网建设部分）（试行）》

12.6 起重工器具——卸扣

违章表现	规程规定	规程依据
1）卸扣处于吊件的转角处；卸扣横向受力。 2）当卸扣有裂纹时仍在使用	不得处于吊件的转角处；不得横向受力。当卸扣有裂纹、塑性变形、螺纹脱扣、销轴和扣体断面磨损达原尺寸 3%～5%时，不得使用	《国家电网公司电力安全工作规程（电网建设部分）（试行）》
1）钢丝绳无产品检验合格证，未按出厂技术数据选用。 2）钢丝绳的安全系数、动荷系数 K_1、不均衡系数 K_2 分别小于附录 E 的表 E.1～表 E.3 的规定	钢丝绳应具有产品检验合格证，并按出厂技术数据选用。钢丝绳的安全系数、动荷系数 K_1、不均衡系数 K_2 分别不得小于附录 E 的表 E.1～表 E.3 的规定	《国家电网公司电力安全工作规程（电网建设部分）（试行）》

违章表现	规程规定	规程依据
电动工器具使用前未做检查，或检查项目不全	电动工器具使用前应检查下列各项： 1）外壳、手柄无裂缝、无破损。 2）保护接地线或接零线连接正确、牢固。 3）电缆或软线完好。 4）插头完好。 5）开关动作正常、灵活、无缺损。 6）电气保护装置完好。 7）机械防护装置完好。 8）转动部分灵活。 9）是否有检测标识	《国家电网公司电力安全工作规程（电网建设部分）（试行）》
当休息、下班或作业中突然停电时，未切断电源侧开关	电动机具的操作开关应置于操作人员伸手可及的部位。当休息、下班或作业中突然停电时，应切断电源侧开关	《国家电网公司电力安全工作规程（电网建设部分）（试行）》
长期搁置再用的机械，切割作业人员未在使用前测量电动机绝缘电阻，即投入使用	长期搁置再用的机械，在使用前必须测量电动机绝缘电阻，合格后方可使用	《建筑机械使用安全技术规程》JGJ 33—2012

12.7 空气压缩机

违章表现	规程规定	规程依据
作业人员将空气压缩机作业区设置在潮湿、杂乱处，未挂操作牌，未围护	空气压缩机作业区应保持清洁和干燥	《国家电网公司电力安全工作规程（电网建设部分）（试行）》
绞磨尾绳人数少于2人，距离小于2.5m	拉磨尾绳不应少于两人，且应位于锚桩后面、绳圈外侧，不得站在绳圈内，距离绞磨不得小于2.5m；当磨绳上的油脂较多时应清除	《国家电网公司电力安全工作规程（电网建设部分）（试行）》

13 通用施工机械器具（安全工器具）

13.1 一般规定

违章表现	规程规定	规程依据
安全工器具检验机构无相应检验资质	安全工器具应由具有资质的安全工器具检验机构进行检验。预防性试验可由经公司总部或省公司、直属单位组织评审、认可，取得内部检验资质的检测机构实施，也可委托具有国家认可资质的安全工器具检验机构实施	《国家电网公司电力安全工器具管理规定》[（安监/4）289—2014]第二十二条
作业前交底记录中无安全工器具相关内容	施工项目部管理责任完善安全技术交底和施工队（班组）班前站班会机制，向作业人员如实告知作业场所和工作岗位可能存在的风险因素、防范措施以及事故（事件）现场应急处置措施	《国家电网公司基建安全管理规定》[国网（基建/2）173—2015]第十八条
作业人员使用安全工器具时，接触高温、明火、化学腐蚀物及尖锐物体或移作他用	安全工器具不得接触高温、明火、化学腐蚀物及尖锐物体，不得移作他用	《国家电网公司电力安全工作规程（电网建设部分）（试行）》
安全工器具未进行预防性试验，或预防性试验周期不符合要求	安全工器具使用期间应按规定做好预防性试验	《国家电网公司电力安全工器具管理规定》[（安监/4）289—2014]第二十六条
经预防性试验合格的安全工器具未粘贴"合格证"标签或可追溯的唯一标识	安全工器具经预防性试验合格后，应由检验机构在合格的安全工器具上（不妨碍绝缘性能、使用性能且醒目的部位）牢固粘贴"合格证"标签或可追溯的唯一标识，并出具检测报告	《国家电网公司电力安全工器具管理规定》[（安监/4）289—2014]第二十七条
安全工器具未编号或编号方法不统一	各级单位应为班组配置充足、合格的安全工器具，建立统一分类的安全工器具台账和编号方法	《国家电网公司电力安全工器具管理规定》[（安监/4）289—2014]第二十八条
不合格或超试验周期的安全工器具未另外存放，未做"禁用"标识	归还时，保管人和使用人应共同进行清洁整理和检查确认，检查合格的返库存放，不合格或超试验周期的应另外存放，做出"禁用"标识，停止使用	《国家电网公司电力安全工器具管理规定》[（安监/4）289—2014]第三十条

违章表现	规程规定	规程依据
安全工器具月检查记录不全	班组（站、所）应每月对安全工器具进行全面检查，做好检查记录	《国家电网公司电力安全工器具管理规定》[（安监/4）289—2014]第四十二条
安全工器具未做到定置化管理，堆（摆）放不规范	总体要求：4. 施工作业现场全面推行定置化管理，策划、绘制平面定置图，规范设备、材料、工器具等堆（摆）放	《国家电网公司输变电工程安全文明施工标准化管理办法》[国网（基建/3）187—2015]第二十四条
安全工器具配置不全	安全文明施工费的支付与使用：1. 安全文明施工费计提、使用应立足满足工程现场安全防护和环境改善需要，优先用于保证安全隐患整改治理和达到安全文明施工标准化要求所需的支出（具体使用范围见附件3：输变电工程项目安全文明施工费使用范围）	《国家电网公司输变电工程安全文明施工标准化管理办法》[国网（基建/3）187—2015]第三十五条
施工项目部安全帽报审资料缺少进货检验报告，或进货检验抽样大小不符合GB 2811—2007《安全帽》标准要求	进货检验进货单位按批量对冲击吸收性能、耐穿刺性能、垂直间距、佩戴高度、标识及标识中声明的符合本标准规定的特殊技术性能或相关约定的项目进行检测，无检测能力的单位应到有资质的第三方实验室进行检验，样本大小符合本标准要求，检验项目必须全部合格	《安全帽》GB 2811—2007
施工单位未设置专人管理安全工器具，未保留收发登记台账，无收发验收手续，无安全工器具检查、报废记录，无试验报告；检查、使用、试验、存放和报废不符合有关规定和施工说明书	安全工器具应设专人管理；收发应严格履行验收手续，并按照相关规定和使用说明书检查、使用、试验、存放和报废	《国家电网公司电力安全工作规程（电网建设部分）（试行）》
施工项目部未开展班组安全工器具培训，未严格执行操作规定，未正确使用安全工器具，使用不合格或超试验周期的安全工器具	组织开展班组安全工器具培训，严格执行操作规定，正确使用安全工器具，严禁使用不合格或超试验周期的安全工器具	《国家电网公司电力安全工器具管理规定》[（安监/4）289—2014]第十五条
作业人员每次使用安全工器具前，未进行可靠性检查，使用损坏、受潮、脏污、变形、失灵的带电作业工具	安全工器具每次使用前，应进行可靠性检查，尤其是带电作业工具使用前，仔细检查确认没有损坏、受潮、脏污、变形、失灵，否则禁止使用	《国家电网公司电力安全工作规程（电网建设部分）（试行）》
作业人员随意改动和更换安全工器具部件	安全工器具禁止随意改动和更换部件	《国家电网公司电力安全工作规程（电网建设部分）（试行）》

违章表现	规程规定	规程依据
作业人员未按照相关规定、标准对安全工器具进行定期试验	安全工器具应按相关规定、标准进行定期试验。试验要求参见附录D的表D.2～表D.4	《国家电网公司电力安全工作规程（电网建设部分）（试行）》
安全工器具达到报废条件，现场作业人员仍在使用	安全工器具符合下列条件之一者，即予以报废： 1）经试验或检验不符合国家或行业标准的。 2）超过有效使用期限，不能达到有效防护功能指标的。 3）外观检查明显损坏影响安全使用的	《国家电网公司电力安全工作规程（电网建设部分）（试行）》
施工现场用安全帽无永久标识和产品说明等标识，或标识不清晰、完整，安全帽组件有缺失	永久标识和产品说明等标识清晰完整，安全帽的帽壳、帽衬（帽箍、吸汗带、缓冲垫及衬带）、帽箍扣、下颏带等组件完好无缺失	《国家电网公司电力安全工作规程（电网建设部分）（试行）》

13.2　个体防护装备——安全带

违章表现	规程规定	规程依据
在高处修整、扳弯粗钢筋时，作业人员未系牢安全带	在高处修整、扳弯粗钢筋时，作业人员应选好位置系牢安全带	《国家电网公司电力安全工作规程（电网建设部分）（试行）》
施工项目部未建立安全工器具管理台账，或账、卡、物不相符	建立安全工器具管理台账，做到账、卡、物相符，试验报告、检查记录齐全	《国家电网公司电力安全工器具管理规定》[（安监/4）289—2014]第十五条
作业人员使用标识不清晰不完整、部件缺失、伤残的安全带	商标、合格证和检验证等标识清晰完整，各部件完整无缺失、无伤残破损。腰带、围杆带、肩带、腿带等带体无灼伤、脆裂及霉变，表面不应有明显磨损及切口；围杆绳、安全绳无灼伤、脆裂、断股及霉变，各股松紧一致，绳子应无扭结；护腰带接触腰的部分应垫有柔软材料，边缘圆滑无角。金属配件表面光洁，无裂纹、无严重锈蚀和目视可见的变形，配件边缘应呈圆弧形；金属环类零件不允许使用焊接，不应留有开口。金属挂钩等连接器应有保险装置，应在两个及以上明确的动作下才能打开，且操作灵活。钩体和钩舌的咬口应完整，两者不得偏斜。各调节装置应灵活可靠	《国家电网公司电力安全工作规程（电网建设部分）（试行）》
安全带穿戴好后，作业人员未仔细检查连接扣或调节扣，造成绳扣连接不牢固	安全带穿戴好后应仔细检查连接扣或调节扣，确保各处绳扣连接牢固	《国家电网公司电力安全工作规程（电网建设部分）（试行）》

违章表现	规程规定	规程依据
作业人员在电焊作业或其他有火花、熔融源等场所使用无隔热防磨套的安全带或安全绳	在电焊作业或其他有火花、熔融源等场所使用的安全带或安全绳应有隔热防磨套	《国家电网公司电力安全工作规程（电网建设部分）（试行）》
作业人员将安全带挂在移动或不牢固的构件上作业	安全带的挂钩或绳子应挂在结实牢固的构件或挂安全带专用的钢丝绳上。禁止将安全带系在移动或不牢固的物件上，如隔离开关（刀闸）支持绝缘子、瓷横担、未经固定的转动横担、线路支柱绝缘子、避雷器支柱绝缘子等	《国家电网公司电力安全工作规程（电网建设部分）（试行）》
作业人员采用低挂高用的方式使用安全带	应采用高挂低用的方式	《国家电网公司电力安全工作规程（电网建设部分）（试行）》
作业人员未将坠落悬挂安全带的安全绳同主绳的连接点固定于佩戴者的后背、后腰或胸前	坠落悬挂安全带的安全绳同主绳的连接点应固定于佩戴者的后背、后腰或胸前	《电力建设安全工作规程 第2部分：电力线路》DL 5009.2—2013
作业人员在安全带、绳使用过程中，有打结现象；作业人员将安全绳用作悬吊绳	安全带、绳使用过程中不应打结。不得将安全绳用作悬吊绳	《电力建设安全工作规程 第2部分：电力线路》DL 5009.2—2013
在电动升降平台上作业未使用安全带	在电动升降平台上作业应使用安全带	《国家电网公司电力安全工作规程（电网建设部分）（试行）》
在高处作业平台上的作业人员未使用安全带	在高处作业平台上的作业人员应使用安全带	《国家电网公司电力安全工作规程（电网建设部分）（试行）》
作业人员未做到腰带和护腰带同时使用	腰带应和护腰带同时使用	《安全带》GB 6095—2009

13.3 个体防护装备——安全帽

违章表现	规程规定	规程依据
作业人员私自对安全帽配件进行改造和更换	除非按制造商的建议进行，否则对安全帽配件进行的任何改造和更换都会给使用者带来危险	《安全帽》GB 2811—2007
在悬岩陡坡上作业时未系安全带	在悬岩陡坡上作业时应设置防护栏杆并系安全带	《国家电网公司电力安全工作规程（电网建设部分）（试行）》

违章表现	规程规定	规程依据
现场人员使用受过强冲击或做过试验的安全帽	现场人员不能使用受过强冲击或做过试验的安全帽	《国家电网公司电力安全工作规程（电网建设部分）（试行）》
作业人员使用存在霉变、断股、磨损、灼伤、缺口等缺陷的安全绳	安全绳应光滑、干燥，无霉变、断股、磨损、灼伤、缺口等缺陷	《国家电网公司电力安全工作规程（电网建设部分）（试行）》
施工人员使用部件有尖角或锋利边缘，护套有破损的安全绳作业	所有部件应顺滑，无材料或制造缺陷，无尖角或锋利边缘。护套（如有）应完整不破损	《国家电网公司电力安全工作规程（电网建设部分）（试行）》
施工现场遇雷雨、大雪及五级以上风力，未停止吊篮施工。夜间使用吊篮作业	遇有雷雨、大雪及五级以上风力，不得使用吊篮。禁止夜间使用吊篮作业	《国家电网公司电力安全工作规程（电网建设部分）（试行）》
在屋顶及其他危险的边沿进行作业，施工作业人员未使用安全带	在屋顶及其他危险的边沿进行作业，临空面应装设安全网或防护栏杆，施工作业人员应使用安全带	《国家电网公司电力安全工作规程（电网建设部分）（试行）》
施工现场用安全帽的帽壳内外表面不平整光滑，有划痕、裂缝和孔洞，有灼伤、冲击痕迹	帽壳内外表面应平整光滑，无划痕、裂缝和孔洞，无灼伤、冲击痕迹	《国家电网公司电力安全工作规程（电网建设部分）（试行）》
施工现场用安全帽的帽衬与帽壳连接不牢固，后箍、锁紧卡等开闭调节不灵活，卡位不牢固	帽衬与帽壳连接牢固，后箍、锁紧卡等开闭调节灵活，卡位牢固	《国家电网公司电力安全工作规程（电网建设部分）（试行）》
现场人员使用超过允许使用年限的安全帽，未经过抽查测试合格	使用期从产品制造完成之日起计算；塑料和纸胶帽不得超过两年半；玻璃钢（维纶钢）橡胶帽不超过3年半。使用期满后，要进行抽查测试合格后方可继续使用，抽检时，每批从最严酷使用场合中抽取，每项试验试样不少于2顶，以后每年抽检一次，有1顶不合格则该批安全帽报废	《国家电网公司电力安全工作规程（电网建设部分）（试行）》
进入生产、施工现场人员未正确佩戴安全帽	任何人员进入生产、施工现场应正确佩戴安全帽。针对不同的生产场所，根据安全帽产品说明选择适用的安全帽。安全帽戴好后，应将帽箍扣调整到合适的位置，锁紧下颚带，防止作业中前倾后仰或其他原因造成滑落	《国家电网公司电力安全工作规程（电网建设部分）（试行）》

13.4 绝缘安全工器具——电容型验电器

违章表现	规程规定	规程依据
操作前，作业人员未清洁杆表面潮湿、污浊的验电器，未确认验电器是否良好	操作前，验电器杆表面应用清洁的干布擦拭干净，使表面干燥、清洁。并在有电设备上进行试验，确认验电器良好；无法在有电设备上进行试验时可用高压发生器等确证验电器良好	《国家电网公司电力安全工作规程（电网建设部分）（试行）》
电容型验电器标识模糊、不完整	电容型验电器的额定电压或额定电压范围、额定频率（或频率范围）、生产厂名和商标、出厂编号、生产年份、适用气候类型（D、C和G）、检验日期及带电作业用（双三角）符号等标识清晰完整	《国家电网公司电力安全工作规程（电网建设部分）（试行）》
验电器的部件有明显损伤	验电器的各部件，包括手柄、护手环、绝缘元件、限度标记（在绝缘杆上标注的一种醒目标志，向使用者指明应防止标志以下部分插入带电设备中或接触带电体）和接触电极、指示器和绝缘杆等均应无明显损伤	《国家电网公司电力安全工作规程（电网建设部分）（试行）》
绝缘杆有污浊、不光滑，绝缘部分有气泡、皱纹、裂纹、划痕、硬伤、绝缘层脱落、严重的机械或电灼伤痕	绝缘杆应清洁、光滑，绝缘部分应无气泡、皱纹、裂纹、划痕、硬伤、绝缘层脱落、严重的机械或电灼伤痕	《国家电网公司电力安全工作规程（电网建设部分）（试行）》
伸缩型绝缘杆各节拉伸后有自动回缩现象	伸缩型绝缘杆各节配合合理，拉伸后不应自动回缩	《国家电网公司电力安全工作规程（电网建设部分）（试行）》
作业人员在雷、雨、雪等恶劣天气时使用非雨雪型电容型验电器	非雨雪型电容型验电器不得在雷、雨、雪等恶劣天气时使用	《国家电网公司电力安全工作规程（电网建设部分）（试行）》
电容型验电器的手柄与绝缘杆、绝缘杆与指示器连接不紧密、不牢固	手柄与绝缘杆、绝缘杆与指示器的连接应紧密牢固	《国家电网公司电力安全工作规程（电网建设部分）（试行）》
作业人员自检电容型验电器三次，指示器有不出现视觉和听觉信号现象	自检三次，指示器均应有视觉和听觉信号出现	《国家电网公司电力安全工作规程（电网建设部分）（试行）》
操作时，作业人员未戴绝缘手套，未穿绝缘靴	操作时，应戴绝缘手套，穿绝缘靴	《国家电网公司电力安全工作规程（电网建设部分）（试行）》
作业人员使用抽拉式电容型验电器时，未完全拉开绝缘杆	使用抽拉式电容型验电器时，绝缘杆应完全拉开	《国家电网公司电力安全工作规程（电网建设部分）（试行）》

违章表现	规程规定	规程依据
未进行自检	验电前进行验电器自检，且应在确知的同一电压等级带电体上试验，确认验电器良好后方可使用	《国家电网公司电力安全工作规程（电网建设部分）（试行）》
作业人员操作验电器时，人体未与带电设备保持足够的安全距离，操作者的手握部位越过护环，造成绝缘长度不足	人体应与带电设备保持足够的安全距离，操作者的手握部位不得越过护环，以保持有效的绝缘长度	《国家电网公司电力安全工作规程（电网建设部分）（试行）》
作业人员使用规格不符合被操作设备电压等级的验电器	验电器的规格应符合被操作设备的电压等级	《国家电网公司电力安全工作规程（电网建设部分）（试行）》

13.5 个体防护装备——安全绳

违章表现	规程规定	规程依据
作业人员连接安全绳，未通过连接扣连接，在使用过程中有打结	安全绳的连接应通过连接扣连接，在使用过程中不应打结	《国家电网公司电力安全工作规程（电网建设部分）（试行）》
施工人员使用钢丝松散，中间有接头的钢丝绳式安全绳作业	钢丝绳式安全绳的钢丝应捻制均匀、紧密、不松散，中间无接头	《国家电网公司电力安全工作规程（电网建设部分）（试行）》
作业人员使用保护套有破损、开裂等现象的织带型缓冲器	织带型缓冲器的保护套应完整，无破损、开裂等现象	《国家电网公司电力安全工作规程（电网建设部分）（试行）》
作业人员使用有叠痕、突起、折断、压伤、锈蚀及错乱交叉钢丝的钢丝绳速差器	钢丝绳速差器的钢丝应绞合均匀紧密，不得有叠痕、突起、折断、压伤、锈蚀及错乱交叉的钢丝	《国家电网公司电力安全工作规程（电网建设部分）（试行）》
作业人员在高温、腐蚀等场合使用安全绳，未穿入整根具有耐高温、抗腐蚀的保护套，或未采用钢丝绳式安全绳	在高温、腐蚀等场合使用的安全绳，应穿入整根具有耐高温、抗腐蚀的保护套，或采用钢丝绳式安全绳	《国家电网公司电力安全工作规程（电网建设部分）（试行）》
高处焊接作业时未采取措施防止安全绳（带）损坏	高处焊接作业时应采取措施防止安全绳（带）损坏	《国家电网公司电力安全工作规程（电网建设部分）（试行）》
施工人员使用有裂纹、褶皱，边缘有毛刺，有永久性变形和活门失效等现象的连接器	连接器表面光滑，无裂纹、褶皱，边缘圆滑无毛刺，无永久性变形和活门失效等现象	《国家电网公司电力安全工作规程（电网建设部分）（试行）》

13.6 个体防护装备——个人保安线

违章表现	规程规定	规程依据
作业人员在工作接地线未挂好的情况下,在工作相上挂个人保安线	只有在工作接地线挂好后,方可在工作相上挂个人保安线	《国家电网公司电力安全工作规程(电网建设部分)(试行)》
在有邻近、平行、交叉跨越及同杆塔架设线路的地段作业,在需要接触或接近导线作业时,未使用个人保安线	作业地段如有邻近、平行、交叉跨越及同杆塔架设线路,为防止停电检修线路上感应电压伤人,在需要接触或接近导线作业时,应使用个人保安线	《国家电网公司电力安全工作规程(电网建设部分)(试行)》
作业现场未应用多股软铜线保安线,所用保安线截面小于 16mm²;保安线的绝缘护套材料护层厚度小于 1mm	保安线应用多股软铜线,其截面不得小于 16mm²;保安线的绝缘护套材料应柔韧透明,护层厚度大于 1mm	《国家电网公司电力安全工作规程(电网建设部分)(试行)》
作业现场用保安线护套有孔洞、撞伤、擦伤、裂缝、龟裂等现象,导线有裸露、松股、中间有接头、断股和发黑腐蚀	护套应无孔洞、撞伤、擦伤、裂缝、龟裂等现象,导线无裸露、无松股、中间无接头、断股和发黑腐蚀	《国家电网公司电力安全工作规程(电网建设部分)(试行)》
作业现场使用的汇流夹未采用 T3 或 T2 铜制成,压接后应有裂纹,与保安线连接不牢固	汇流夹应由 T3 或 T2 铜制成,压接后应无裂纹,与保安线连接牢固	《国家电网公司电力安全工作规程(电网建设部分)(试行)》
作业现场用线夹有损坏,线夹与电力设备及接地体的接触面有毛刺	线夹完整、无损坏,线夹与电力设备及接地体的接触面无毛刺	《国家电网公司电力安全工作规程(电网建设部分)(试行)》
作业现场用保安线未采用线鼻与线夹相连接,线鼻与线夹连接不牢固,有松动、腐蚀及灼伤痕迹	保安线应采用线鼻与线夹相连接,线鼻与线夹连接牢固,接触良好,无松动、腐蚀及灼伤痕迹	《国家电网公司电力安全工作规程(电网建设部分)(试行)》
作业人员以个人保安线代替工作接地线	个人保安线仅作为预防感应电使用,不得以此代替工作接地线	《国家电网公司电力安全工作规程(电网建设部分)(试行)》
缓冲器与安全绳及安全带配套使用时,作业高度不足以容纳安全绳和缓冲器展开的安全坠落空间	缓冲器与安全绳及安全带配套使用时,作业高度要足以容纳安全绳和缓冲器展开的安全坠落空间	《国家电网公司电力安全工作规程(电网建设部分)(试行)》
作业人员装设保安接地线顺序错误,接触不良、连接不可靠	装设时,应先接接地端,后接导线端,且接触良好、连接可靠。拆个人保安线的顺序与此相反。个人保安线由作业人员负责自行装、拆	《国家电网公司电力安全工作规程(电网建设部分)(试行)》

违章表现	规程规定	规程依据
作业人员在杆塔或横担接地通道不良的条件下，将个人保安线接地端接在杆塔或横担上	在杆塔或横担接地通道良好的条件下，个人保安线接地端允许接在杆塔或横担上	《国家电网公司电力安全工作规程（电网建设部分）（试行）》

13.7 个体防护装备——连接器

违章表现	规程规定	规程依据
作业人员使用扣体钩舌和闸门咬口偏斜、无保险装置的连接器，使用经过一个动作就能打开的连接器	连接器应操作灵活，扣体钩舌和闸门的咬口应完整，两者不得偏斜，应有保险装置，经过两个及以上的动作才能打开	《国家电网公司电力安全工作规程（电网建设部分）（试行）》

13.8 个体防护装备——缓冲器

违章表现	规程规定	规程依据
作业人员采用多个缓冲器串联使用	缓冲器禁止多个串联使用	《国家电网公司电力安全工作规程（电网建设部分）（试行）》

13.9 个体防护装备——攀登自锁器

违章表现	规程规定	规程依据
作业人员使用攀登自锁器的工程塑料本体表面有气泡、开裂等缺陷	本体为工程塑料时，表面应无气泡、开裂等缺陷	《国家电网公司电力安全工作规程（电网建设部分）（试行）》
作业人员使用攀登自锁器的金属本体有裂纹、变形及锈蚀等缺陷，铆接面有毛刺，金属表面镀层有起皮、变色等缺陷	本体为金属材料时，无裂纹、变形及锈蚀等缺陷，所有铆接面应平整、无毛刺，金属表面镀层应均匀、光亮，不允许有起皮、变色等缺陷	《国家电网公司电力安全工作规程（电网建设部分）（试行）》
作业人员使用的自锁器导向轮有卡阻、破损等缺陷	自锁器上的导向轮应转动灵活，无卡阻、破损等缺陷	《国家电网公司电力安全工作规程（电网建设部分）（试行）》
作业人员使用时攀登自锁器时，未查看自锁器安装箭头，造成自锁器安装不正确	使用时应查看自锁器安装箭头，正确安装自锁器	《国家电网公司电力安全工作规程（电网建设部分）（试行）》
作业人员使用攀登自锁器时，自锁器与安全带之间的连接绳大于 0.5m，自锁器未连接在人体前胸或后背的安全带挂点上	自锁器与安全带之间的连接绳不应大于 0.5m，自锁器应连接在人体前胸或后背的安全带挂点上	《国家电网公司电力安全工作规程（电网建设部分）（试行）》

违章表现	规程规定	规程依据
作业人员在导轨（绳）上手提自锁器，自锁器在导轨（绳）上应运行有卡住现象，突然释放自锁器，自锁器未能有效锁止在导轨（绳）上	在导轨（绳）上手提自锁器，自锁器在导轨（绳）上应运行顺滑，不应有卡住现象，突然释放自锁器，自锁器应能有效锁止在导轨（绳）上	《国家电网公司电力安全工作规程（电网建设部分）（试行）》
作业人员将自锁器锁止在导轨（绳）上作业	禁止将自锁器锁止在导轨（绳）上作业	《国家电网公司电力安全工作规程（电网建设部分）（试行）》
作业人员使用部件有尖角或锋利边缘的缓冲器	缓冲器所有部件应平滑，无材料和制造缺陷，无尖角或锋利边缘	《国家电网公司电力安全工作规程（电网建设部分）（试行）》

13.10 个体防护装备——速差自控器

违章表现	规程规定	规程依据
作业人员使用有自锁功能的连接器，活门关闭时不能自动上锁，在上锁状态下经过一个动作即打开	有自锁功能的连接器活门关闭时应自动上锁，在上锁状态下必须经两个以上动作才能打开	《国家电网公司电力安全工作规程（电网建设部分）（试行）》
作业人员使用手动上锁的连接器，经过一个动作就能打开，有锁止警示的连接器锁后不能观测到警示标志	手动上锁的连接器应确保必须经两个以上动作才能打开，有锁止警示的连接器锁止后应能观测到警示标志	《国家电网公司电力安全工作规程（电网建设部分）（试行）》
作业人员使用连接器时，将受力点设置在连接器活门位置	使用连接器时，受力点不应在连接器的活门位置	《国家电网公司电力安全工作规程（电网建设部分）（试行）》
作业人员使用本体及配件有凹凸痕迹的攀登自锁器	自锁器各部件完整无缺失，本体及配件应无目测可见的凹凸痕迹	《国家电网公司电力安全工作规程（电网建设部分）（试行）》
作业人员使用部件有缺失、伤残破损，有毛刺和锋利边缘的速差自控器	速差自控器的各部件完整无缺失、无伤残破损，外观应平滑，无材料和制造缺陷，无毛刺和锋利边缘	《国家电网公司电力安全工作规程（电网建设部分）（试行）》
当钢丝绳作为速差自控器安全绳使用时直径小于 5mm	当钢丝绳作为速差自控器安全绳使用时直径不应小于 5mm	《坠落防护速差自控器》
作业人员使用不能有效制动并回收的速差自控器	用手将速差自控器的安全绳（带）进行快速拉出，速差自控器应能有效制动并完全回收	《国家电网公司电力安全工作规程（电网建设部分）（试行）》

违章表现	规程规定	规程依据
作业人员将速差自控器系挂在移动或不牢固的物件上	速差自控器应系在牢固的物体上,禁止系挂在移动或不牢固的物件上	《国家电网公司电力安全工作规程(电网建设部分)(试行)》
作业人员低挂高用使用速差自控器	速差自控器拴挂时禁止低挂高用	《国家电网公司电力安全工作规程(电网建设部分)(试行)》
作业人员将速差自控器系在棱角锋利处	不得系在棱角锋利处	《国家电网公司电力安全工作规程(电网建设部分)(试行)》
作业人员使用速差自控器时,未认真查看速差自控器防护范围及悬挂要求	使用时应认真查看速差自控器防护范围及悬挂要求	《国家电网公司电力安全工作规程(电网建设部分)(试行)》
作业人员使用速差自控器,未连接在人体前胸或后背的安全带挂点上,移动时有跳跃	速差自控器应连接在人体前胸或后背的安全带挂点上,移动时应缓慢,禁止跳跃	《国家电网公司电力安全工作规程(电网建设部分)(试行)》
高处作业时未采用速差自控器	杆塔组立、脚手架施工等高处作业时,应采用速差自控器等后备保护设施	《国家电网公司电力安全工作规程(电网建设部分)(试行)》
杆塔上垂直转移时未采用速差自控器	杆塔上水平转移时应使用水平绳或设置临时扶手,垂直转移时应使用速差自控器或安全自锁器等装置	《国家电网公司电力安全工作规程(电网建设部分)(试行)》
在杆塔上接触或接近导线的作业开始前,作业人员未挂接个人保安线,也未在作业结束脱离导线后拆除	个人保安线应在杆塔上接触或接近导线的作业开始前挂接,作业结束脱离导线后拆除	《国家电网公司电力安全工作规程(电网建设部分)(试行)》
多人同时使用同一个连接器作为连接或悬挂点	不应多人同时使用同一个连接器作为连接或悬挂点	《国家电网公司电力安全工作规程(电网建设部分)(试行)》
作业人员将速差自控器锁止后悬挂在安全绳(带)上作业	禁止将速差自控器锁止后悬挂在安全绳(带)上作业	《国家电网公司电力安全工作规程(电网建设部分)(试行)》
作业人员使用缓冲器,与安全带、安全绳连接时采用绑扎连接,未使用连接器连接	缓冲器与安全带、安全绳连接应使用连接器,禁止绑扎使用	《国家电网公司电力安全工作规程(电网建设部分)(试行)》

13.11 登高工器具——梯子

违章表现	规程规定	规程依据
装饰时将梯子搁在楼梯或斜坡上作业	装饰时不得将梯子搁在楼梯或斜坡上作业	《国家电网公司电力安全工作规程（电网建设部分）（试行）》
作业人员接长梯子时，未卡紧、绑牢，未加设支撑	如需接长时，应用铁卡子或绳索切实卡住或绑牢并加设支撑	《国家电网公司电力安全工作规程（电网建设部分）（试行）》
作业人员将梯子垫高使用	梯子不得接长或垫高使用	《国家电网公司电力安全工作规程（电网建设部分）（试行）》
作业人员使用梯脚无防滑装置的梯子	梯子应放置稳固，梯脚要有防滑装置	《国家电网公司电力安全工作规程（电网建设部分）（试行）》
梯子使用前，作业人员未先进行试登就开始使用	使用前，应先进行试登，确认可靠后方可使用	《国家电网公司电力安全工作规程（电网建设部分）（试行）》
有人员在梯子上作业时，梯子未安排扶持和监护人员	有人员在梯子上作业时，梯子应有人扶持和监护	《国家电网公司电力安全工作规程（电网建设部分）（试行）》
作业人员使用梯子时，梯子与地面的夹角不符合规定，作业人员在距梯顶 1m 以内的梯蹬上作业	梯子与地面的夹角应为 60° 左右，作业人员应在距梯顶 1m 以下的梯蹬上作业	《国家电网公司电力安全工作规程（电网建设部分）（试行）》
人字梯无坚固的铰链和限制开度的拉链	人字梯应具有坚固的铰链和限制开度的拉链	《国家电网公司电力安全工作规程（电网建设部分）（试行）》
作业人员靠在管子上、导线上使用梯子时，其上端未用挂钩挂住或用绳索绑牢	靠在管子上、导线上使用梯子时，其上端需用挂钩挂住或用绳索绑牢	《国家电网公司电力安全工作规程（电网建设部分）（试行）》
作业人员在通道上使用梯子时，未设监护人或未设置临时围栏	在通道上使用梯子时，应设监护人或设置临时围栏	《国家电网公司电力安全工作规程（电网建设部分）（试行）》
作业人员放在门前使用梯子，未采取防止门突然开启的措施	作业人员放在门前使用梯子，应采取防止门突然开启的措施	《国家电网公司电力安全工作规程（电网建设部分）（试行）》
作业人员使用升降有卡阻，锁紧装置不可靠的升降梯	升降梯升降灵活，锁紧装置可靠	《国家电网公司电力安全工作规程（电网建设部分）（试行）》

违章表现	规程规定	规程依据
作业人员使用铰链有松动的铝合金折梯	铝合金折梯铰链牢固,开闭灵活,无松动	《国家电网公司电力安全工作规程(电网建设部分)(试行)》
作业人员使用限制开度装置有缺陷的折梯	折梯限制开度装置完整牢固	《国家电网公司电力安全工作规程(电网建设部分)(试行)》
延伸式梯子操作用绳有断股、打结现象,升降有卡阻,锁位不准确	延伸式梯子操作用绳无断股、打结等现象,升降灵活,锁位准确可靠	《国家电网公司电力安全工作规程(电网建设部分)(试行)》
施工人员使用绳头有散丝的纤维绳式安全绳作业	纤维绳式安全绳绳头无散丝	《国家电网公司电力安全工作规程(电网建设部分)(试行)》
作业人员在变电站高压设备区或高压室内使用金属梯子。搬动梯时,未放倒两人搬运,与带电部分的安全距离不足	在变电站高压设备区或高压室内应使用绝缘材料的梯子,禁止使用金属梯子。搬动梯时,应放倒两人搬运,并与带电部分保持安全距离	《国家电网公司电力安全工作规程(电网建设部分)(试行)》
攀登时,作业人员及所携带的工具、材料总重量超过梯子的承载力	梯子应能承受作业人员及所携带的工具、材料攀登时的总重量	《国家电网公司电力安全工作规程(电网建设部分)(试行)》
在作业人员上下的梯子上,未悬挂"从此上下!"的安全标志牌	在室外构架上作业时,在作业人员上下的梯子上,应悬挂"从此上下!"的安全标志牌	《国家电网公司电力安全工作规程(电网建设部分)(试行)》

13.12 登高工器具——软梯

违章表现	规程规定	规程依据
作业人员使用的软梯标志模糊,每股绝缘绳索及每股线绞合不紧密,有松散、分股现象	标志清晰,每股绝缘绳索及每股线均应紧密绞合,不得有松散、分股的现象	《国家电网公司电力安全工作规程(电网建设部分)(试行)》
作业人员使用软梯绳索各股及各股中丝线有叠痕、凸起、压伤、背股、抽筋等缺陷,有错乱、交叉的丝、线、股	绳索各股及各股中丝线均不应有叠痕、凸起、压伤、背股、抽筋等缺陷,不得有错乱、交叉的丝、线、股	《国家电网公司电力安全工作规程(电网建设部分)(试行)》
软梯接头未做到单根丝线连接,有股接头存在。单丝接头未封闭于绳股内部,露在外面	接头应单根丝线连接,不允许有股接头。单丝接头应封闭于绳股内部,不得露在外面	《国家电网公司电力安全工作规程(电网建设部分)(试行)》

违章表现	规程规定	规程依据
使用软梯进行移动作业时，软梯上超过一人作业	使用软梯进行移动作业时，软梯上只准一人作业	《国家电网公司电力安全工作规程（电网建设部分）（试行)》
作业人员到达梯头上进行作业和梯头开始移动前，梯头的封口未可靠封闭，也未使用保护绳防止梯头脱钩	作业人员到达梯头上进行作业和梯头开始移动前，应将梯头的封口可靠封闭，否则应使用保护绳防止梯头脱钩	《国家电网公司电力安全工作规程（电网建设部分）（试行)》
作业人员在转动横担的线路上挂梯前未将横担固定	在转动横担的线路上挂梯前应将横担固定	《国家电网公司电力安全工作规程（电网建设部分）（试行)》
作业人员在瓷横担线路上挂梯作业	在瓷横担线路上禁止挂梯作业	《国家电网公司电力安全工作规程（电网建设部分）（试行)》
作业人员在梯子上时移动梯子，并且上下抛递工具、材料	禁止人在梯子上时移动梯子，禁止上下抛递工具、材料	《国家电网公司电力安全工作规程（电网建设部分）（试行)》

第二篇

建筑工程施工

14 土 石 方 施 工

14.1 基坑支护

违章表现	规程规定	规程依据
1）基坑钢结构支撑存在负载状态下进行焊接施工的现象。 2）基坑采用钢结构支撑时，未对进场的支撑材料进行检验及进场验收	钢结构支撑时，应严格材料检验，不得在负载状态下进行焊接	《国家电网公司电力安全工作规程（电网建设部分）（试行）》
基坑支护结构及边坡顶面等有坠落可能的物件未及时拆除或加以固定	基坑支护结构及边坡顶面等有坠落可能的物件时，应先行拆除或加以固定	《建筑施工土石方工程安全技术规范》 JGJ 180—2009

14.2 人工开挖

违章表现	规程规定	规程依据
1）人工开挖基坑前，未先将坑口的浮土清除。 2）人工开挖基坑时，未及时将坑口边的土石及时清理，存在土石回落伤人的安全隐患	人工开挖基坑，应先清除坑口浮土，向坑外抛扔土石时，应防止土石回落伤人。当基坑深度达2m时，宜用取土器械取土，不得用锹直接向坑外抛扔土。取土机械不得与坑壁刮擦	《国家电网公司电力安全工作规程（电网建设部分）（试行）》
1）人工进行开挖作业时，存在掏空倒挖的现象。 2）人工进行开挖作业时，不同深度的相邻基础未按先深后浅的施工顺序进行	应自上而下进行开挖，不得采用掏空倒挖的施工方法。不同深度的相邻基础应按先深后浅的施工顺序进行	《国家电网公司电力安全工作规程（电网建设部分）（试行）》
1）人工进行开挖作业时，基坑内作业人员横向间距小于2m。 2）人工进行开挖作业时，基坑内作业人员纵向间距小于3m。 3）人工进行开挖作业时，基坑底面积小于2m² 时，基坑内有两人同时面对面进行挖掘作业	挖掘作业人员之间，横向间距不得小于2m，纵向间距不得小于3m；坑底面积超过2m² 时，可由两人同时挖掘，但不得面对面作业	《国家电网公司电力安全工作规程（电网建设部分）（试行）》
1）人工进行边坡开挖时，存在上、下坡同时撬挖的现象。 2）人工撬挖土石方时，未提前组织清除山坡上方浮土、石。	人工撬挖土石方时应遵守下列规定： 1）边坡开挖时，应由上往下开挖，依次进行。不得上、下坡同时撬挖。 2）应先清除山坡上方浮土、石；土石滚落下方不得有人，并设专人监护。	《国家电网公司电力安全工作规程（电网建设部分）（试行）》

违章表现	规程规定	规程依据
3）人工撬挖土石方打孔作业时，存在打锤人戴手套作业的现象。 4）人工在悬岩陡坡上撬挖土石方作业时未设置防护栏杆，作业人员未系安全带	3）人工打孔时，打锤人不得戴手套，并应站在扶钎人的侧面。 4）在悬岩陡坡上作业时应设置防护栏杆并系安全带	《国家电网公司电力安全工作规程（电网建设部分）（试行）》

14.3 一般规定

违章表现	规程规定	规程依据
在有电缆、光缆及管道等地下设施的地方开挖时，未事先取得有关管理部门的同意	在有电缆、光缆及管道等地下设施的地方开挖时，应事先取得有关管理部门的同意，并有相应的安全措施且有专人监护	《国家电网公司电力安全工作规程（电网建设部分）（试行）》
在有电缆、光缆及管道等地下设施的地方开挖时，未制定相应的安全措施，未组织人员进行安全技术交底	在有电缆、光缆及管道等地下设施的地方开挖时，应事先取得有关管理部门的同意，并有相应的安全措施且有专人监护	《国家电网公司电力安全工作规程（电网建设部分）（试行）》
在有电缆、光缆及管道等地下设施的地方开挖时，现场未安排专人监护	在有电缆、光缆及管道等地下设施的地方开挖时，应事先取得有关管理部门的同意，并有相应的安全措施且有专人监护	《国家电网公司电力安全工作规程（电网建设部分）（试行）》
1）挖掘区域内发现不能辨认的物品、地下埋设物、古物等，未按要求履行上报处理程序，擅自进行敲拆。 2）挖掘区域内发现不能辨认的物品、地下埋设物、古物等，未对现场进行保护	挖掘区域内如发现不能辨认的物品、地下埋设物、古物等，禁止擅自敲拆，应上报处理后方可继续施工	《国家电网公司电力安全工作规程（电网建设部分）（试行）》
1）深坑及井内作业未按施工方案等要求采取可靠的防塌措施。 2）深坑及井内作业通风条件不好的，未按施工方案等要求采取通风措施。 3）深坑及井内作业过程中，现场未配备含氧量监测仪或有害气体监测仪，未定时检测是否存在有毒气体或异常现象。 4）深坑及井内作业过程中发现危险情况未立即停止作业，未组织人员撤离，未采取可靠措施就恢复施工。 5）深坑及进内作业未随身携带防毒面具或呼吸器等安全防护用品	在深坑及井内作业应采取可靠的防塌措施，坑、井内的通风应良好。在作业中应定时检测是否存在有毒气体或异常现象，发现危险情况应立即停止作业，采取可靠措施后，方可恢复施工	《国家电网公司电力安全工作规程（电网建设部分）（试行）》

违章表现	规程规定	规程依据
1）挖掘施工区域存在未设置围栏及安全标志牌的现象。 2）挖掘施工在夜间作业的区域存在照明不足及未挂警示灯的现象。 3）挖掘施工区域的围栏搭设未封闭，不能起到隔离保护作用。 4）挖掘施工区域的围栏存在离坑边小于0.8m的现象未挂警示标识。 5）夜间进行土石方作业时，现场存在照明不充足、未设专人监护的现象	挖掘施工区域应设围栏及安全标志牌，夜间应挂警示灯，围栏离坑边不得小于0.8m。夜间进行土石方作业应设置足够的照明，并设专人监护	《国家电网公司电力安全工作规程（电网建设部分）（试行）》
1）基坑开挖施工未进行监测和预报，未填写施工作业风险因素管控卡。 2）基坑开挖施工现场危险隐患未采取有效的防治措施或采取措施前盲目施工	基坑开挖施工过程应加强监测和预报，发现危险征兆时，应立即采取措施，处理完毕后方可继续施工	《国家电网公司电力安全工作规程（电网建设部分）（试行）》
1）基坑内作业存在未设置可靠的人员上下扶梯或坡道的现象。 2）基坑内作业存在人员攀登挡土板支撑上下基坑的现象。 3）基坑内作业存在作业人员在基坑内休息的现象	基坑应有可靠的扶梯或坡道，作业人员不得攀登挡土板支撑上下，不得在基坑内休息	《国家电网公司电力安全工作规程（电网建设部分）（试行）》
1）现场堆土离坑边距离存在小于1m的现象。 2）现场基坑四周堆土高度存在超过1.5m的现象	堆土应距坑边1m以外，高度不得超过1.5m	《国家电网公司电力安全工作规程（电网建设部分）（试行）》
1）寒冷地区基坑开挖存在未进行放坡或放坡系数不满足设计规范要求的现象。 2）寒冷地区基坑在解冻期施工时，未开展基坑和基础桩支护的检查	寒冷地区基坑开挖应严格按规定放坡。解冻期施工，应对基坑和基础桩支护进行检查，无异常情况后，方可施工	《国家电网公司电力安全工作规程（电网建设部分）（试行）》
设计对开挖边坡值无具体要求时，现场施工未按照以下要求施工：砂土坡度1:1.25～1:1.50；一般性黏土（硬）坡度1:0.75～1:1.00；一般性黏土（硬、塑）坡度1:1.00～1:1.25；一般性黏土（软）坡度1:1.50或更缓；碎石类土（充填坚硬、硬塑黏性土）坡度1:0.50～1:1.00；碎石类土（充填砂土）坡度1:1.00～1:1.50	开挖边坡值应满足设计要求。无设计要求时，应符合表10的规定。边坡值要求如下：砂土坡度（深:宽）1:1.25～1:1.50；一般性黏土（硬）坡度1:0.75～1:1.00；一般性黏土（硬、塑）坡度1:1.00～1:1.25；一般性黏土（软）坡度1:1.50或更缓；碎石类土（充填坚硬、硬塑黏性土）坡度1:0.50～1:1.00；碎石类土（充填砂土）坡度1:1.00～1:1.50。如采用降水或其他加固措施，可不受上述限制，但应计算复核	《国家电网公司电力安全工作规程（电网建设部分）（试行）》

违章表现	规程规定	规程依据
基坑（槽）开挖后，未及时进行地下结构、安装工程和基坑（槽）回填施工	基坑（槽）开挖后，应及时进行地下结构、安装工程和基坑（槽）回填施工	《国家电网公司电力安全工作规程（电网建设部分）（试行）》
1）基坑回填存在未分层夯实的现象。 2）基坑坑壁、沟壁处的回填存在夯实不到位的现象，造成坑外建筑物、设备基础、沟道、管线形成沉降、裂缝等缺陷和隐患	基坑回填时，应有防止坑外建筑物、设备基础、沟道、管线沉降、裂缝等情况出现的措施	《国家电网公司电力安全工作规程（电网建设部分）（试行）》
1）土方工程施工方案或冬期施工方案中未明确土方工程在冬期施工的防冻、防滑技术措施。 2）土方工程冬期施工期间未按冬期施工方案要求落实防冻、防滑等技术措施	土方工程冬期施工时，应采取防冻、防滑的技术措施	《建筑地基基础工程施工规范》GB 51004—2015
施工期间未按照施工方案要求进行噪声测量和采取相关降噪措施，现场施工过程中噪声排放超标（要求昼间不得大于70dB、夜间不得大于55dB	施工期间应严格控制噪声，并应符合GB 12523《建筑施工场界环境噪声排放标准》的规定	《建筑地基基础工程施工规范》GB 51004—2015
1）土石方工程施工未编制专项施工方案。 2）土石方工程开工前未组织全体施工人员进行专项施工方案的交底	土石方工程应编制专项施工安全方案，并应严格按照方案实施	《建筑施工土石方工程安全技术规范》GJ 180—2009
1）土石方工程施工前，未针对安全风险组织进行安全教育及安全技术交底。 2）土石方工程施工的特种作业人员未持证上岗，现场人员与报审证件不符。 3）土石方工程施工的机械操作人员未经过专业技术培训	施工前应针对安全风险进行安全教育及安全技术交底。特种作业人员必须持证上岗，机械操作人员应经过专业技术培训	《建筑施工土石方工程安全技术规范》JGJ 180—2009
1）开挖深度超过2m的基坑周边存在未安装防护栏杆的现象。 2）基坑防护栏杆存在高度低于1.2m的现象。 3）基坑防护栏杆的横杆数量不足或仅有一道横杆（横杆应设2道~3道，下杆离地高度宜为0.3m~0.6m，上杆离地高度宜为1.2m~1.5m）。	开挖深度超过2m的基坑周边必须安装防护栏杆。防护栏杆应符合下列规定： 1）防护栏杆高度不应低于1.2m。 2）防护栏杆应有横杆及立杆组成；横杆应设2道~3道，下杆离地高度宜为0.3m~0.6m，上杆离地高度宜为1.2m~1.5m；立杆间距不宜大于2.0m，立杆里边坡距离宜为0.5m。	《建筑施工土石方工程安全技术规范》JGJ 180—2009

违章表现	规程规定	规程依据
4）基坑防护栏杆的立杆间距大于2.0m，立杆里边坡距离小于0.5m。 5）基坑防护栏杆加挂的密目安全网存在未封闭设置的现象。 6）基坑防护栏杆的挡脚板高度小于180mm，挡脚板下沿离地高度大于10mm。 7）基坑防护栏杆安装不牢固，材料强度不满足施工安全要求	3）防护栏杆宜加挂密目安全网和挡脚板；安全网应自上而下封闭设置；挡脚板高度不应小于180mm，挡脚板下沿离地高度不应大于10mm。 4）防护栏杆应安装牢固，材料应有足够的强度	《建筑施工土石方工程安全技术规范》JGJ 180—2009
深基坑工程的专项施工方案未组织专家论证，不能提供专家论证书	施工单位应当在危险性较大的分部分项工程施工前编制专项方案；对于超过一定规模的危险性较大的分部分项工程，施工单位应当组织专家对专项方案进行论证。超过一定规模的危险性较大的分部分项工程范围[深基坑工程：1. 开挖深度超过5m（含5m）的基坑（槽）的土方开挖、支护、降水工程。2. 开挖深度虽未超过5m，但地质条件、周围环境和地下管线复杂，或影响毗邻建筑（构）筑）物安全的基坑（槽）的土方开挖、支护、降水工程。]	关于印发《危险性较大的分部分项工程安全管理办法》的通知（建质〔2009〕87号）第五条
深基坑工程的专项施工方案论证专家组存在有工程参建单位人员的现象	专家组成员由5名及以上符合相关专业要求的专家组成。本项目参建各方人员不得以专家身份参加专家论证会	关于印发《危险性较大的分部分项工程安全管理办法》的通知（建质〔2009〕87号）第十条
1）深基坑工程的专项施工方案未根据论证报告进行修改完善。 2）深基坑工程的专项施工方案在修改完善后未重新履行报审流程	施工单位应根据论证报告修改专项方案，并经施工单位技术负责人、项目总监理工程师、建设单位项目负责人签字后，方可组织实施	关于印发《危险性较大的分部分项工程安全管理办法》的通知（建质〔2009〕87号）第十二条

14.4 降排水

违章表现	规程规定	规程依据
未制定施工区域临时排水方案	应制定施工区域临时排水方案，排水不得破坏相邻建（构）筑物地基和挖、填土石方边坡	《国家电网公司电力安全工作规程（电网建设部分）（试行）》

违章表现	规程规定	规程依据
1) 未按施工组织设计或施工方案要求落实施工区域临时排水方案。 2) 施工区域临时排水不当，破坏了相邻建（构）筑物地基和挖、填土石方边坡以及周边生活相关设施	应制定施工区域临时排水方案，排水不得破坏相邻建（构）筑物地基和挖、填土石方边坡	《国家电网公司电力安全工作规程（电网建设部分）（试行）》
1) 基坑内外未按施工方案等要求设集水坑和排水沟。 2) 基坑内外集水坑的设置距离和排水沟坡度不满足施工方案等要求	基坑内外应设集水坑和排水沟，集水坑应每隔一定距离设置，排水沟应有一定坡度	《国家电网公司电力安全工作规程（电网建设部分）（试行）》
基坑边坡未结合施工季节、气候条件等制定防止雨水侵蚀的防护措施	基坑边坡应进行防护，防止雨水侵蚀	《国家电网公司电力安全工作规程（电网建设部分）（试行）》
开挖低于地下水位的基坑时，未制定合理的降水措施	开挖低于地下水位的基坑时，应合理选用降水措施。降水过程中应对重要建筑物或公共设施进行监测	《国家电网公司电力安全工作规程（电网建设部分）（试行）》
1) 开挖低于地下水位的基坑时，降水措施的实际效果不能满足现场施工。 2) 降水过程中未组织对重要建筑物或公共设施进行监测	开挖低于地下水位的基坑时，应合理选用降水措施。降水过程中应对重要建筑物或公共设施进行监测	《国家电网公司电力安全工作规程（电网建设部分）（试行）》
1) 水泵等降排水设备的绝缘和密封存在电缆外皮破损、电缆接头绝缘包封不合格的现象。 2) 现场检查、移动水泵等降排水设备时，存在未可靠切断电源的现象	水泵等降排水设备使用前应经检查合格，确保其绝缘和密封性能良好。检查、移动水泵等降排水设备时，应可靠切断电源	《国家电网公司电力安全工作规程（电网建设部分）（试行）》
1) 井点降水未制定施工方案。 2) 井点降水的冲、钻孔机操作时，作业地面存在不平整、机具安放不平稳的现象。 3) 井点降水已成孔尚未下井点管前，井孔存在未用盖板封严的现象。 4) 井点降水所用的水泵、电源控制箱等设备存在安全性能不满足要求的现象。 5) 井点降水在有车辆或施工机械通过区域，未对敷设的井点进行防护、加固。 6) 井点降水完成后，未及时将井填实	井点降水应符合下列规定： 1) 应制定井点降水施工方案。 2) 冲、钻孔机操作时应安放平稳，防止机具突然倾倒或钻具下落。 3) 已成孔尚未下井点管前，井孔应用盖板封严。 4) 所用设备的安全性能应良好，水泵接管应牢固、卡紧。 作业时不得将带压管口对准人体。 5) 有车辆或施工机械通过区域，应对敷设的井点防护、加固。 6) 降水完成时，应及时将井填实	《国家电网公司电力安全工作规程（电网建设部分）（试行）》

违章表现	规程规定	规程依据
1）现场基坑降水的抽水作业人员未穿绝缘靴。 2）现场基坑抽水泵带电运行期间，安排施工人员在基坑内进行作业	采用水泵抽水时，设备应完好，作业人员应穿绝缘靴，不得在水泵运转期间下基坑作业	《电力建设安全工作规程 第3部分：变电站》DL 5009.3—2013
1）雨期开挖基坑（槽）或管沟时，未在坑（槽）外侧围筑土堤或开挖排水沟。 2）雨期开挖基坑（槽）或管沟时，坑（槽）外侧围筑土堤高度、厚度不能满足截水效果。 3）雨期开挖基坑（槽）或管沟时，坑（槽）外侧开挖的排水沟深度、坡度等不能满足截水效果	雨期开挖基坑（槽）或管沟时，应在坑（槽）外侧围筑土堤或开挖排水沟，防止地面水流入坑（槽）	《土方与爆破工程施工及验收规范》GB 50201—2012
1）基坑支护存在不满足基坑周边建（构）筑物、地下管线、道路的安全使用和主体地下结构的施工空间的现象。 2）基坑支护施工时未严格落实支护方案的安全技术措施	基坑支护应保证基坑周边建（构）筑物、地下管线、道路的安全使用和主体地下结构的施工空间	《国家电网公司电力安全工作规程（电网建设部分）（试行）》
1）在基坑沟边使用机械挖土，施工方案中无支撑强度计算内容。 2）在坑沟边使用机械挖土时，施工方案中的支撑强度计算不准确，各类计算参数与工程实际不符	在坑沟边使用机械挖土时，应计算支撑强度，确保作业安全	《国家电网公司电力安全工作规程（电网建设部分）（试行）》
1）基坑支撑结构施工存在先挖后撑的现象。 2）基坑支撑结构更换支撑时存在先拆后装的现象。 3）基坑挖土时未采取可靠措施防止碰动基坑支撑结构	支撑结构的施工应先撑后挖，更换支撑应先装后拆。基坑挖土时不得碰动支撑	《国家电网公司电力安全工作规程（电网建设部分）（试行）》
1）基坑支撑结构施工时，存在随意变更支撑安装位置的现象。 2）基坑支撑结构的围檩与挡土桩墙存在结合不紧密的现象。 3）基坑支撑结构的挡土板或板桩与坑壁间的回填土未分层回填夯实	支撑安装位置不得随意变更，并应使围檩与挡土桩墙结合紧密。挡土板或板桩与坑壁间的回填土应分层回填夯实	《国家电网公司电力安全工作规程（电网建设部分）（试行）》
基坑安设固壁支撑的支撑木板与沟、槽、坑的两壁未严密靠紧，支撑与支柱固定不牢靠	安设固壁支撑时，支撑木板应严密靠紧于沟、槽、坑的两壁，并用支撑与支柱将其固定牢靠	《国家电网公司电力安全工作规程（电网建设部分）（试行）》

违章表现	规程规定	规程依据
1）基坑固壁支撑所用木料存在腐坏、断裂等现象。 2）基坑固壁支撑所用木料板材厚度小于 50mm，撑木直径小于 100mm	固壁支撑所用木料不得腐坏、断裂，板材厚度不小于 50mm，撑木直径不小于 100mm	《国家电网公司电力安全工作规程（电网建设部分）（试行）》
1）基坑采用锚杆支撑时，锚杆间距和倾角不满足支撑方案要求（锚杆上下间距不宜小于 2m，水平间距不宜小于 1.5m；锚杆倾角宜为 15°～25°，且不应大于 45°）。 2）基坑采用锚杆支撑时，最上一道锚杆覆土厚度小于 4m	锚杆支撑时，应合理布置锚杆的间距与倾角，锚杆上下间距不宜小于 2m，水平间距不宜小于 1.5m；锚杆倾角宜为 15°～25°，且不应大于 45°。最上一道锚杆覆土厚度不得小于 4m	《国家电网公司电力安全工作规程（电网建设部分）（试行）》
基坑采用钢筋混凝土支撑时，其强度未达设计要求已开挖支撑面以下土方。未能提供相关混凝土强度检测报告	钢筋混凝土支撑时，其强度达设计要求后，方可开挖支撑面以下土方	《国家电网公司电力安全工作规程（电网建设部分）（试行）》
1）进行劈石作业的操作人员存在未戴防护眼镜的现象。 2）在斜坡上堆放弃土时，随意进行土方堆放，未采取相应的安全措施。 3）用手推车、斗车或汽车卸渣时，车轮距卸渣边坡或槽边距离小于 1m	人工清理或装卸石方应遵守下列规定： 1）不便装运的大石块应劈成小块。用铁锲劈石时，操作人员间距不得小于 1m；用锤劈石时，操作人员间距不得小于 4m。操作人员应戴防护眼镜。 2）斜坡堆放弃土应采取安全措施。 3）用手推车、斗车或汽车卸渣时，车轮距卸渣边坡或槽边距离不得小于 1m	《国家电网公司电力安全工作规程（电网建设部分）（试行）》

14.5 机械施工

违章表现	规程规定	规程依据
1）用凿岩机或风钻打孔时，操作人员未正确佩戴口罩、风镜等劳动防护用品。 2）用凿岩机或风钻打孔时，操作人员在更换钻头未先关闭风门	用凿岩机或风钻打孔时，操作人员应戴口罩和风镜，手不得离开钻把上的风门，更换钻头应先关闭风门	《国家电网公司电力安全工作规程（电网建设部分）（试行）》
采用大型机械挖掘土石方时，未对机械的停放、行走、运土石的方法与挖土分层深度等制定施工方案	采用大型机械挖掘土石方时，应对机械的停放、行走、运土石的方法与挖土分层深度等制定施工方案	《国家电网公司电力安全工作规程（电网建设部分）（试行）》
采用大型机械挖掘土石方的施工方案中，机械的停放、行走、运土石的方法与挖土分层深度等内容不能满足实际施工要求	采用大型机械挖掘土石方时，应对机械的停放、行走、运土石的方法与挖土分层深度等制定施工方案	《国家电网公司电力安全工作规程（电网建设部分）（试行）》

违章表现	规程规定	规程依据
1）挖掘机开挖作业前未对周围的架空线距离进行核查，并对作业人员进行注意事项交底。 2）挖掘机作业存在利用挖斗递送物件及运输人员上下基坑的现象。 3）挖掘机作业存在挖掘机和人在同一基坑内同时进行交叉开挖作业的现象	挖掘机开挖时遵守下列规定： 1）应避让作业点周围的障碍物及架空线。 2）禁止人员进入挖斗内，禁止在伸臂及挖斗下面通过或逗留。 3）不得利用挖斗递送物件。 4）暂停作业时，应将挖斗放到地面。 5）挖掘机作业时，在同一基坑内不应有人员同时作业	《国家电网公司电力安全工作规程（电网建设部分）（试行）》
机械开挖土石方作业现场的指挥人员不能满足"一机一指挥"的组织方式	机械开挖土石方应采用"一机一指挥"的组织方式	《电力建设安全工作规程 第3部分：变电站》DL 5009.3—2013
1）土石方施工机械进场未报审，未提供设备出厂合格证书，未提供设备年检合格证明材料。 2）土石方施工机械在使用期间存在超载或扩大适用范围等现象	土石方施工的机械设备应有出厂合格证书。必须按照出厂使用说明书规定的技术性能、承载能力和使用条件等要求，正确操作，合理使用，严禁超载作业或任意扩大适用范围	《建筑施工土石方工程安全技术规范》JGJ 180—2009
1）土石方施工机械设备未定期进行维护保养，无维护保养记录。 2）土石方施工机械设备存在带故障作业的现象	机械设备应定期进行维护保养，严禁带故障作业	《建筑施工土石方工程安全技术规范》JGJ 180—2009
1）土石方施工机械作业时，操作人员擅自离开岗位或将机械设备交给其他无证人员操作。 2）土石方施工机械作业时，操作人员存在疲劳作业和酒后作业的现象。 3）土石方施工机械作业时，存在无关人员进入作业区和操作室的现象。 4）土石方施工机械连续作业时，作业人员未执行交接班制度	作业时操作人员不得擅自离开岗位或将机械设备交给其他无证人员操作，严禁疲劳和酒后作业。严禁无关人员进入作业区和操作室。机械设备连续作业时，应遵守交接班制度	《建筑施工土石方工程安全技术规范》JGJ 180—2009
配合机械设备作业的人员，在机械设备回转半径内作业时，现场未安排专人协调指挥	配合机械设备作业的人员，应在机械设备回转半径以外工作；当在回转半径内作业时，必须有专人协调指挥	《建筑施工土石方工程安全技术规范》JGJ 180—2009

违章表现	规程规定	规程依据
1）土石方机械施工作业时，填挖区土体存在不稳定、有坍塌可能的现象，现场未立即停止作业。 2）土石方机械施工作业时，存在地面涌水冒浆、陷车或因下雨发生坡道打滑的现象，现场未立即停止作业。 3）土石方机械施工作业时，发生大雨、雷电、浓雾、水位暴涨及山洪暴发等情况，现场未立即停止作业。 4）土石方机械施工作业时，施工标志及防护设施损坏，现场未立即停止作业	遇到下列情况之一时应立即停止作业： 1）填挖区土体不稳定、有坍塌可能。 2）地面涌水冒浆，出现陷车或因下雨发生坡道打滑。 3）发生大雨、雷电、浓雾、水位暴涨及山洪暴发等情况。 4）施工标志及防护设施损坏。 5）工作面净空不足以保证安全作业。 6）出现其他不能保证作业和运行安全的情况	《建筑施工土石方工程安全技术规范》JGJ 180—2009
拉铲或反铲作业时，挖掘机履带到工作面边缘的安全距离小于1.0m	拉铲或反铲作业时，挖掘机履带到工作面边缘的安全距离不应小于1.0m	《建筑施工土石方工程安全技术规范》JGJ 180—2009
1）挖掘机行驶或作业时，存在用铲斗吊运物料的现象。 2）挖掘机行驶或作业时，存在驾驶室外站人的现象	挖掘机行驶或作业时，不得用铲斗吊运物料，驾驶室外严禁站人	《建筑施工土石方工程安全技术规范》JGJ 180—2009
1）装载机向汽车装料时，存在铲斗在汽车驾驶室上方越过的现象。 2）装载机向汽车装料，汽车驾驶室顶无防护板，操作人员未及时离开驾驶室。 3）装载机向汽车装料时，存在偏载、超载现象	向汽车装料时，铲斗不得在汽车驾驶室上方越过。不得偏载、超载	《建筑施工土石方工程安全技术规范》JGJ 180—2009
1）蛙式打夯机的扶手和操作手柄的绝缘材料破损。 2）蛙式打夯机的操作开关未使用定向开关，进线口未加胶圈	夯实机的扶手和操作手柄必须加装绝缘材料，操作开关必须使用定向开关，进线口必须加胶圈	《建筑施工土石方工程安全技术规范》JGJ 180—2009
蛙式打夯机的电缆线长超过50m，存在扭结、缠绕或张拉过紧等现象	夯实机的电缆线不宜长于50m，不得扭结、缠绕或张拉过紧，应保持有至少3m～4m的余量	《建筑施工土石方工程安全技术规范》JGJ 180—2009
1）蛙式打夯机操作人员未戴绝缘手套、穿绝缘鞋。必须采取一人操作、一人拉线作业。 2）蛙式打夯机作业时，未采取一人操作、一人拉线的作业方式	操作人员必须戴绝缘手套、穿绝缘鞋。必须采取一人操作、一人拉线作业	《建筑施工土石方工程安全技术规范》JGJ 180—2009

违章表现	规程规定	规程依据
1）多台打夯机同时作业时，并列间距小于 5m。 2）多台打夯机同时作业时，纵列间距小于 10m	多台打夯机同时作业时，其并列间距不宜小于 5m，纵列间距不宜小于 10m	《建筑施工土石方工程安全技术规范》JGJ 180—2009
土石方运输机械行驶时存在不覆盖、超载、超速等违章行为	土石方运输一般要求： 1）严禁超载运输土石方，运输过程中应进行覆盖，严格控制车速，不超速、不超重，安全生产。 2）施工现场运输道路要布置有序，避免运输混杂、交叉，影响安全及进度。 3）土石方运输装卸要有专人指挥倒车	《建筑施工手册》（第五版）

14.6 无声破碎

违章表现	规程规定	规程依据
1）无声破碎剂在存放环节未做好防潮隔离措施。 2）无声破碎剂加水后装入小孔容器内	使用无声破碎剂进行无声爆破时，应在现场调制药剂，随调随灌，不得用手直接接触药剂。运输和存放中应做好防潮隔离措施，开封后应立即使用。禁止将无声破碎剂加水后装入小孔容器内	《国家电网公司电力安全工作规程（电网建设部分）（试行）》
灌注无声破碎剂的操作人员存在未按要求佩戴防护眼镜的现象	施工时操作人员应戴防护眼镜，头（特别是眼睛）应偏离孔口，以防喷浆伤害	《国家电网公司电力安全工作规程（电网建设部分）（试行）》
无声破碎在被破物开裂前，被破物四周未采取封闭措施和警示标志防止人畜靠近	操作完毕，直到被破物开裂前，被破物附近不得有人畜	《国家电网公司电力安全工作规程（电网建设部分）（试行）》

14.7 基坑工程监测

违章表现	规程规定	规程依据
开挖深度大于等于 5m 或开挖深度小于 5m 但现场地质情况和周围环境较复杂的基坑工程以及其他需要监测的基坑工程，未按要求组织实施基坑工程监测	开挖深度大于等于 5m 或开挖深度小于 5m 但现场地质情况和周围环境较复杂的基坑工程以及其他需要监测的基坑工程应实施基坑工程监测	《建筑基坑工程监测技术规范》GB 50497—2009
需要监测的基坑工程施工前，建设方未委托具备相应资质的第三方对基坑工程实施现场监测	基坑工程施工前，应由建设方委托具备相应资质的第三方对基坑工程实施现场监测。监测单位应编制监测方案，监测方案经建设方、设计方、监理方等认可，必要时还需与周边环境涉及的有关管理单位协商一致后方可实施	《建筑基坑工程监测技术规范》GB 50497—2009

违章表现	规程规定	规程依据
基坑监测单位未及时报审监测方案	基坑工程施工前，应由建设方委托具备相应资质的第三方对基坑工程实施现场监测。监测单位应编制监测方案，监测方案需经建设方、设计方、监理方等认可，必要时还需与周边环境涉及的有关管理单位协商一致后方可实施	《建筑基坑工程监测技术规范》GB 50497—2009

15 爆 破 施 工

15.1 爆破工程专业分包

违章表现	规程规定	规程依据
未在管控系统中选择专业分包商	专业分包商必须符合国家建筑企业资质管理规定,在国家电网公司基建部基建管理信息系统中选择专业分包商	《国家电网公司输变电工程施工分包管理办法》[国网（基建/3）181—2015]
未签订专业分包合同和安全协议	施工承包商在工程分包开工前需与爆破专业分包商签订合同和电力建设工程分包安全协议	《国家电网公司输变电工程施工分包管理办法》[国网（基建/3）181—2015]
爆破专业分包合同未涵盖爆破分包人员意外伤害保险的投购内容	施工承包商在工程分包开工前需与爆破专业分包商签订合同和电力建设工程分包安全协议	《国家电网公司输变电工程施工分包管理办法》[国网（基建/3）181—2015]
爆破专业分包商未对承担的爆破作业项目作业人员投购意外伤害保险	爆破企业、作业人员及其承担的重要工程均应投购保险	《建筑施工土石方工程安全技术规范》JGJ 180—2009
专业分包商未编制专项施工方案；专项施工方案编制审批不规范	专业分包商按照要求编制施工作业指导书（施工方案）、专项施工方案（专项安全技术措施）	《国家电网公司输变电工程施工分包管理办法》[国网（基建/3）181—2015]
编制的爆破专项施工方案未涵盖爆破有害效应确定的安全允许距离	爆破地点与人员和其他保护对象之间的安全距离，应按各种爆破有害效应分别核定（个别飞散物、爆区与高压线等）	《爆破安全规程》GB 6722—2014
施工承包商未组织专业分包商进行全员安全技术交底；无书面交底记录；参与交底人员无签字	施工承包商组织或督促专业分包商对全体分包作业人员进行安全技术交底，形成书面交底记录，参与交底人员签字	《国家电网公司输变电工程施工分包管理办法》[国网（基建/3）181—2015]

违章表现	规程规定	规程依据
未开展入场前三级安全教育及上岗前教育考试	施工承包商督促专业分包商常态开展入场三级安全教育，上岗前必须通过安全教育	《国家电网公司输变电工程施工分包管理办法》[国网（基建/3）181—2015]
未办理安全施工作业票；交底监督实施	施工承包商应督促专业分包商按规定办理安全施工作业票，组织交底监督实施	《国家电网公司输变电工程施工分包管理办法》[国网（基建/3）181—2015]

15.2 爆破作业单位资质和人员资格

违章表现	规程规定	规程依据
1）爆破作业单位资质及爆破作业人员资格证失效（有效期3年）或无资格人员从事爆破作业。 2）爆破作业单位未按照资质等级承接爆破作业项目（非营业性爆破作业单位）。 3）爆破作业单位承接的爆破作业项目未设置相应的项目技术负责人、爆破员、安全员、保管员，作业人员配备不齐全	爆破作业单位应取得省级公安机关核发的《爆破作业单位许可证》（营业性）和《爆破作业人员许可证》，并承接相应等级的爆破作业项目	《爆破作业单位资质条件和管理要求》GA 990—2012 《民用爆炸物品安全管理条例》（国务院466号）

15.3 爆破作业项目审批

违章表现	规程规定	规程依据
爆破作业单位承接的爆破作业项目未经爆破作业所在地公安机关批准，无审批手续	爆破作业单位应向爆破作业所在地设区的市级公安机关提出申请，提交《爆破作业项目许可审批表》	《爆破作业项目管理要求》GA991—2012

15.4 民用爆炸物品的采购

违章表现	规程规定	规程依据
未经公安机关许可购买民用爆炸物品，爆炸物品来源不明	爆破作业单位持公安机关核发的《民用爆炸物品购买许可证》，按载明的品种、数量及许可的期限，从销售民用爆炸物品的企业购买	《民用爆炸物品安全管理条例》（国务院第466号令）21条

15.5 民用爆炸物品的道路运输

违章表现	规程规定	规程依据
未携带《民用爆炸物品运输许可证》，不按载明的内容运输爆炸物品	爆破作业单位持公安机关核发的《民用爆炸物品运输许可证》按照许可的品种、数量、承运人、运输期限等内容运输	《民用爆炸物品安全管理条例》（国务院第466号令）26条
运输爆破器材车辆不合格，无出车单，未配备消防器材及悬挂危险标识	运输爆破器材应使用专用车辆，出车前车队负责人应检查车辆状况，配备消防器材，配挂危险标识	《爆破安全规程》GB 6722—2014
暴风雨和雷雨时，装卸、运输爆破器材	雷雨天气，不应装卸运输爆破器材	《爆破安全规程》GB 6722—2014

15.6 人工搬运爆破器材

违章表现	规程规定	规程依据
1）一人同时携带雷管和炸药。 2）运输爆炸物品安全防护措施不当	不应一人同时携带雷管和炸药；雷管和炸药应分别放在专用背包（木箱）内，不应放在衣袋	《爆破安全规程》GB 6722—2014
一人一次超量运输爆破器材	一人一次运送的爆破器材数量不超过：雷管1000发；拆箱运炸药20KG；背用原包装炸药1箱（袋）；挑运原包装炸药2箱（袋）	《爆破安全规程》GB 6722—2014

15.7 爆炸物品现场临时储存

违章表现	规程规定	规程依据
不具备安全存放条件，无人看护	爆破作业现场临时存放应具备安全存放条件，并设专人管理，看护	《民用爆炸物品安全管理条例》（国务院第466号令）42条
相抵触民用爆炸物品共存或与其他物品混存	性质相抵触的民用爆炸物品必须分别存放，或与其他物品混存	《民用爆炸物品安全管理条例》（国务院第466号令）41条
1）当日剩余爆破物品未清退回库。 2）现场过夜存放爆炸物品	当天剩余的民用爆炸物品应当当天清退回库，不应在爆破作业现场过夜存放民用爆炸物品	《爆破作业项目管理要求》GA 991—2012

15.8　爆破作业

违章表现	规程规定	规程依据
未落实安全措施边坡存在滑落危险；作业通道堵塞；危险区边界未设警戒；采用电爆网路，未对杂散电流进行测试，安全距离不够	对爆区周边自然条件和环境进行调查采取必要的安全防范措施	《爆破安全规程》GB 6722—2014
1）恶劣气候未停止爆破作业。 2）现场作业人员未撤离现场	遇恶劣气候（雷雨）时，应停止爆破作业，所有人员应立即撤离安全地点	《爆破安全规程》GB 6722—2014
未发布施工公告和爆破公告	爆破施工前，爆破作业单位应发布施工公告和爆破公告	《爆破安全规程》GB 6722—2014
未按爆破设计方案设置爆破器材临时存放和加工场所	爆破工程施工前，根据爆破设计要求和场地条件，进行规划，设置爆破器材临时保管、施工用药包制作和临时存放场所	《爆破安全规程》GB 6722—2014
现场使用爆破器材未经检测，使用不合格的爆破器材	爆破工程使用的爆破器材均应作现场检测，检测合格后方可使用	《爆破安全规程》GB 6722—2014
进行爆破检测、加工的爆破作业人员未配备安全防护用品	进行爆破器材检测、加工的爆破作业人员，应穿戴防静电的衣物	《爆破安全规程》GB 6722—2014
非爆破员或爆破技术人员实施敷设起爆网路	敷设起爆网路应由爆破员或爆破技术人员实施，并实行双人作业制	《爆破安全规程》GB 6722—2014
未实行双人作业制	敷设起爆网路应由爆破员或爆破技术人员实施，并实行双人作业制	《爆破安全规程》GB 6722—2014
1）爆破工器具不符合施工要求。 2）未按操作规程填装炸药	炮孔装药应使用木质或竹制炮棍；装药过程中，不得拔出或硬拉起爆药包中的导爆管、导爆索和电雷管引线	《爆破安全规程》GB 6722—2014
1）未划定警戒区域。 2）未设置警戒标志。 3）爆破警戒边界无警戒人员	爆破警戒区边界应设置明显标识并派出警戒人员	《爆破安全规程》GB 6722—2014
警戒区域未设预警、起爆、解除信号	爆破作业未设置警戒信号	《爆破安全规程》GB 6722—2014

违章表现	规程规定	规程依据
未按规定等待时间爆破作业人员（安全员、爆破员）进入爆区检查	露天浅孔爆破，爆后应超过 5min 方准检查人员进入爆破作业点；不能确认有无盲炮，应 15min 后进入爆区检查	《爆破安全规程》GB 6722—2014
爆破作业后未检查爆破现场，排除不安全因素	爆破后，应检查爆破区域，确认有无盲炮，露天爆破堆是否稳定，有无危石、危坡等情况	《爆破安全规程》GB 6722—2014
未定期进行爆破从业安全培训	管理本单位的爆破从业人员定期进行安全培训。不适合继续从事爆破作业者和因工作调动不再从事爆破作业者均应收回其安全作业证交回原发证部门	《爆破安全规程》GB 6722—2014
新爆破员未实习直接进行爆破作业	初次取得爆破作业证的新爆破员应在有经验的爆破员指导下实习 3 个月方独立进行爆破作业	《爆破安全规程》GB 6722—2014
未提前发布爆破具体或相关内容	装药前 1~3 天应发布爆破公告并在现场张贴，内容包括：爆破地点、每次破时间、安全警戒范围、警戒标志、起爆信号等	《爆破安全规程》GB 6722—2014
电子雷管装药前未采用专用仪器检测并进行注册和编号	电子雷管装药前应采用专用仪器检测并进行注册和编号	《爆破安全规程》GB 6722—2014

16 脚手架施工

16.1 一般规定

违章表现	规程规定	规程依据
1）未编制脚手架施工专项施工方案。 2）高度超过 24m 或荷重超过 3kN/m² 的脚手架，未进行设计、计算。 3）未经施工技术部门及安全管理部门审核、技术负责人批准	施工用脚手架应符合国家、行业相关标准规范的要求，荷重超过 3kN/m² 或高度超过 24m 的脚手架应进行设计、计算，并经施工技术部门及安全管理部门审核、技术负责人批准后方可搭设	《国家电网公司电力安全工作规程（电网建设部分）（试行）》
1）脚手架搭设前，未按照施工安全技术措施或方案对施工人员进行安全技术交底。 2）交底人不正确。 3）交底记录签字人员代签。 4）交底记录未经全员签字确认	施工用脚手架应符合国家、行业相关标准规范的要求，荷重超过 3kN/m² 或高度超过 24m 的脚手架应进行设计、计算，并经施工技术部门及安全管理部门审核、技术负责人批准后方可搭设	《国家电网公司电力安全工作规程（电网建设部分）（试行）》
1）施工人员未佩戴安全防护用品。 2）作业人员未正确佩戴安全帽。 3）安全带低挂高用。 4）搭拆人员未持特种作业操作证上岗	脚手架安装与拆除人员应持证上岗，非专业人员不得搭、拆脚手架。作业人员应戴安全帽、系安全带、穿防滑鞋	《国家电网公司电力安全工作规程（电网建设部分）（试行）》
1）脚手架安装与拆除作业区域未设围栏和安全标示牌。 2）脚手架安装与拆除作业区域安全围栏设置不规范。 3）安全围栏上无安全警示标语。 4）搭拆脚手架作业无专人进行安全监护	脚手架安装与拆除作业区域应设围栏和安全标示牌，搭拆作业应设专人安全监护，无关人员不得入内	《国家电网公司电力安全工作规程（电网建设部分）（试行）》
脚手架搭设与拆除作业在六级及以上风、浓雾、雨或雪等恶劣天气进行	遇六级及以上风、浓雾、雨或雪等天气时应停止脚手架搭设与拆除作业	《国家电网公司电力安全工作规程（电网建设部分）（试行）》
1）脚手架无防雷接地措施。 2）脚手架防雷接地未从立杆根部引设两处（对角）防雷接地。 3）脚手架未定期测量接地电阻值	钢管脚手架应有防雷接地措施，整个架体应从立杆根部引设两处（对角）防雷接地	《国家电网公司电力安全工作规程（电网建设部分）（试行）》

违章表现	规程规定	规程依据
1）脚手架搭设所使用的部分钢管有弯曲现象。 2）脚手架搭设所使用的个别钢管有压扁现象。 3）脚手架搭设所使用的部分钢管有裂纹或已严重锈蚀的现象	脚手架钢管宜采用 φ48.3×3.5mm 的钢管，横向水平杆最大长度不超过 2.2m，其他杆最大长度不超过 6.5m。禁止使用弯曲、压扁、有裂纹或已严重锈蚀的钢管	《国家电网公司电力安全工作规程（电网建设部分）（试行）》
1）脚手架搭设使用有脆裂的扣件。 2）脚手架扣件使用有变形的扣件。 3）脚手架扣件使用有滑丝的扣件。 4）扣件未进行防锈处理	脚手架扣件应符合 GB 15831《钢管脚手架扣件》的规定；禁止使用有脆裂、变形或滑丝的扣件	《国家电网公司电力安全工作规程（电网建设部分）（试行）》
1）冲压钢脚手板的材质不符合 GB/T 700《碳素结构钢》中 Q235-A 级钢的规定。 2）脚手板凡有裂纹、扭曲的继续使用	冲压钢脚手板的材质应符合 GB/T 700《碳素结构钢》中 Q235-A 级钢的规定。凡有裂纹、扭曲的不得使用	《国家电网公司电力安全工作规程（电网建设部分）（试行）》
1）木脚手板未用50mm厚的杉木或松木板制作。 2）脚手板宽度未在 200~300mm 范围内。 3）脚手板有腐朽、扭曲、破裂的，或有大横透节及多节疤的，继续使用。 4）距板的两端80mm处未用镀锌铁丝箍绕2圈~3圈或用铁皮钉牢	木脚手板应用 50mm 厚的杉木或松木板制作，宽度以 200~300mm 为宜，长度以不超过 6m 为宜。凡腐朽、扭曲、破裂的，或有大横透节及多节疤的，不得使用。距板的两端80mm处应用镀锌铁丝箍绕2圈~3圈或用铁皮钉牢	《国家电网公司电力安全工作规程（电网建设部分）（试行）》
1）竹片脚手板的厚度小于 50mm，螺栓孔大于 10mm。 2）竹脚手板螺栓未拧紧。 3）竹片脚手板的长度不符合 2.2m~2.3m、宽度 400mm 的要求。 4）竹笆脚手板未按其主竹筋垂直于纵向水平杆方向铺设。 5）四角未采用直径 1.2mm 镀锌铁丝固定在纵向水平杆上	竹片脚手板的厚度不得小于 50mm，螺栓孔不得大于 10mm，螺栓应拧紧。竹片脚手板的长度以 2.2m~2.3m、宽度以 400mm 为宜。竹笆脚手板应按其主竹筋垂直于纵向水平杆方向铺设，四角应采用直径 1.2mm 镀锌铁丝固定在纵向水平杆上	《国家电网公司电力安全工作规程（电网建设部分）（试行）》
1）钢管立杆未设置金属底座或木质垫板。 2）木质垫板厚度小于 50mm。 3）木质垫板宽度小于 200mm。 4）木质垫板长度少于 2 跨	钢管立杆应设置金属底座或木质垫板，木质垫板厚度不小于 50mm、宽度不小于 200mm，且长度不少于 2 跨	《国家电网公司电力安全工作规程（电网建设部分）（试行）》
1）钢管表面未进行全面除锈。 2）除锈后未刷两度红丹防锈漆。 3）未在漆干后投入使用	对钢管表面全面除锈，然后刷两度红丹防锈漆，漆干后方可投入使用	《变电工程落地式钢管脚手架搭设安全技术规范》Q/GDW 274—2009

违章表现	规程规定	规程依据
1）剪刀撑钢管未涂刷黄黑相间漆。 2）剪刀撑钢管涂刷的黄黑相间漆间距不均匀	用于做剪刀撑的钢管，防锈漆刷好后，再在表面加涂刷黄黑相间漆，间距400mm	《变电工程落地式钢管脚手架搭设安全技术规范》Q/GDW 274—2009
1）进入施工现场使用的扣件无产品合格证。 2）扣件未进行抽样复试。 3）脚手架搭设使用个别扣件有裂纹的现象。 4）脚手架使用的个别扣件有变形的现象。 5）脚手架使用的个别扣件有滑丝的现象。 6）扣件未进行防锈处理。 7）扣件夹紧时开口最小距离小于5mm。 8）扣件夹紧时开口最小距离大于5mm。 9）旋转面间距大于1mm。 10）扣件螺栓拧紧扭力矩实测值小于40N·m。 11）对接扣件开口朝向问题通病。 12）扣件螺栓拧紧扭力矩值达到65N·m发生破坏。	扣件进入施工现场应检查产品合格证，并应进行抽样复试，技术性能应符合GB 15831《钢管脚手架扣件》的规定。 1）扣件规格必须与钢管外径相同； 2）螺栓拧紧扭力矩不应小于40N·m，且不应大于65N·m； 3）在主节点处固定横向水平杆、纵向水平杆、剪刀撑、横向斜撑等用的直角扣件、旋转扣件的中心点的相互距离不应大于150mm； 4）对接扣件开口应朝上或朝内； 5）各杆件端头伸出扣件盖板边缘长度不应小于100mm	《建筑施工扣件式钢管脚手架安全技术规范》JGJ 130—2011
1）可调托撑受压承载力设计值小于40kN。 2）支托板厚小于5mm	可调托撑受压承载力设计值不应小于40kN，支托板厚不应小于5mm	《建筑施工扣件式钢管脚手架安全技术规范》JGJ 130—2011
监理项目部未采集脚手架搭设安全旁站、安全检查签证数码照片	安全过程控制数码照片：重点采集反映安全检查签证、安全旁站、监理巡视、过程安全检查、安全纠偏等照片	国网基建部关于印发《输变电工程安全质量过程控制数码照片管理工作要求》的通知（基建安质〔2016〕56号）
施工项目部未采集脚手架搭设安全管理数码照片	安全过程控制数码照片：重点采集反映施工现场安全文明施工、分包管理、风险控制、安全检查等照片	国网基建部关于印发《输变电工程安全质量过程控制数码照片管理工作要求》的通知（基建安质〔2016〕56号）

违章表现	规程规定	规程依据
1）钢管堆放的两侧未设立柱。 2）钢管堆放高度超过 1m。 3）钢管堆放层间未加垫	钢管堆放的两侧设置了立柱，堆放高度不超过 1m，层间已加垫	《变电工程落地式钢管脚手架搭设检查验收操作手册》
1）脚手架密目网未采用 1.8m×6.0m 尺寸规格。 2）密目网网目密度低于 800 目/100cm²。 3）密目网各边缘部位的开眼环扣不牢固可靠。 4）环扣孔径小于 8mm	采用 1.8m×6.0m 尺寸规格，网目密度不低于 800 目/100cm²，密目网各边缘部位的开眼环扣牢固可靠，环扣孔径不小于 8mm	《变电工程落地式钢管脚手架搭设检查验收操作手册》
密目式安全立网上无安全鉴定证和检验合格证	密目式安全立网上附有安全鉴定证和检验合格证	《变电工程落地式钢管脚手架搭设检查验收操作手册》

16.2 脚手架和脚手板选材及搭设

违章表现	规程规定	规程依据
1）脚手架基础回填土未分层夯实，不平整坚实。 2）脚手架立杆垫板或底座底面标高未高于自然地坪 50～100mm。 3）脚手架立杆底端有积水现象	脚手架地基应平整坚实，回填土地基应分层回填、夯实，脚手架立杆垫板或底座底面标高应高于自然地坪 50～100mm，确保立杆底部不积水	《国家电网公司电力安全工作规程（电网建设部分）（试行）》
1）脚手架未与主体工程进度同步搭设。 2）一次搭设高度超过相邻连墙件两步以上。 3）每层作业面未做到同步防护	脚手架与主体工程进度同步搭设，一次搭设高度不应超过相邻连墙件两步以上。每层作业面做到同步防护	《国家电网公司电力安全工作规程（电网建设部分）（试行）》
1）脚手架搭设时未从一个角部开始向两边延伸交圈搭设。 2）作业人员每搭设完一步脚手架后，未立即校正步距、纵距、横距及立杆的垂直度	搭设时从一个角部开始并向两边延伸交圈搭设。每搭设完一步脚手架后，应立即校正步距、纵距、横距及立杆的垂直度	《国家电网公司电力安全工作规程（电网建设部分）（试行）》
1）脚手架立杆不垂直。 2）作业人员未按定位依次将立杆与纵、横向扫地杆连接固定	脚手架的立杆应垂直。应设置纵横向扫地杆，并应按定位依次将立杆与纵、横向扫地杆连接固定	《国家电网公司电力安全工作规程（电网建设部分）（试行）》

续表

违章表现	规程规定	规程依据
脚手架未设置纵横向扫地杆	脚手架的立杆应垂直。应设置纵横向扫地杆，并应按定位依次将立杆与纵、横向扫地杆连接固定	《国家电网公司电力安全工作规程（电网建设部分）（试行）》
1）立杆接长，顶层顶步搭接长度小于1m。 2）立杆搭接采用的旋转扣件少于两个，端部扣件盖板的边缘至杆端距离小于100mm。 3）相邻立杆的对接扣件设置在同步内。 4）立杆接长，顶层顶步采用搭接旋转扣件少于2个。 5）同步内隔一根立杆的两个相隔接头在高度方向错开的距离小于500mm	立杆接长，顶层顶步可采用搭接，搭接长度不应小于1m，应采用不少于两个旋转扣件固定，端部扣件盖板的边缘至杆端距离不应小于100mm；其余各层应采用对接扣件连接。相邻立杆的对接扣件不得设置在同步内，同步内隔一根立杆的两个相隔接头在高度方向错开的距离不宜小于500mm	《国家电网公司电力安全工作规程（电网建设部分）（试行）》
脚手架开始搭设立杆时，未每隔6跨设置一根抛撑	脚手架开始搭设立杆时，应每隔6跨设置一根抛撑，待连墙件安装稳定后，方可根据情况拆除抛撑	《变电工程落地式钢管脚手架搭设安全技术规范》Q/GDW 274—2009
1）纵向水平杆未采用对接扣件接长或采用搭接。 2）纵向水平杆搭接时，搭接长度小于1m。 3）纵向水平杆搭接时未等间距设置三个旋转扣件固定。 4）采用对接时，纵向水平杆的对接扣件未交错布置。 5）两根相邻纵向水平杆的接头设置在同步或同跨内。 6）不同步不同跨两相邻接头在水平方向错开的距离小于500mm	纵向水平杆应用对接扣件接长，也可采用搭接。搭接长度不应小于1m，应等间距设置三个旋转扣件固定。采用对接时，纵向水平杆的对接扣件应交错布置，两根相邻纵向水平杆的接头不宜设置在同步或同跨内，不同步不同跨两相邻接头在水平方向错开的距离不应小于500mm	《国家电网公司电力安全工作规程（电网建设部分）（试行）》
1）双排脚手架未设置剪刀撑与横向斜撑 2）单排脚手架未设置剪刀撑。 3）每道剪刀撑宽度小于4跨。 4）每道剪刀撑小于6m。 5）脚手架搭设高度7m时，暂时无法设置连墙件，架体未架设抛撑杆	双排脚手架应设置剪刀撑与横向斜撑，单排脚手架应设置剪刀撑。每道剪刀撑宽度不应小于4跨，且不应小于6m。当脚手架搭设高度7m时，暂时无法设置连墙件，架体应架设抛撑杆	《国家电网公司电力安全工作规程（电网建设部分）（试行）》

违章表现	规程规定	规程依据
1）横向斜撑的设置未在同一节间。 2）横向斜撑由底至顶层未呈之字形连续布置。 3）开口型双排脚手架的两端未设置横向斜撑	横向斜撑的设置应在同一节间，由底至顶层呈之字形连续布置；开口型双排脚手架的两端均应设置横向斜撑	《国家电网公司电力安全工作规程（电网建设部分）（试行）》
1）作业层脚手板未铺满、铺稳、铺实。 2）第一层脚手板未铺满、铺稳、铺实。 3）作业层端部脚手板探头长度大于150mm。 4）脚手板两端均未与支撑杆可靠固定。 5）脚手板与墙面的间距大于150mm	作业层、顶层和第一层脚手板应铺满、铺稳、铺实，作业层端部脚手板探头长度应取150mm，其板两端均应与支撑杆可靠固定，脚手板与墙面的间距不应大于150mm	《国家电网公司电力安全工作规程（电网建设部分）（试行）》
1）脚手板的搭接接头未设置在横向水平杆上。 2）脚手板的搭接接头长度小于200mm。 3）对接处未设两根横向水平杆。 4）两根横向水平杆的间距大于300mm	脚手板的搭接接头应在横向水平杆上，长度不得小于200mm；对接处应设两根横向水平杆，两根横向水平杆的间距不得大于300mm	《国家电网公司电力安全工作规程（电网建设部分）（试行）》
1）在架子上翻脚手板时，作业人员未从里向外按顺序进行。 2）作业人员作业时安全带低挂高用	在架子上翻脚手板时，应由两人从里向外按顺序进行。作业时应系好安全带，下方应设安全网	《国家电网公司电力安全工作规程（电网建设部分）（试行）》
脚手架作业层下方未设安全网	在架子上翻脚手板时，应由两人从里向外按顺序进行。作业时应系好安全带，下方应设安全网	《国家电网公司电力安全工作规程（电网建设部分）（试行）》
1）脚手架的外侧、斜道和平台未设1.2m高的护栏。 2）脚手架的外侧、斜道和平台所设置的防护栏杆不符合1.2m高。 3）所设置的中栏杆不符合0.6m高度，和小于180mm高的挡脚板或未设防护立网。 4）临街或临近带电体的脚手架未采取封闭措施。 5）架顶栏杆内侧的高度设置不符合应低于外墙200mm高度要求	脚手架的外侧、斜道和平台应设1.2m高的护栏，0.6m处设中栏杆和不小于180mm高的挡脚板或设防护立网。临街或临近带电体的脚手架应采取封闭措施，架顶栏杆内侧的高度应低于外墙200mm	《国家电网公司电力安全工作规程（电网建设部分）（试行）》

违章表现	规程规定	规程依据
1）运料斜道宽度小于 1.5m。 2）运料斜道坡度大于 1:6	运料斜道宽度不应小于 1.5m，坡度不应大于 1:6；人行斜道宽度不应小于 1m，坡度不应大于 1:3，斜道上按每隔 250～300mm 设置一根厚度为 20～30mm 的防滑木条（人行斜道也可采用其他材料及形式设置）	《国家电网公司电力安全工作规程（电网建设部分）（试行）》
1）人行斜道宽度小于 1m。 2）人行斜道坡度大于 1:3。 3）斜道上未按每隔 250～300mm 设置一根厚度为 20～30mm 的防滑木条	运料斜道宽度不应小于 1.5m，坡度不应大于 1:6；人行斜道宽度不应小于 1m，坡度不应大于 1:3，斜道上按每隔 250～300mm 设置一根厚度为 20～30mm 的防滑木条（人行斜道也可采用其他材料及形式设置）	《国家电网公司电力安全工作规程（电网建设部分）（试行）》
1）直立爬梯踏步间距大于 300mm。 2）直立爬梯的梯档未用直角扣件连接牢固	直立爬梯的梯档应用直角扣件连接牢固，踏步间距不得大于 300mm。不得手中拿物攀登，不得在梯子上运送、传递材料及物品	《国家电网公司电力安全工作规程（电网建设部分）（试行）》
1）施工人员手中拿物攀登。 2）施工人员在梯子上运送、传递材料及物品	直立爬梯的梯档应用直角扣件连接牢固，踏步间距不得大于 300mm。不得手中拿物攀登，不得在梯子上运送、传递材料及物品	《国家电网公司电力安全工作规程（电网建设部分）（试行）》
建筑物墙壁有窗、门、穿墙套管板等孔洞时，未在该处脚手架架体内侧上下两根纵向水平杆之间架设防护栏杆	当建筑物墙壁有窗、门、穿墙套管板等孔洞时，应在该处脚手架架体内侧上下两根纵向水平杆之间架设防护栏杆	《国家电网公司电力安全工作规程（电网建设部分）（试行）》
脚手架内侧纵向水平杆离建筑物墙壁大于 250mm 时未加纵向水平防护杆或架设木脚手板防护	当脚手架内侧纵向水平杆离建筑物墙壁大于 250mm 时应加纵向水平防护杆或架设木脚手板防护	《国家电网公司电力安全工作规程（电网建设部分）（试行）》
1）脚手架处于顶层连墙件之上的自由高度大于 6m。 2）当作业层高出其下连墙件 2 步或 4m 以上且其上尚无连墙件时，未采取适当的临时撑拉措施	脚手架处于顶层连墙件之上的自由高度不得大于 6m，当作业层高出其下连墙件 2 步或 4m 以上且其上尚无连墙件时，应采取适当的临时撑拉措施	《国家电网公司电力安全工作规程（电网建设部分）（试行）》
1）垫板材质为木质或槽钢，长度小于两跨。 2）木质垫板厚度小于 50mm	垫板材质为木质或槽钢，长度不小于两跨，木质垫板厚度不小于 50mm	《变电工程落地式钢管脚手架搭设安全技术规范》Q/GDW 274—2009

违章表现	规程规定	规程依据
在脚手架基础下开挖设备基础、管沟未采取加固措施	当脚手架基础下有设备基础、管沟时，在脚手架使用过程中不得开挖，否则必须采取加固措施	《变电工程落地式钢管脚手架搭设安全技术规范》Q/GDW 274—2009
纵向扫地杆采用直角扣件固定在距离基础上表面大于 200mm 处的立杆内侧	纵向扫地杆采用直角扣件固定在距离基础上表面≤200mm 处的立杆内侧	《变电工程落地式钢管脚手架搭设安全技术规范》Q/GDW 274—2009
横向扫地杆采用直角扣件固定在紧靠纵向扫地杆上方的立杆上	横向扫地杆采用直角扣件固定在紧靠纵向扫地杆下方的立杆上	《变电工程落地式钢管脚手架搭设安全技术规范》Q/GDW 274—2009
当立杆基础在不同高度上时，未将高处的纵向扫地杆向低处延长两跨与立杆固定	当立杆基础在不同高度上时，将高处的纵向扫地杆向低处延长两跨与立杆固定，高低差不应大于 1m。靠边坡上方的立杆轴线到边坡的距离不小于 500mm	《变电工程落地式钢管脚手架搭设安全技术规范》Q/GDW 274—2009
扫地杆高低差大于 1m	当立杆基础在不同高度上时，将高处的纵向扫地杆向低处延长两跨与立杆固定，高低差不应大于 1m。靠边坡上方的立杆轴线到边坡的距离不小于 500mm	《变电工程落地式钢管脚手架搭设安全技术规范》Q/GDW 274—2009
靠边坡上方的立杆轴线到边坡的距离小于 500mm	当立杆基础在不同高度上时，将高处的纵向扫地杆向低处延长两跨与立杆固定，高低差不应大于 1m。靠边坡上方的立杆轴线到边坡的距离不小于 500mm	《变电工程落地式钢管脚手架搭设安全技术规范》Q/GDW 274—2009
1）立杆顶端高出女儿墙上表面不足 1m。 2）立杆顶端高出屋顶檐口不足 1.5m	立杆顶端高出女儿墙上表面 1m，高出屋顶檐口 1.5m	《变电工程落地式钢管脚手架搭设安全技术规范》Q/GDW 274—2009
1）纵向水平杆未设置在立杆内侧。 2）纵向水平杆长度小于 3 跨	纵向水平杆设置在立杆内侧，其长度不小于 3 跨	《变电工程落地式钢管脚手架搭设安全技术规范》Q/GDW 274—2009
1）纵向水平杆第一步步距大于 2m。 2）纵向水平杆第二步起每步步距为大于 1.8m	纵向水平干第一步步距不大于 2m，第二步起每步步距为 1.8m	《变电工程落地式钢管脚手架搭设安全技术规范》Q/GDW 274—2009

违章表现	规程规定	规程依据
1）纵向水平杆的对接扣件未交错布置。 2）两根相邻纵向水平杆的接头设置在同步或同跨内。 3）不同步不同跨两相邻接头的水平方向错开的距离小于500mm。 4）各接头中心至最近主节点的距离大于跨距的1/3	纵向水平杆的对接扣件交错布置，两根相邻纵向水平杆的接头未设置在同步或同跨内；不同步不同跨两相邻接头的水平方向错开的距离不小于500mm；各接头中心至最近主节点的距离不大于跨距的1/3	《变电工程落地式钢管脚手架搭设安全技术规范》Q/GDW 274—2009
1）纵向水平杆搭接长度小于1m。 2）纵向水平杆搭接设置的旋转扣件间距不相等且数量不足3个。 3）端部扣件盖板边缘至纵向水平杆端部的距离小于100mm	纵向水平杆搭接长度不小于1m，应等间距设置3个旋转扣件固定，端部扣件盖板边缘至纵向水平杆杆端部的距离不应小于100mm	《变电工程落地式钢管脚手架搭设安全技术规范》Q/GDW 274—2009
墙壁有窗口、穿墙套管板等孔洞处，架体内侧上下两根纵向水平杆之间未加设防护栏杆	墙壁有窗口、穿墙套管板等孔洞处，架体内侧上下两根纵向水平杆之间加设了防护栏杆	《变电工程落地式钢管脚手架搭设安全技术规范》Q/GDW 274—2009
1）主节点处未设置一根横向水平杆。 2）主节点处设置的一根横向水平杆未用直角扣件连接。 3）施工人员拆除主节点处设置的一根横向水平杆	主节点处必须设置一根横向水平杆，用直角扣件连接且严禁拆除	《变电工程落地式钢管脚手架搭设安全技术规范》Q/GDW 274—2009
1）作业层上非主节点处的横向水平杆，根据支承脚手架的需要未进行等间距设置。 2）作业层上非主节点处的横向水平杆最大间距大于纵距的1/2	作业层上非主节点处的横向水平杆，根据支承脚手架的需要间距设置，最大间距不大于纵距的1/2	《变电工程落地式钢管脚手架搭设安全技术规范》Q/GDW 274—2009
脚手架横向水平杆的靠墙一端至墙装饰面的距离大于100mm	脚手架横向水平杆的靠墙一端至墙装设面的距离不大于100mm	《变电工程落地式钢管脚手架搭设安全技术规范》Q/GDW 274—2009
使用竹笆脚手板时，脚手架的横向水平杆两端，未采用直角扣件固定在立杆上	使用竹笆脚手板时，脚手架的横向水平杆两端，采用直角扣件固定在立杆上	《变电工程落地式钢管脚手架搭设安全技术规范》Q/GDW 274—2009
使用冲压钢脚手板、木脚手板、竹串片脚手板时，横向水平杆两端未采用直角扣件固定在纵向水平杆上	使用冲压钢脚手板、木脚手板、竹串片脚手板时，横向水平杆两端均采用直角扣件固定在纵向水平杆上	《变电工程落地式钢管脚手架搭设安全技术规范》Q/GDW 274—2009

违章表现	规程规定	规程依据
架体高度大于 7m 时，未采用刚性连墙件与建筑物可靠连接，或未采用拉筋和顶撑配合使用的附墙连接方式	架体高度大于 7m 时，用刚性连墙件与建筑物可靠连接，或采用拉筋和顶撑配合使用的附墙连接方式	《变电工程落地式钢管脚手架搭设安全技术规范》Q/GDW 274—2009
1) 连墙件在建筑物侧未设置在具有较好抗拉水平力作用的结构部位。 2) 连墙件未在脚手架侧靠近主节点设置。 3) 连墙件偏离主节点的距离大于 300mm	连墙件在建筑物侧一般设置在梁柱或楼板等具有较好抗拉水平力作用的结构部位；在脚手架侧靠近主节点设置，偏离主节点的距离不大于 300mm	《变电工程落地式钢管脚手架搭设安全技术规范》Q/GDW 274—2009
1) 连墙件布置最大间距超过 3 步 3 跨。 2) 使用仅有拉筋的柔性连墙件	连墙件布置最大间距不超过 3 步 3 跨，严禁使用仅有拉筋的柔性连墙件	《变电工程落地式钢管脚手架搭设安全技术规范》Q/GDW 274—2009
连墙件与脚手架不能水平连接时，与脚手架连接的一端未下斜连接	连墙件与脚手架不能水平连接时，与脚手架连接的一端应下斜连接	《变电工程落地式钢管脚手架搭设安全技术规范》Q/GDW 274—2009
1) 连墙件未优先采用菱形布置或矩形布置。 2) 连墙件设置时未从底层第一步纵向水平杆处开始	连墙件优先采用菱形布置，或采用矩形布置，设置时从底层第一步纵向水平杆处开始，布置确有困难的，应采用其他可靠措施固定	《变电工程落地式钢管脚手架搭设安全技术规范》Q/GDW 274—2009
连墙点在窗口、穿墙套管板等孔洞处，未采用双管夹墙式布设连墙点	连墙点在窗口、穿墙套管板等孔洞处，应采用双管夹墙式布设连墙点	《变电工程落地式钢管脚手架搭设安全技术规范》Q/GDW 274—2009
脚手架暂不能设连墙件的，未用通长杆搭设抛撑与架体可靠连接	脚手架暂不能设连墙件的，用通长杆搭设抛撑与架体可靠连接。连墙件搭设后，再拆除抛撑	《变电工程落地式钢管脚手架搭设安全技术规范》Q/GDW 274—2009
连墙件未从底层第一步纵向水平杆处开始设置	连墙件应从底层第一步纵向水平杆处开始设置，当该处设置有困难时，应采用其他可靠措施固定	《建筑施工扣件式钢管脚手架安全技术规范》JGJ 130—2011
1) 开口型脚手架的两端未设置连墙件。 2) 连墙件的垂直间距大于建筑物的层高。 3) 连墙件的垂直间距大于 4m	开口型脚手架的两端必须设置连墙件，连墙件的垂直间距不应大于建筑物的层高，并不应大于 4m	《建筑施工扣件式钢管脚手架安全技术规范》JGJ 130—2011

违章表现	规程规定	规程依据
对高度 24m 以上的双排脚手架，未采用刚性连墙件与建筑物连接	对高度 24m 以上的双排脚手架，应采用刚性连墙件与建筑物连接	《建筑施工扣件式钢管脚手架安全技术规范》JGJ 130—2011
1）脚手架外侧立面纵向的两端未设置由底至顶连续的剪刀撑。 2）两剪刀撑内边之间距离大于 15m	脚手架外侧立面纵向的两端各设置了一道由底至顶连续的剪刀撑；两剪刀撑内边之间距离≤15m	《变电工程落地式钢管脚手架搭设安全技术规范》Q/GDW 274—2009
1）每道剪刀撑宽度小于 4 跨，且小于 6m。 2）斜杆与地面的倾角不符合 45°～60° 的要求	每道剪刀撑宽度不小于 4 跨，且不小于 6m，斜杆与地面的倾角在 45°～60° 之间	《变电工程落地式钢管脚手架搭设安全技术规范》Q/GDW 274—2009
1）剪刀撑斜杆的接长搭接长度小于 1m。 2）剪刀撑斜杆的接长固定采用的旋转扣件少于 3 个	剪刀撑斜杆的接长采用搭接，搭接长度不小于 1m，且应采用不少于 3 个旋转扣件固定	《变电工程落地式钢管脚手架搭设安全技术规范》Q/GDW 274—2009
1）剪刀撑的斜杆与脚手架的立杆或纵向水平杆未在其中间增设 2～4 个扣结点。 2）剪刀撑斜杆与架体固定的旋转扣件的中心线至主节点的距离大于 150mm	剪刀撑的斜杆除两端用扣件与脚手架的立杆或纵向水平杆扣紧外，在其中间应增设 2～4 个扣结点，剪刀撑斜杆与架体固定的旋转扣件的中心线至主节点的距离不大于 150mm	《变电工程落地式钢管脚手架搭设安全技术规范》Q/GDW 274—2009
1）冲压钢脚手板、木脚手板、竹串片脚手板等未和水平杆牢固固定。 2）脚手板对接平铺时，脚手板外伸长不满足 130～150mm 的要求，两块脚手板外伸长度的和大于 300mm。 3）脚手板搭接铺设时，搭接长度小于 200mm，其伸出横向水平杆的长度小于 100mm	冲压钢脚手板、木脚手板、竹串片脚手板等，设置在三根横向水平杆上。脚手板长度小于 2m 的，采用两根横向水平杆支承，且已将脚手板两端与其可靠固定，严防倾翻。此三种脚手板的铺设采用对接平铺或搭接铺设。脚手板对接平铺时，接头处设置了两根横向水平杆，脚手板外伸长控制在 130～150mm，两块脚手板外伸长度的和不大于 300mm；脚手板搭接铺设时，接头支在横向水平杆上，搭接长度应大于 200mm，其伸出横向水平杆的长度不小于 100mm	《变电工程落地式钢管脚手架搭设安全技术规范》Q/GDW 274—2009
1）作业层端部脚手板探头板长度大于 150mm。 2）作业层端部脚手板长两端未与支承杆可靠地固定	作业层端部脚手板探头板长度不大于 150mm，其板长两端均与支承杆可靠地固定	《变电工程落地式钢管脚手架搭设安全技术规范》Q/GDW 274—2009

违章表现	规程规定	规程依据
斜道拐弯处设置的平台，宽度小于斜道宽度	斜道拐弯处设置的平台，宽度不小于斜道宽度（人行斜道≥1m，运料斜道≥1.5m）	《变电工程落地式钢管脚手架搭设安全技术规范》Q/GDW 274—2009
脚手架人行斜道两侧及平台外围栏杆高度不满足 1.05～1.2m 的要求	脚手架人行斜道两侧及平台外围栏杆高度为 1.05～1.2m	《变电工程落地式钢管脚手架搭设安全技术规范》Q/GDW 274—2009
整个架体从第二步起未采用 1.8m×6m 密目式安全立网在立杆内侧全封闭防护	整个架体从第二步架起采用 1.8m×6m 密目式安全立网在立杆内侧全封闭防护或安装不小于 180mm 高度的挡脚板	《变电工程落地式钢管脚手架搭设安全技术规范》Q/GDW 274—2009
1）第二步上纵向水平杆处未悬挂安全标志牌。 2）第二步上纵向水平杆处未悬挂脚手架验收牌	在第二步上纵向水平杆处悬挂安全标志牌	《变电工程落地式钢管脚手架搭设安全技术规范》Q/GDW 274—2009
防火墙脚手架未布设供人员上下的垂直爬梯	防火墙脚手架必须布设供人员上下的垂直爬梯	《变电工程落地式钢管脚手架搭设安全技术规范》Q/GDW 274—2009
1）安全通道顶部挑空的一根立杆两侧未设置斜杆支撑。 2）安全通道顶部挑空的一根立杆两侧设置了斜杆支撑，斜杆与地面的倾角不满足 45°～60°之间的要求。 3）外墙架体部分通道内侧面未设置横向斜撑	安全通道顶部挑空的一根立杆两侧设置了斜杆支撑，斜杆与地面的倾角控制在 45°～60°之间，外墙架体部分通道内侧面设置了横向斜撑	《变电工程落地式钢管脚手架搭设安全技术规范》Q/GDW 274—2009
1）安全通道顶棚平面的钢管未设置两层。 2）安全通道顶棚平面的钢管两层间距不满足 600mm 的要求。 3）安全通道顶棚平面未设置 900mm 高围栏、竹笆或木工板围栏，未设有针对性的安全警示牌	安全通道顶棚平面的钢管做到设置两层（十字布设）、间距 600mm，钢管上竹笆或木工板铺设，上层四周应设置 900mm 高围栏、竹笆或木工板围栏；设有针对性的安全标志牌等	《变电工程落地式钢管脚手架搭设安全技术规范》Q/GDW 274—2009

16.3 脚手架使用

违章表现	规程规定	规程依据
1）基础完工后及脚手架搭设前施工项目部未对基础进行检查验收。 2）作业层上施加荷载前施工项目部未对脚手架进行检查验收。 3）每搭设完6～8m高度后未对脚手架进行检查验收。 4）达到设计高度后未对脚手架进行检查验收。 5）遇有六级强风及以上风或大雨后；冻结地区解冻后未对脚手架进行检查验收。 6）停用超过一个月未对脚手架进行检查验收	脚手架及其地基基础应在下列阶段进行检查与验收： 1）基础完工后及脚手架搭设前； 2）作业层上施加荷载前； 3）每搭设完6～8m高度后； 4）达到设计高度后； 5）遇有六级强风及以上风或大雨后；冻结地区解冻后； 6）停用超过一个月	《建筑施工扣件式钢管脚手架安全技术规范》JGJ 130—2011
1）脚手架未经验收进行使用。 2）无检查维护记录，日常维修加固不到位	脚手架搭设后应经使用单位和监理单位验收合格后方可使用，使用中应定期进行检查和维护	《国家电网公司电力安全工作规程（电网建设部分）（试行）》
1）脚手架、跳板和走道等，未及时清除积水、积霜、积雪。 2）脚手架、跳板和走道等未采取防滑措施	雨、雪后上脚手架作业应有防滑措施，并应清除积水、积雪	《国家电网公司电力安全工作规程（电网建设部分）（试行）》
1）在脚手架上进行电、气焊作业时，无防火措施。 2）脚手架未配备灭火器材。 3）在脚手架上进行电、气焊作业时无专人进行安全监护	在脚手架上进行电、气焊作业时，应有防火措施并配备足够消防器材和专人监护	《国家电网公司电力安全工作规程（电网建设部分）（试行）》
1）脚手架上固定泵送混凝土和砂浆的输送管等。 2）脚手架上悬挂起重设备或与模板支架连接。 3）拆除或移动架体上安全防护设施	脚手架上不得固定泵送混凝土和砂浆的输送管等；不得悬挂起重设备或与模板支架连接；不得拆除或移动架体上安全防护设施	《国家电网公司电力安全工作规程（电网建设部分）（试行）》
脚手架使用期间擅自拆除剪刀撑以及主节点处的纵横向水平杆、扫地杆、连墙件	脚手架使用期间禁止擅自拆除剪刀撑以及主节点处的纵横向水平杆、扫地杆、连墙件	《国家电网公司电力安全工作规程（电网建设部分）（试行）》
1）梁模板支架采用单根时，立杆未设置在梁模板中心线处。 2）梁模板支架立杆偏心距离大于25mm	当梁模板支架采用单根时，立杆应设置在梁模板中心线处，其偏心距离不应大于25mm	《变电工程落地式钢管脚手架搭设安全技术规范》Q/GDW 274—2009

16.4 脚手架拆除

违章表现	规程规定	规程依据
拆除脚手架未自上而下逐层进行，脚手架上下同时拆除	拆除脚手架应自上而下逐层进行，不得上下同时进行拆除作业。禁止先将连墙件整层或数层拆除后再拆脚手架；分段拆除高差不应大于两步，如高差大于两步，应增设连墙件加固	《国家电网公司电力安全工作规程（电网建设部分）（试行）》
连墙件整层或数层拆除后拆脚手架	冬期施工时，脚手板上如有冰霜、积雪，应先清除干净才能上架子进行操作	《国家电网公司电力安全工作规程（电网建设部分）（试行）》
分段拆除高差大于两步，高差大于两步未增设连墙件加固	在台风到来之前，已砌好的山墙应临时用联系杆（例如桁条）放置各跨山墙间，联系稳定，否则，应另行作好支撑措施	《国家电网公司电力安全工作规程（电网建设部分）（试行）》
脚手架拆至下部最后一根长立杆的高度（约6.5m）时，未搭设临时抛撑加固，就拆除连墙件	当脚手架拆至下部最后一根长立杆的高度（约6.5m）时，应先在适当位置搭设临时抛撑加固后，再拆除连墙件	《国家电网公司电力安全工作规程（电网建设部分）（试行）》
当脚手架采取分段、分立面拆除时，对不拆除的脚手架两端，未按规定设置连墙件和横向斜撑加固	当脚手架采取分段、分立面拆除时，对不拆除的脚手架两端，应先按规定设置连墙件和横向斜撑加固	《国家电网公司电力安全工作规程（电网建设部分）（试行）》
连墙件未随脚手架逐层拆除	连墙件应随脚手架逐层拆除，拆除的脚手架管材及构配件，不得抛掷	《国家电网公司电力安全工作规程（电网建设部分）（试行）》
抛掷拆除脚手架管材及构配件	连墙件应随脚手架逐层拆除，拆除的脚手架管材及构配件，不得抛掷	《国家电网公司电力安全工作规程（电网建设部分）（试行）》
1）脚手架拆除前，作业人员未对脚手架进行全面检查。 2）脚手架拆除前未对剩余材料、工器具及杂物清理	脚手架拆除前，应对脚手架进行全面检查，清除剩余材料、工器具及杂物	《变电工程落地式钢管脚手架搭设安全技术规范》Q/GDW 274—2009
1）脚手架拆除地面未设安全围栏和安全标志牌。 2）脚手架拆除未派专人监护	脚手架拆除地面应设安全围栏和安全标志牌，并派专人监护，严禁非施工人员入内	《变电工程落地式钢管脚手架搭设安全技术规范》Q/GDW 274—2009

违章表现	规程规定	规程依据
1）拆下的脚手架构配件，未按规格整理堆放整齐并及时出场。 2）拆下的脚手架构配件，未及时出场	拆下的脚手架构配件，按规格整理堆放整齐并及时出场	《变电工程落地式钢管脚手架搭设安全技术规范》Q/GDW 274—2009
1）脚手架拆除未对保留的部分加固，以及未采取其他专项措施。 2）脚手架部分保留时，未对保留部分加固	脚手架如需部分保留时，对保留部分应先加固，并采取其他专项措施，经批准后方可实施拆除	《变电工程落地式钢管脚手架搭设安全技术规范》Q/GDW 274—2009

17 混 凝 土 施 工

17.1 一般规定

违章表现	规程规定	规程依据
1）混凝土工程施工方案未按规定进行审批、论证。 2）方案中无专项安全风险分析及相应的控制措施。 3）施工项目部未进行安全技术交底； 4）特殊操作人员未全员签字（如电工、混凝土地泵操作员等）。 5）混凝土施工时未严格执行作业票	混凝土工程施工方案应按规定进行审批、论证，进行安全技术交底，作业时并应严格作业票管理	《国家电网公司电力安全工作规程（电网建设部分）（试行）》
1）材料场应按种类、规格、批次分开储存与堆放。 2）砂石堆场未设置适当的坡度。 3）砂石堆场未覆盖防尘网。 4）安全防护设施不齐全不规范，未进行标识	材料场应按种类、规格、批次分开储存与堆放，砂石堆场应有适当的坡度，安全防护设施齐全规范	《国家电网公司电力安全工作规程（电网建设部分）（试行）》
1）夜间施工照明不足。 2）在深坑和潮湿地点施工未使用低压安全照明，使用碘钨灯等不符合安全规定要求的照明工具	夜间施工应有足够的照明，在深坑和潮湿地点施工应使用低压安全照明	《国家电网公司电力安全工作规程（电网建设部分）（试行）》
1）施工中未定期检查脚手架或作业平台、基坑边坡、安全防护设施等。 2）发现异常情况未及时处理	施工中应经常检查脚手架或作业平台、基坑边坡、安全防护设施等，发现异常情况及时处理	《国家电网公司电力安全工作规程（电网建设部分）（试行）》
对体形复杂、跨度较大、地基情况复杂及施工环境条件特殊的混凝土结构，施工时未安排安全、技术人员进行全过程监测	对体形复杂、跨度较大、地基情况复杂及施工环境条件特殊的混凝土结构，施工时应进行全过程监测	《国家电网公司电力安全工作规程（电网建设部分）（试行）》

17.2 模板工程

违章表现	规程规定	规程依据
1）模板安装，拆除施工前未编制专项施工方案。 2）方案中是否对模板结构进行了计	模板的安装和拆除应符合相关标准规定。模板安装，拆除施工前应编制专项施	《国家电网公司电力安全工作规

违章表现	规程规定	规程依据
算，计算结果是否正确。 3）高大模板支撑工程的特殊施工方案未组织专家审查、论证。 4）业主项目经理未对高大模板支撑的特殊施工方案（含安全技术措施），进行签字认可	工方案，高大模板支撑工程的专项施工方案应组织专家审查、论证	程（电网建设部分）（试行）》
1）作业人员在模板、支撑上攀登，在高处安装与拆除模板时，在模板、支撑上攀登。 2）作业人员在高处独木或悬吊式模板上行走	在高处安装与拆除模板时，作业人员应从扶梯上下，不得在模板、支撑上攀登，不得在高处独木或悬吊式模板上行走	《国家电网公司电力安全工作规程（电网建设部分）（试行）》
1）支撑杆件未能满足杆件的抗压、抗弯强度。 2）支撑高度超过 4m 时，未采用钢支撑。 3）使用锈蚀严重、变形、断裂、脱焊、螺栓松动的钢支撑	模板支撑杆件的材质应能满足杆件的抗压、抗弯强度。支撑高度超过 4m 时，应采用钢支撑，不得使用锈蚀严重、变形、断裂、脱焊、螺栓松动的钢支撑	《国家电网公司电力安全工作规程（电网建设部分）（试行）》
1）木杆支撑同一柱的联结接头超过 2 个。 2）立柱不得使用腐朽、扭裂、劈裂的木、竹材	木杆支撑宜选用长料，同一柱的联结接头不宜超过 2 个。立柱不得使用腐朽、扭裂、劈裂的木、竹材	《国家电网公司电力安全工作规程（电网建设部分）（试行）》
1）模板支架立杆底部未加设满足支撑承载力要求的垫板。 2）模板支架立杆底部使用砖及脆性材料铺垫	模板支架立杆底部应加设满足支撑承载力要求的垫板，不得使用砖及脆性材料铺垫	《国家电网公司电力安全工作规程（电网建设部分）（试行）》
1）模板支架与脚手架连接。 2）支架的两端和中部未与建筑结构连接	模板支架应自成体系，不得与脚手架连接，支架的两端和中部应与建筑结构连接	《国家电网公司电力安全工作规程（电网建设部分）（试行）》
1）满堂模板立杆未在四周及中间设置纵、横双向水平支撑。 2）未设置扫地水平杆或扫地水平杆离地大于 200mm。 3）立杆高于 4m 的模板支架，两端与中间设置的水平剪刀撑未每隔 4 排立杆从顶层开始向下每隔 2 步设置	满堂模板立杆除应在四周及中间设置纵、横双向水平支撑外，当立杆高于 4m 的模板支架，其两端与中间每隔 4 排立杆从顶层开始向下每隔 2 步设置一道水平剪刀撑	《国家电网公司电力安全工作规程（电网建设部分）（试行）》
1）满堂模板支架四边与中间每隔 4 排支架立杆未设置一道纵向剪刀撑。 2）纵向剪刀撑由底至顶未连续设置	满堂模板支架四边与中间每隔 4 排支架立杆应设置一道纵向剪刀撑，由底至顶连续设置	《国家电网公司电力安全工作规程（电网建设部分）（试行）》

违章表现	规程规定	规程依据
1）支设框架梁模板时，木工站在柱模板上操作。 2）木工在底模板上行走	支设框架梁模板时，不得站在柱模板上操作，并不得在底模板上行走	《国家电网公司电力安全工作规程（电网建设部分）（试行）》
1）向坑槽内运送材料时，坑上坑下无人统一指挥。 2）向坑槽内抛掷材料及工器具	向坑槽内运送材料时，坑上坑下应统一指挥，使用溜槽或绳索向下放料，不得抛掷	《国家电网公司电力安全工作规程（电网建设部分）（试行）》
1）支设柱模板时四周未钉牢。 2）支柱模板时未搭设临时作业台或临时脚手架。 3）独立柱或框架结构中高度较大的柱模板安装后未用拉绳牢固定	支设柱模板时，其四周应钉牢，操作时应搭设临时作业台或临时脚手架，独立柱或框架结构中高度较大的柱模板安装后应用缆风绳拉牢固定	《国家电网公司电力安全工作规程（电网建设部分）（试行）》
1）平台模板的预留孔洞，未设置维护栏杆及悬挂警示牌。 2）平台模板的预留孔，未及时将洞口封闭	平台模板的预留孔洞，应设维护栏杆，模板拆除后，应随时将洞口封闭	《国家电网公司电力安全工作规程（电网建设部分）（试行）》
案装钢模板时 U 形卡孔错位、猛锤硬撬 U 形卡	安装钢模板，遇 U 形卡孔错位时，应调节或更换模板，不得猛锤硬撬 U 形卡	《国家电网公司电力安全工作规程（电网建设部分）（试行）》
1）支模过程停歇未将已就位模板或支承联结稳固。 2）支模过程有空架浮搁。 3）模板尚未形成稳定前上人	支模过程中，如遇中途停歇，应将已就位的模板或支承联结稳定，不得有空架浮搁，模板在未形成稳定前，不得上人	《国家电网公司电力安全工作规程（电网建设部分）（试行）》
地脚螺栓或插入式角钢无固定支架，或支架未牢固可靠	地脚螺栓或插入式角钢应有固定支架，支架应牢固可靠	《国家电网公司电力安全工作规程（电网建设部分）（试行）》
1）模板合模时未逐层找正支撑加固。 2）斜撑、水平撑未与补强管（木）可靠固定	模板调整找正要轻动轻移，严防模板滑落伤人；合模时逐层找正，逐层支撑加固，斜撑、水平撑应与补强管（木）可靠固定	《国家电网公司电力安全工作规程（电网建设部分）（试行）》
1）模板支架搭设、拆除前未进行交底。 2）进行交底但未留存交底记录	模板支架搭设、拆除前应进行交底，并应有交底记录	《建筑施工安全检查标准》JGJ 59—2011

违章表现	规程规定	规程依据
1）模板支架搭设完毕，未按规定组织验收即使用。 2）模板支架验收内容未量化。 3）模板支架验收后责任人未签字确认	模板支架搭设完毕，应按规定组织验收，验收应有量化内容并经责任人签字确认	《建筑施工安全检查标准》JGJ 59—2011
1）混凝土未达到设计强度，进行模板拆除。 2）悬挑结构及跨度超过8m混凝土强度未达到100%进行拆模；跨度小于7m混凝土强度未达到75%进行拆模。 3）拆模前未清除模板上堆放的杂物。 4）拆模前未设专人监护。 5）在拆除区域未划设警戒线，未悬挂安全标志	模板拆除应在混凝土达到设计强度后方可进行。拆模前应清除模板上堆放的杂物，在拆除区域划定并设警戒线，悬挂安全标志，设专人监护，非作业人员不得进入	《国家电网公司电力安全工作规程（电网建设部分）（试行）》
拆模作业未按后支先拆、先支后拆，先拆侧模、后拆底模，先拆非承重部分、后拆承重部分的原则逐一拆除	拆模作业应按后支先拆、先支后拆，先拆侧模、后拆底模，先拆非承重部分、后拆承重部分的原则逐一拆除	《国家电网公司电力安全工作规程（电网建设部分）（试行）》
1）拆除较大跨度梁下支柱时，未先从跨中开始，分别向两端拆除。 2）拆除多层楼板支柱时，未确认上部施工荷载直接拆除下部支柱	拆除较大跨度梁下支柱时，应先从跨中开始，分别向两端拆除。拆除多层楼板支柱时，应确认上部施工荷载不需要传递的情况下方可拆除下部支柱	《国家电网公司电力安全工作规程（电网建设部分）（试行）》
1）模板拆除顺序不对。 2）局部用猛撬、硬砸及大面积撬落或拉倒方法拆除	模板拆除应逐次进行，由上向下先拆除支撑和本层卡扣，同时将模板送至地面，然后再拆除下层的支撑、卡扣、模板。不得采用猛撬、硬砸及大面积撬落或拉倒方法	《国家电网公司电力安全工作规程（电网建设部分）（试行）》
钢模板拆除时，U形卡和L形插销同时拆卸	钢模板拆除时，U形卡和L形插销应逐个拆卸，防止整体塌落	《国家电网公司电力安全工作规程（电网建设部分）（试行）》
1）拆除模板时抛掷。 2）所拆模板堆在脚手架或临时搭设的作业台上	拆除模板不得抛掷，应用绳索吊下或由滑槽、滑轨滑下。拆下的模板不得堆在脚手架或临时搭设的作业台上	《国家电网公司电力安全工作规程（电网建设部分）（试行）》
1）拆模模板不彻底，留有未拆除的悬空模板。 2）作业人员在下班时，留下松动的或悬挂着的模板以及扣件、混凝土块等悬浮物	拆模模板应彻底，不得留有未拆除的悬空模板。作业人员在下班时，不得留下松动的或悬挂着的模板以及扣件、混凝土块等悬浮物	《国家电网公司电力安全工作规程（电网建设部分）（试行）》

违章表现	规程规定	规程依据
1）拆下的模板未及时清理，所有朝天钉均未拔除或砸平，乱堆乱放。 2）拆除的大量模板堆放在坑口边，未运到指定地点集中堆放	拆下的模板应及时清理，所有朝天钉均拔除或砸平，不得乱堆乱放，禁止大量堆放在坑口边，应运到指定地点集中堆放	《国家电网公司电力安全工作规程（电网建设部分）（试行）》
作业人员未佩戴工具袋，作业时抛掷螺栓、螺帽、垫块、销卡、扣件等小物品	作业人员应佩戴工具袋，作业时将螺栓/螺帽、垫块、销卡、扣件等小物品放在工具袋内，后将工具袋吊下，不得抛掷	《国家电网公司电力安全工作规程（电网建设部分）（试行）》
1）高处拆除时，作业人员站在正在拆除的模板上。 2）拆卸卡扣时未做到由两人在同一面模板的两侧进行	高处拆除时，作业人员不得站在正在拆除的模板上。拆卸卡扣时应由两人在同一面模板的两侧进行	《国家电网公司电力安全工作规程（电网建设部分）（试行）》

17.3 钢筋工程

违章表现	规程规定	规程依据
1）钢筋搬运、堆放应与电力设施距离太近。 2）搬运时钢筋两端摆动	钢筋搬运、堆放应与电力设施保持安全距离，严防碰撞。搬运时应注意钢筋两端摆动，防止碰撞物体或打击人身	《国家电网公司电力安全工作规程（电网建设部分）（试行）》
多人抬运钢筋时，没有统一指挥	多人抬运钢筋时，应有统一指挥，起、落、转、停等动作一致	《国家电网公司电力安全工作规程（电网建设部分）（试行）》
1）人工垂直传递时上下作业人员在同一垂直方向上。 2）送料人员站立地不平整且不牢固。 3）接料人员无防止前倾的措施	人工上下垂直传递时，上下作业人员不得在同一垂直方向上，送料人员应站立在牢固平整的地面或临时建筑物上，接料人员应有防止前倾的措施，必要时应系安全带	《国家电网公司电力安全工作规程（电网建设部分）（试行）》
1）平台走道上钢筋集中堆放。 2）平台走道上堆放钢筋总重量超过平台允许荷重	在建筑物平台或走道上堆放钢筋应分散、稳妥，堆放钢筋的总重量不得超过平台的允许荷重	《国家电网公司电力安全工作规程（电网建设部分）（试行）》
1）在使用吊车吊运钢筋时未绑扎牢固未设控制绳。 2）钢筋与其他物件混吊	在使用吊车吊运钢筋时应绑扎牢固并设控制绳，钢筋不得与其他物件混吊	《国家电网公司电力安全工作规程（电网建设部分）（试行）》

违章表现	规程规定	规程依据
1）起吊安放钢筋笼无专人指挥。 2）钢筋笼拖拉起吊，未设置控制绳	起吊安放钢筋笼应有专人指挥。先将钢筋笼运送到吊臂下方，吊点应设在笼上端，平稳起吊，专人拉好控制绳，不得偏拉斜吊	《国家电网公司电力安全工作规程（电网建设部分）（试行）》
1）钢筋加工未搭设作业棚。 2）钢筋加工地窄小不平。 3）钢筋加工工作台不稳固。 4）钢筋加工区未设置安全标志和安全操作规程	钢筋加工地应宽敞、平坦，工作台应稳固，照明灯具应加设网罩，并搭设作业棚，设置安全标志和安全操作规程	《国家电网公司电力安全工作规程（电网建设部分）（试行）》
1）在焊机操作棚周围，堆放易燃物品。 2）未在操作部位配备一定数量的消防器材	在焊机操作棚周围，不得堆放易燃物品，并应在操作部位配备一定数量的消防器材	《国家电网公司电力安全工作规程（电网建设部分）（试行）》
现场施工的照明电线及工器具电源线挂在钢筋上	现场施工的照明电线及工器具电源线不准挂在钢筋上	《国家电网公司电力安全工作规程（电网建设部分）（试行）》
1）使用齿口扳弯曲钢筋时，操作台不牢固可靠。 2）作业人员弯曲钢筋时用力不均匀，有扳手滑移或钢筋崩断伤人的危险	使用齿口扳弯曲钢筋时，操作台应牢固可靠，操作人要用力均匀，防止扳手滑移或钢筋崩断伤人	《国家电网公司电力安全工作规程（电网建设部分）（试行）》
1）操作人员调直钢筋时与滚筒距离太近。 2）使用调直机调直钢筋时，操作人员戴手套操作	使用调直机调直钢筋时，操作人员应与滚筒保持一定距离，不得戴手套操作	《国家电网公司电力安全工作规程（电网建设部分）（试行）》
1）钢筋调直到末端时，操作人员未避开。 2）短于2m或直径大于9mm的钢筋调直未低速加工	钢筋调直到末端时，操作人员应避开，以防钢筋短头舞动伤人，短于2m或直径大于9mm的钢筋调直，应低速加工	《国家电网公司电力安全工作规程（电网建设部分）（试行）》
1）使用弯曲机的操作人员未站在钢筋活动端反方向。 2）弯曲小于400mm钢筋时未设置防止钢筋弹出措施	使用钢筋弯曲机时，操作人员应站在钢筋活动端的反方向，弯曲小于400mm的短钢筋时，要防止钢筋弹出伤人	《国家电网公司电力安全工作规程（电网建设部分）（试行）》
1）切大直径钢筋，未安装两个角钢挡杆。 2）切割短于400mm的短钢筋未使用钳子夹牢。 3）切割短于400mm钢筋时，直接用手把持	使用切断机切断大直径钢筋时，应在切断机口两侧机座上安装两个角钢挡杆，防止钢筋摆动。切割短于400mm的短钢筋应用钳子夹牢，且钳柄不得短于500mm，不得直接用手把持	《国家电网公司电力安全工作规程（电网建设部分）（试行）》

违章表现	规程规定	规程依据
1) 钢筋冷拉直场地未设置防护围栏及安全标志。 2) 钢筋采用卷扬机冷拉直时,卷扬机及地锚未按最大工件所需牵引力计算,卷扬机布置不便于操作人员现场观察,前面未设防护挡板。 3) 未将卷扬机与作业方向成 90° 布置,未采用封闭式导向滑轮	钢筋冷拉直场地应设置防护围栏及安全标志。钢筋采用卷扬机冷拉直时,卷扬机及地锚应按最大工件所需牵引力计算,卷扬机布置应便于操作人员现场观察,前面应设防护挡板;或将卷扬机与作业方向成 90° 布置,并采用封闭式导向滑轮	《国家电网公司电力安全工作规程(电网建设部分)(试行)》
1) 冷拉卷扬机使用的钢丝绳压扁严重、绳股挤出、断裂、笼状畸形、严重扭结、金钩弯折。 2) 轧钳及特制夹头的焊缝不饱满。 3) 卷扬机刹车不灵活	冷拉卷扬机使用前应检查钢丝绳是否完好,轧钳及特制夹头的焊缝是否良好,卷扬机刹车是否灵活,确认各部件良好后方可投入使用	《国家电网公司电力安全工作规程(电网建设部分)(试行)》
1) 钢筋冷拉直时,发现有滑动或其他异常情况继续作业。 2) 钢筋冷拉直时,发现异常情况,未放松钢筋就进行检修或更换配件	钢筋冷拉直时,发现有滑动或其他异常情况,应先停止并放松钢筋后方可进行检修或更换配件	《国家电网公司电力安全工作规程(电网建设部分)(试行)》
1) 冷拉卷扬机操作无专人专管。 2) 作业完毕后未切断电源就离开现场	冷拉卷扬机操作要求专人专管,作业完毕后切断电源方能离开	《国家电网公司电力安全工作规程(电网建设部分)(试行)》
钢筋冷拉时沿线两侧 2m 范围内,未禁止人员车辆通行	钢筋冷拉时沿线两侧 2m 范围内为危险区,一切人员和车辆不得通行	《国家电网公司电力安全工作规程(电网建设部分)(试行)》
1) 高处钢筋安装时,将钢筋集中堆放在模板或脚手架上。 2) 脚手架上随意放置工具、箍筋或短钢筋	高处钢筋安装时,不得将钢筋集中堆放在模板或脚手架上,脚手架上不得随意放置工具、箍筋或短钢筋	《国家电网公司电力安全工作规程(电网建设部分)(试行)》
1) 深基坑内钢筋安装时坑边未设置安全围栏。 2) 坑边 1m 内堆放材料和杂物。 3) 上下抛掷坑内使用的材料	深基坑内钢筋安装时,应在坑边设置安全围栏,坑边 1m 内禁止堆放材料和杂物。坑内使用的材料、工具禁止上下抛掷	《国家电网公司电力安全工作规程(电网建设部分)(试行)》
1) 作业人员站在钢筋骨架上绑扎框架钢筋。 2) 作业人员攀登柱骨架上下。 3) 作业人员站在钢箍上绑扎柱钢筋。 4) 作业人员将木料、管子等穿在钢箍内作脚手板	绑扎框架钢筋时,作业人员不得站在钢筋骨架上,不得攀登柱骨架上下。绑扎柱钢筋,不得站在钢箍上绑扎,不得将木料、管子等穿在钢箍内作脚手板	《国家电网公司电力安全工作规程(电网建设部分)(试行)》

违章表现	规程规定	规程依据
1）4m 以上框架柱钢筋绑扎焊接时未搭设临时脚手架。 2）作业人员依附立筋绑扎或攀登上下。 3）柱子主筋未使用临时支撑或缆风绳固定。 4）绑柱筋搭设的临时脚手架不符合脚手架相关规定	4m 以上框架柱钢筋绑扎、焊接时应搭设临时脚手架，不得依附立筋绑扎或攀登上下，柱子主筋应使用临时支撑或缆风绳固定。搭设的临时脚手架应符合脚手架相关规定	《国家电网公司电力安全工作规程（电网建设部分）（试行）》
1）框架柱竖向钢筋焊接未根据焊接钢筋的高度搭设相应的操作平台。 2）操作平台周围及下方有易燃物。 3）作业完毕后未检查现场、切断电源就离开	框架柱竖向钢筋焊接应根据焊接钢筋的高度搭设相应的操作平台，平台应牢固可靠，周围及下方的易燃物应及时清理。作业完毕后应切断电源，检查现场，确认无火灾隐患后方可离开	《国家电网公司电力安全工作规程（电网建设部分）（试行）》
1）起吊预制钢筋骨架时，下方站人。 2）起吊预制钢筋骨架刚就位就摘去吊钩	起吊预制钢筋骨架时，下方不得站人，待骨架吊至离就位点 1m 以内时方可靠近，就位并支撑稳固后方可摘钩	《国家电网公司电力安全工作规程（电网建设部分）（试行）》
1）作业人员在高处修整、扳弯粗钢筋时，未系牢安全带。 2）在高处进行粗钢筋的校直和垂直交叉作业没有相应的安全保证措施	在高处修整、扳弯粗钢筋时，作业人员应选好位置系牢安全带。在高处进行粗钢筋的校直和垂直交叉作业应有安全保证措施	《国家电网公司电力安全工作规程（电网建设部分）（试行）》
向孔内下钢筋笼时作业人员下孔摘除吊绳	向孔内下钢筋笼时，两人在笼侧面协助找正，对准孔口慢速下笼、到位固定，人员不得下孔摘除吊绳	《国家电网公司电力安全工作规程（电网建设部分）（试行）》

17.4 混凝土浇筑养护

违章表现	规程规定	规程依据
1）手推车运送混凝土时，过满，斜道坡度超过 1:6。 2）卸料时，作业人员用力过猛和双手放把	手推车运送混凝土时，装料不得过满，斜道坡度不得超过 1:6。卸料时，不得用力过猛和双手放把	《国家电网公司电力安全工作规程（电网建设部分）（试行）》
用翻斗车运送混凝土，翻斗车搭乘人员，翻斗车未做到缓慢就位和倒料	用翻斗车运送混凝土，就位和倒料要缓慢，不得搭乘人员和材料	《电力建设安全工作规程 第3部分：变电站》DL 5009.3—2013

违章表现	规程规定	规程依据
1）采用吊罐运送混凝土时，钢丝绳、吊钩、吊扣连接不牢固。 2）吊钩封口板失效。 3）钢丝绳绳卡数量不满足要求；U部分卡在主绳侧。 4）钢丝绳插接长度小于300mm。 5）吊罐下方未隔离有站人的现象	采用吊罐运送混凝土时，钢丝绳、吊钩、吊扣应符合安全要求，连接牢固。吊罐转向、行走应缓慢，不得急刹车，吊罐下方不得站人	《国家电网公司电力安全工作规程（电网建设部分）（试行）》
吊罐卸料时罐底离浇灌面的高度超过1.2m，且吊罐降落的作业平台未校核	吊罐卸料时罐底离浇灌面的高度不得超过1.2m，吊罐降落的作业平台应校核，确保稳固	《国家电网公司电力安全工作规程（电网建设部分）（试行）》
用铁桶或胶皮桶向上传送混凝土时，人员未站在安全稳定的方向上。其他工种交叉作业人员在传送方向上停留	用铁桶或胶皮桶向上传送混凝土时，人员应站在安全牢固，且传递方便的位置上。其他工种交叉作业人员不得在传送方向上停留	《电力建设安全工作规程 第3部分：变电站》DL 5009.3—2013
1）起重机械运送混凝土时，未设专人指挥。 2）起吊物未绑扎牢固，吊钩悬挂点未与吊物的重心在同一垂直线上。 3）起重机在作业中速度未做到均匀平稳	起重机械运送混凝土时，设专人指挥。起吊物应绑牢，吊钩悬挂点应与吊物的重心在同一垂直线上。起重机在作业中速度应均匀平稳	《国家电网公司电力安全工作规程（电网建设部分）（试行）》
泵送混凝土支腿支承不稳定	泵送混凝土支腿应支承在水平坚实的地面。支腿底部应与路面边缘保持一定的安全距离	《国家电网公司电力安全工作规程（电网建设部分）（试行）》
输送管线的布置未安装牢固，作业中管线摇晃、松脱	输送管线的布置应安装牢固，安全可靠，作业中管线不得摇晃、松脱	《国家电网公司电力安全工作规程（电网建设部分）（试行）》
泵起动时，作业人员进入末端软管可能摇摆触及的危险区域	泵起动时，人员禁止进入末端软管可能摇摆触及的危险区域	《国家电网公司电力安全工作规程（电网建设部分）（试行）》
建筑物边缘作业时，操作人员站在建筑物边缘手握末端软管作业	建筑物边缘作业时，操作人员应站在安全位置，使用辅助工具引导末端软管，禁止站在建筑物边缘手握末端软管作业	《国家电网公司电力安全工作规程（电网建设部分）（试行）》

违章表现	规程规定	规程依据
泵输送管线及臂架未与带电线路保持一定的安全距离	泵输送管线及臂架应与带电线路保持一定的安全距离	《国家电网公司电力安全工作规程（电网建设部分）（试行）》
基坑口搭设卸料平台，不平整，未设置坡度，沿口处设置的横木低于150mm	基坑口搭设卸料平台，平台平整牢固，应外低里高（5°左右坡度），并在沿口处设置高度不低于150mm的横木	《国家电网公司电力安全工作规程（电网建设部分）（试行）》
混凝土卸料时基坑内有人，且将混凝土直接翻入基坑内	卸料时基坑内不得有人，不得将混凝土直接翻入基坑内	《国家电网公司电力安全工作规程（电网建设部分）（试行）》
浇筑中施工项目部未随时检查模板、脚手架的牢固情况，发现问题处理不及时	浇筑中应随时检查模板、脚手架的牢固情况，发现问题，及时处理	《国家电网公司电力安全工作规程（电网建设部分）（试行）》
1）投料高度超过2m时，未应使用溜槽或串筒。 2）串筒未垂直放置，串桶连接之间挂钩未加固。 3）作业人员攀登串筒进行清理	投料高度超过2m时，应使用溜槽或串筒。串筒宜垂直放置，串筒之间连接牢固，串筒连接较长时，挂钩应予加固。不得攀登串筒进行清理	《国家电网公司电力安全工作规程（电网建设部分）（试行）》
从事混凝土浇筑、振捣作业的施工人员未配备胶鞋（或绝缘鞋）和手套（或绝缘手套）	从事混凝土浇筑、振捣作业的施工人员应配备胶鞋（或绝缘鞋）和手套（或绝缘手套）	《国家电网公司输变电工程安全文明施工标准化管理办法》[国网（基建/3）187—2015]
1）振捣作业人员未配备安全防护用品。 2）搬动振动器或暂停作业未将振动器电源切断。 3）振动器与移动开关箱的电源线大于5m；移动开关箱与固定配电箱的引线大于40m。 4）作业人员将运行中的振动器放在模板、脚手架或未凝固的混凝土上	振捣作业人员应穿好绝缘靴、戴好绝缘手套。搬动振动器或暂停作业应将振动器电源切断。不得将运行中的振动器放在模板、脚手架或未凝固的混凝土上	《电力建设安全工作规程 第3部分：变电站》DL 5009.3—2013
作业时作业人员使用振动器冲击或振动钢筋、模板及预埋件等	作业时不得使用振动器冲击或振动钢筋、模板及预埋件等	《国家电网公司电力安全工作规程（电网建设部分）（试行）》

违章表现	规程规定	规程依据
浇筑混凝土过程中，木工、架子工未跟班随时检查模板、脚手架的牢固情况	浇筑混凝土过程中，木工、架子工要跟班随时检查模板、脚手架的牢固情况	《电力建设安全工作规程　第3部分：变电站》DL 5009.3—2013
浇筑框架、梁、柱、墙混凝土时，作业人员站在梁或柱的模板、临时支撑上或脚手架护栏上操作。未架设脚手架或作业平台，	浇筑框架、梁、柱、墙混凝土时，应架设脚手架或作业平台，不得站在梁或柱的模板、临时支撑上或脚手架护栏上操作	《国家电网公司电力安全工作规程（电网建设部分）（试行）》
1）在混凝土中掺加毛石、块石时，未按规定地点抛石或用溜槽溜放。 2）块石集中堆放在已绑扎的钢筋或脚手架、作业平台上	在混凝土中掺加毛石、块石时，应按规定地点抛石或用溜槽溜放。块石不得集中堆放在已绑扎的钢筋或脚手架、作业平台上	《国家电网公司电力安全工作规程（电网建设部分）（试行）》
浇捣拱形结构未自两边拱脚对称同时进行，浇圈梁、雨棚、阳台未设防护措施；浇捣料仓时，下口未先进行封闭，未铺设临时脚手架	浇捣拱形结构应自两边拱脚对称同时进行，浇圈梁、雨棚、阳台应设防护措施；浇捣料仓时，下口应先进行封闭，并铺设临时脚手架	《国家电网公司电力安全工作规程（电网建设部分）（试行）》
混凝土搅拌和灌注桩施工未设置沉淀池，废水直接排入农田、池塘	混凝土搅拌和灌注桩施工应设置沉淀池，有组织收集泥浆等废水，废水不得直接排入农田、池塘	《国家电网公司输变电工程安全文明施工标准化管理办法》国网（基建/3）187—2015
采用冷混凝土施工时，化学附加剂的保管和使用无严格的管理制度	采用冷混凝土施工时，化学附加剂的保管和使用应有严格的管理制度，严防发生误食中毒事故	《国家电网公司电力安全工作规程（电网建设部分）（试行）》
浇筑作业完成后，未及时清除脚手架上的混凝土余浆、垃圾，随意抛掷、倾倒	浇筑作业完成后，应及时清除脚手架上的混凝土余浆、垃圾，并不得随意抛掷、倾倒	《国家电网公司电力安全工作规程（电网建设部分）（试行）》
预留孔洞、基槽等处，未按规定设置盖板、围栏和安全标示牌	预留孔洞、基槽等处，应按规定设置盖板、围栏和安全标示牌	《国家电网公司电力安全工作规程（电网建设部分）（试行）》
1）蒸汽养护，未设防护围栏或安全标志。 2）电热养护，作业人员测温时未先停电。 3）用炉火加热养护，人员进入前未通风	蒸汽养护，应设防护围栏或安全标志；电热养护，测温时应先停电；用炉火加热养护，人员进入前需先通风	《国家电网公司电力安全工作规程（电网建设部分）（试行）》

违章表现	规程规定	规程依据
采用炭炉保温时，棚内未配置足够的消防器材，人员进棚前，未采取通风措施	采用炭炉保温时，棚内应配置足够的消防器材，人员进棚前，应采取通风措施，防止一氧化碳中毒	《国家电网公司电力安全工作规程（电网建设部分）（试行)》
冬期养护阶段，作业人员进棚内取暖，进棚作业未设专人棚外监护	冬期养护阶段，禁止作业人员进棚内取暖，进棚作业应设专人棚外监护	《国家电网公司电力安全工作规程（电网建设部分）（试行)》

18 拆 除 施 工

18.1 作业中

违章表现	规程规定	规程依据
1）吊运过程中，未采取辅助措施使被吊物处于稳定状态。 2）拆除钢层架时，未采取绳索将其拴牢，未待起重机吊稳后进行气焊切割作业	拆除钢层架时，必须采取绳索将其拴牢，待起重机吊稳后，方可进行气焊切割作业。吊运过程中，应采取辅助措施使被吊物处于稳定状态	《建筑拆除工程安全技术规范》JGJ 147—2004
1）爆破拆除工程未根据周围环境、作业条件、拆除对象、建筑类别、爆破规模，未按照现行国家标准 GB 6722《爆破安全规程》将工程分为 A、B、C 三级。 2）未采取相应的安全技术措施，爆破拆除工程未做出安全评估并经当地有关部门审核批准	爆破拆除工程应根据周围环境、作业条件、拆除对象、建筑类别、爆破规模，按照现行国家标准 GB 6722《爆破安全规程》将工程分为 A、B、C 三级，并采取相应的安全技术措施，爆破拆除工程应做出安全评估并经当地有关部门审核批准后方可实施	《建筑拆除工程安全技术规范》JGJ 147—2004
1）爆破震动强度未符合现行国家标准 GB 6722《爆破安全规程》的有关规定。 2）建筑基础爆破拆除时，未限制一次同时使用的药量	为保护临近建筑和设施的安全，爆破震动强度应符合现行国家标准 GB 6722《爆破安全规程》的有关规定，建筑基础爆破拆除时，应限制一次同时使用的药量	《建筑拆除工程安全技术规范》JGJ 147—2004
1）爆破拆除施工时，未对爆破部位进行覆盖和遮挡。 2）覆盖材料和遮挡设施不牢固	爆破拆除施工时，应对爆破部位进行覆盖和遮挡，覆盖材料和遮挡设施应牢固可靠	《建筑拆除工程安全技术规范》JGJ 147—2004
1）爆破拆除未采用电力起爆网路和非电导爆管起爆网路。 2）电力起爆网路的电阻和起爆电源功率，未满足设计要求。 3）非电导爆管起爆未采用复式交叉封闭网路。 4）爆破拆除采用导爆索网路或导火索起爆方法。 5）装药前，未对爆破器材进行性能检测，实验爆破和起爆网路模拟实验未在安全场所进行	爆破拆除应采用电力起爆网路和非电导爆管起爆网路，电力起爆网路的电阻和起爆电源功率，应满足设计要求；非电导爆管起爆应采用复式交叉封闭网路。爆破拆除不得采用导爆索网路或导火索起爆方法。装药前，应对爆破器材进行性能检测，实验爆破和起爆网路模拟实验应在安全场所进行	《建筑拆除工程安全技术规范》JGJ 147—2004
爆破拆除工程的实施未在工程所在地有关部门领导下成立爆破指挥部，未按照施工组织设计确定的安全距离设置警戒	爆破拆除工程的实施应在工程所在地有关部门领导下成立爆破指挥部，应按照施工组织设计确定的安全距离设置警戒	《建筑拆除工程安全技术规范》JGJ 147—2004

违章表现	规程规定	规程依据
1）采用具有腐蚀性的静力破碎剂作业时，灌浆人员未戴防护手套和防护眼镜。 2）孔内注入破碎剂后，作业人员在注孔区域行走，未保持安全距离。 3）在相邻的两孔之间，钻孔与注入破碎剂同步进行施工	采用具有腐蚀性的静力破碎剂作业时，灌浆人员必须戴防护手套和防护眼镜，孔内注入破碎剂后，作业人员应保持安全距离，严禁在注孔区域行走。在相邻的两孔之间，严禁钻孔与注入破碎剂同步进行施工	《建筑拆除工程安全技术规范》JGJ 147—2004
混凝土养护人员在模板支撑上或在易塌落的坑边走动	混凝土养护人员不得在模板支撑上或在易塌落的坑边走动	《国家电网公司电力安全工作规程（电网建设部分）（试行）》
暖棚未经设计且绑扎不牢固，所用保温材料不具有阻燃特性，施工中未经常检查未备有必要的消防器材	暖棚应经设计并绑扎牢固，所用保温材料应具有阻燃特性，施工中应经常检查并备有必要的消防器材	《国家电网公司电力安全工作规程（电网建设部分）（试行）》
地槽式暖棚的槽沟土壁未加固	地槽式暖棚的槽沟土壁应加固，以防冻土坍塌	《国家电网公司电力安全工作规程（电网建设部分）（试行）》
采用蒸汽作为热源时，未设减温减压装置无压力表监视蒸汽压力	引用蒸汽作为热源时，应设减温减压装置并有压力表监视蒸汽压力	《国家电网公司电力安全工作规程（电网建设部分）（试行）》
所有阀门的开闭及汽压的调整未设专人操作	所有阀门的开闭及汽压的调整均应由专人操作	《国家电网公司电力安全工作规程（电网建设部分）（试行）》
涂刷过氯乙烯塑料薄膜养护基础时，无防火、防毒措施	涂刷过氯乙烯塑料薄膜养护基础时，应有防火、防毒措施	《国家电网公司电力安全工作规程（电网建设部分）（试行）》

18.2 作业前

开工前未对被拆除建筑物进行详细勘察	开工前应对被拆除建筑物进行详细勘察，并编制专项安全施工方案，按规定审批后方可施工	《国家电网公司电力安全工作规程（电网建设部分）（试行）》

违章表现	规程规定	规程依据
1）未编制专项安全施工方案。 2）未按规定审批专项安全施工方案，方案未审批进行施工	开工前应对被拆除建筑物进行详细勘察，并编制专项安全施工方案，按规定审批后方可施工	《国家电网公司电力安全工作规程（电网建设部分）（试行）》
1）开工前未将建筑物上的各种力能管线切断或迁移。 2）现场施工照明未另外设置配电线路	开工前应将建筑物上的各种力能管线切断或迁移。现场施工照明应另外设置配电线路	《国家电网公司电力安全工作规程（电网建设部分）（试行）》
1）从业人员未办理相关手续。 2）未签订劳动合同。 3）未进行安全培训。 4）未经考试合格上岗作业	从业人员应办理相关手续，签订劳动合同，进行安全培训；考试合格后方可上岗作业	《建筑拆除工程安全技术规范》JGJ 147—2004
拆除工程施工前，未对施工作业人员进行书面安全技术交底，未履行签字确认手续	拆除工程施工前，必须对施工作业人员进行书面安全技术交底	《建筑拆除工程安全技术规范》JGJ 147—2004
拆除区域周围应设围栏未悬挂安全标志牌，未派专人监护，无关人员和车辆随意通过或停留	拆除区域周围应设围栏并悬挂安全标志牌，派专人监护。无关人员和车辆不得通过或停留	《国家电网公司电力安全工作规程（电网建设部分）（试行）》
邻近带电体的拆除作业，未编制专项安全施工方案并报审批，未按规定办理相关手续	邻近带电体的拆除作业，应编制专项安全施工方案并报审批，应按规定办理相关手续	《国家电网公司电力安全工作规程（电网建设部分）（试行）》
1）地下建筑物拆除前，未将埋设的力能管线切断。 2）遇有毒气体管路，拆除作业未采取降尘及减少有毒烟雾产生的措施	地下建筑物拆除前，应将埋设的力能管线切断。如遇有毒气体管路，应由专业部门进行处理	《国家电网公司电力安全工作规程（电网建设部分）（试行）》
拆除工程未制定生产安全事故应急救援预案	拆除工程必须制定生产安全事故应急救援预案	《建筑拆除工程安全技术规范》JGJ 147—2004
1）未根据拆除工程施工现场作业环境，制定相应的消防安全措施。 2）施工现场未设置消防车通道。 3）未保证充足的消防水源。 4）未配备足够的灭火器材	根据拆除工程施工现场作业环境，应制定相应的消防安全措施。施工现场应设置消防车通道，保证充足的消防水源，配备足够的灭火器材	《建筑拆除工程安全技术规范》JGJ 147—2004

违章表现	规程规定	规程依据
1）从事爆破拆除工程的施工单位，未持有工程所在地法定部门核发的《爆炸物品使用许可证》。 2）从事爆破拆除工程的施工单位未承担相应等级的爆破拆除工程。 3）爆破拆除人员不具有承担爆破拆除作业范围和相应级别的爆破工程技术人员作业证。 4）从事爆破拆除施工的作业人员未持证上岗	从事爆破拆除工程的施工单位，必须持有工程所在地法定部门核发的《爆炸物品使用许可证》，承担相应等级的爆破拆除工程，爆破拆除设计人员应具有承担爆破拆除作业范围和相应级别的爆破工程技术人员作业证，从事爆破拆除施工的作业人员应持证上岗	《建筑拆除工程安全技术规范》JGJ 147—2004
1）爆破器材未向工程所在地法定部门申请《爆炸物品购买许可证》。 2）未到指定的供应点购买爆炸器材。 3）爆炸器材赠送、转让、转卖、转借	爆破器材必须向工程所在地法定部门申请《爆炸物品购买许可证》，到指定的供应点购买，爆炸器材严禁赠送、转让、转卖、转借	《建筑拆除工程安全技术规范》JGJ 147—2004
1）运输爆炸器材时，未向工程所在地法定部门申请领取《爆炸物品运输许可证》。 2）运输爆炸器材时未派专职押运员押送。 3）运输爆炸器材时未按照规定路线运输	运输爆炸器材时，必须向工程所在地法定部门申请领取《爆炸物品运输许可证》，派专职押运员押送，按照规定路线运输	《建筑拆除工程安全技术规范》JGJ 147—2004
1）爆炸器材临时保管地点，未经当地法定部门批准。 2）同室保管与爆破器材无关的物品；爆破器材无发放、使用登记台账	爆炸器材临时保管地点，必须经当地法定部门批准，严禁同室保管与爆破器材无关的物品	《建筑拆除工程安全技术规范》JGJ 147—2004
作业人员未配备相应的劳动保护用品，未正确使用	作业人员必须配备相应的劳动保护用品，并正确使用	《建筑拆除工程安全技术规范》JGJ 147—2004
安全防护设施验收时未按类别逐项查验，缺少验收记录	安全防护设施验收时应按类别逐项查验，并有验收记录	《建筑拆除工程安全技术规范》JGJ 147—2004
1）施工单位未落实防火安全责任制，未建立义务消防组织。 2）未明确责任人负责施工现场的日常防火安全管理工作	施工单位必须落实防火安全责任制，建立义务消防组织，明确责任人，负责施工现场的日常防火安全管理工作	《建筑拆除工程安全技术规范》JGJ 147—2004
拆除工程施工，未建立安全技术档案	拆除工程施工，必须建立安全技术档案	《建筑拆除工程安全技术规范》JGJ 147—2004

违章表现	规程规定	规程依据
拆除作业未采取降尘及减少有毒烟雾产生的措施	拆除作业应采取降尘及减少有毒烟雾产生的措施	《国家电网公司电力安全工作规程（电网建设部分）（试行）》
1）重要拆除工程未在技术负责人指导下作业。 2）多人拆除同一建筑物时，未指定专人统一指挥	重要拆除工程应在技术负责人的指导下作业。多人拆除同一建筑物时，应指定专人统一指挥	《国家电网公司电力安全工作规程（电网建设部分）（试行）》
1）人工或机械拆除未先拆除非承重结构，再拆除承重结构。 2）人工或机械拆除时数层同时拆除，垂直交叉作业。 3）作业面的孔洞未封闭。 4）当拆除某一部分时，未防止其他部分发生倒塌	人工或机械拆除应自上而下、逐层分段进行，先拆除非承重结构，再拆除承重结构，不得数层同时拆除，不得垂直交叉作业，作业面的孔洞应封闭。当拆除某一部分时，应防止其他部分发生倒塌	《国家电网公司电力安全工作规程（电网建设部分）（试行）》
人工拆除建筑墙体时，采用掏掘或推倒方法	人工拆除建筑墙体时，不得采用掏掘或推倒方法	《国家电网公司电力安全工作规程（电网建设部分）（试行）》
在拆除与建筑物高度一致的水平距离内有其他建筑物时，采用推倒的方法	在拆除与建筑物高度一致的水平距离内有其他建筑物时，不得采用推倒的方法	《国家电网公司电力安全工作规程（电网建设部分）（试行）》
建筑物的栏杆、楼梯及楼板等先行拆除，未与建筑物整体同时拆除	建筑物的栏杆、楼梯及楼板等应与建筑物整体同时拆除，不得先行拆除	《国家电网公司电力安全工作规程（电网建设部分）（试行）》
1）拆除框架结构建筑，未按楼板、次梁、主梁、柱子的顺序进行。 2）建筑物的承重支柱及横梁，未待其所承担的结构全部拆除后再拆除	拆除框架结构建筑，应按楼板、次梁、主梁、柱子的顺序进行。建筑物的承重支柱及横梁，应待其所承担的结构全部拆除后方可拆除	《国家电网公司电力安全工作规程（电网建设部分）（试行）》
对只进行部分拆除的建筑，未先将保留部分加固，再进行分离拆除	对只进行部分拆除的建筑，应先将保留部分加固，再进行分离拆除	《国家电网公司电力安全工作规程（电网建设部分）（试行）》
1）拆除时楼板上多人聚集。 2）拆除时楼板上集中堆放拆除下来的材料	拆除时，楼板上不应多人聚集或集中堆放拆除下来的材料	《国家电网公司电力安全工作规程（电网建设部分）（试行）》

违章表现	规程规定	规程依据
拆除时，如所站位置不稳固或在 2m 以上的高处作业时，未系好安全带并挂在暂不拆除部分的牢固结构上	拆除时，如所站位置不稳固或在 2m 以上的高处作业时，应系好安全带并挂在暂不拆除部分的牢固结构上	《国家电网公司电力安全工作规程（电网建设部分）（试行）》
1）拆除轻型结构屋面时，直接踩在屋面上。 2）拆除轻型结构屋面时未使用移动板或梯子，未将其上端固定牢固	拆除轻型结构屋面时，不得直接踩在屋面上，应使用移动板或梯子，并将其上端固定牢固	《国家电网公司电力安全工作规程（电网建设部分）（试行）》
1）对地下构筑物及埋设物采用爆破法拆除时，在爆破前未按其结构深度将周围的泥土全部挖除。 2）留用部分或其靠近的结构未采用沙袋加以保护或其保护厚度小于 500mm	对地下构筑物及埋设物采用爆破法拆除时，在爆破前应按其结构深度将周围的泥土全部挖除。留用部分或其靠近的结构应用沙袋加以保护，其厚度不得小于 500mm	《国家电网公司电力安全工作规程（电网建设部分）（试行）》
1）用爆破法拆除建筑物部分结构时，未确保保留部分的结构完整。 2）爆破后发现保留部分结构有危险征兆时，未立即采取安全措施	用爆破法拆除建筑物部分结构时，应确保保留部分的结构完整。爆破后发现保留部分结构有危险征兆时，应立即采取安全措施	《国家电网公司电力安全工作规程（电网建设部分）（试行）》
1）拆除后的坑穴未填平或设围栏。 2）拆除物未及时清理	拆除后的坑穴应填平或设围栏，拆除物应及时清理	《国家电网公司电力安全工作规程（电网建设部分）（试行）》
清理管道及容器时，未查明残留物性质，未采取相应措施后再进行	清理管道及容器时，应查明残留物性质，采取相应措施后方可进行	《国家电网公司电力安全工作规程（电网建设部分）（试行）》
现场清挖土方遇接地网及力能管线时，未及时向有关部门汇报，未做出妥善处理	现场清挖土方遇接地网及力能管线时，应及时向有关部门汇报，并做出妥善处理	《国家电网公司电力安全工作规程（电网建设部分）（试行）》
作业人员使用手持机具时，超负荷或带故障运转	作业人员使用手持机具时，严禁超负荷或带故障运转	《建筑拆除工程安全技术规范》JGJ 147—2004
拆除梁和悬挑构件时，未采取有效的下落控制措施，再切断两端的支撑	拆除梁和悬挑构件时，应采取有效的下落控制措施，方可切断两端的支撑	《建筑拆除工程安全技术规范》JGJ 147—2004
拆除柱子时，未沿柱子底部剔凿出钢筋，使用手动倒链定向牵引，再采用气焊切割柱子三面钢筋，保留牵引方向正面的钢筋	拆除柱子时，应沿柱子底部剔凿出钢筋，使用手动倒链定向牵引，再采用气焊切割柱子三面钢筋，保留牵引方向正面的钢筋	《建筑拆除工程安全技术规范》JGJ 147—2004

违章表现	规程规定	规程依据
1）施工中未由专人负责监测被拆除建筑的结构状态，未做好记录。 2）当发现有不稳定状态的趋势时，未停止作业，未采取有效措施，消除隐患	施工中必须由专人负责监测被拆除建筑的结构状态，做好记录。当发现有不稳定状态的趋势时，必须停止作业，采取有效措施，消除隐患	《建筑拆除工程安全技术规范》JGJ 147—2004
1）拆除施工时，未按照施工组织设计选定的机械设备及吊装方案进行施工。 2）超载作业或任意扩大机械设备的使用范围。 3）供机械设备使用的场地未保证足够的承载力。 4）作业中机械同时回转、行走	拆除施工时，应按照施工组织设计选定的机械设备及吊装方案进行施工，严禁超载作业或任意扩大使用范围，供机械设备使用的场地必须保证足够的承载力，作业中机械不得同时回转、行走	《建筑拆除工程安全技术规范》JGJ 147—2004
1）进行高处拆除作业时，对较大尺寸的构件或沉重的材料，未采用起重机具及时吊下。 2）拆卸下来的各种材料未及时清理，分类堆放在指定的场所，向下抛掷	进行高处拆除作业时，对较大尺寸的构件或沉重的材料，必须采用起重机具及时吊下，拆卸下来的各种材料应及时清理，分类堆放在指定的场所，严禁向下抛掷	《建筑拆除工程安全技术规范》JGJ 147—2004
拆除吊装作业的起重机司机，未严格执行操作规程，信号指挥人员未按照现行国家标准 GB 5082《起重吊运指挥信号》的规定作业	拆除吊装作业的起重机司机，必须严格执行操作规程，信号指挥人员必须按照现行国家标准 GB 5082《起重吊运指挥信号》的规定作业	《建筑拆除工程安全技术规范》JGJ 147—2004
静力破碎剂与其他材料混放	静力破碎剂严禁与其他材料混放	《建筑拆除工程安全技术规范》JGJ 147—2004
静力破碎时，发生异常情况未停止作业	静力破碎时，发生异常情况必须停止作业，查清原因并采取相应措施，确保安全后方可继续施工	《建筑拆除工程安全技术规范》JGJ 147—2004
1）拆除施工采用的脚手架、安全网，未由专业人员按设计方案搭设，未经有关人员验收就使用。 2）水平作业时操作人员未保持安全距离	拆除施工采用的脚手架、安全网，必须由专业人员按设计方案搭设，由有关人员验收后方可使用，水平作业时操作人员应保持安全距离	《建筑拆除工程安全技术规范》JGJ 147—2004
在恶劣的气候条件下，进行拆除作业	在恶劣的气候条件下，严禁进行拆除作业	《建筑拆除工程安全技术规范》JGJ 147—2004
1）当日拆除施工结束后，所有机械设备未远离被拆除建筑。 2）施工期间的临时设施未与被拆除建筑保持安全距离	当日拆除施工结束后，所有机械设备应远离被拆除建筑。施工期间的临时设施应与被拆除建筑保持安全距离	《建筑拆除工程安全技术规范》JGJ 147—2004

违章表现	规程规定	规程依据
拆除工程施工过程中,当发生重大险情或生产事故时未及时启动应急预案排除险情,组织抢救,保护事故现场,并向有关部门报告	拆除工程施工过程中,当发生重大险情或生产事故应及时启动应急预案排除险情,组织抢救,保护事故现场,并向有关部门报告	《建筑拆除工程安全技术规范》JGJ 147—2004
1)清运渣土的车辆未封闭或覆盖。 2)出入现场时没有专人指挥。 3)清运渣土的作业时间未遵循工程所在地的有关规定	清运渣土的车辆应封闭或覆盖,出入现场时应有专人指挥。清运渣土的作业时间应遵循工程所在地的有关规定	《建筑拆除工程安全技术规范》JGJ 147—2004
1)对地下的各类管线,施工单位未在地面上设置明显标识。 2)对水电气的检查井、污水井未采取相应的保护措施	对地下的各类管线,施工单位应在地面上设置明显标识。对水电气的检查井、污水井应采取相应的保护措施	《建筑拆除工程安全技术规范》JGJ 147—2004
拆除工程施工时,没有防止扬尘和降低噪声的措施	拆除工程施工时,应有防止扬尘和降低噪声的措施	《建筑拆除工程安全技术规范》JGJ 147—2004
拆除建筑时,当遇到易燃、可燃物及保温材料时,采用明火作业	拆除建筑时,当遇到易燃、可燃物及保温材料时,严禁明火作业	《建筑拆除工程安全技术规范》JGJ 147—2004

19 桩 基 施 工

19.1 一般规定

违章表现	规程规定	规程依据
1）桩基施工作业场地存在不平整、地表不密实的现象。 2）桩基施工作业场地的软土地基未采取加垫路基箱或厚钢板等措施。 3）桩基施工作业区域及泥浆池、污水池等存在未设置明显标志或围栏的现象	作业场地应平整压实，软土地基地面应加垫路基箱或厚钢板，作业区域及泥浆池、污水池等应有明显标志或围栏	《国家电网公司电力安全工作规程（电网建设部分）（试行）》
1）夜间施工现场存在照明不充足的现象。 2）夜间施工现场的照明设置未覆盖桩基作业及人员进出现场道路等全部范围。 3）现场的施工照明未根据施工区域变化及时进行调整。 4）照明电源在夜晚施工结束后未及时切断	夜间施工应配置充足照明	《国家电网公司电力安全工作规程（电网建设部分）（试行）》
1）桩基作业时未设专人进行现场指挥、监护。 2）桩基作业的指挥人员未采用旗语配合口哨等明确信号进行指挥，只是简单采用呼喊打手势方式进行指挥。 3）桩机操作人员未持证上岗，现场实际操作人员与报审人员不一致或证件过期	作业时应设专人指挥、专人监护，指挥信号应明确。桩机操作人员应持证上岗，操作人员作业时不得擅离职守	《国家电网公司电力安全工作规程（电网建设部分）（试行）》
1）桩基施工在邻近带电体作业时，未提前组织进行现场勘测，施工人员不清楚临近带电体的电压等级。 2）桩基施工在邻近带电体作业，未制定针对性的安全技术措施。 3）桩基施工的钻机、钢筋笼及吊装设备等存在与带电体的安全距离不足的现象	在邻近带电体作业时，应进行现场勘测，确保钻机、钢筋笼及吊装设备与带电体的安全距离	《国家电网公司电力安全工作规程（电网建设部分）（试行）》

违章表现	规程规定	规程依据
1）桩机停止作业或移桩架时，未将桩锤放置最低点。 2）桩机进行检修时，未将悬吊的桩锤落下。 3）桩机作业完毕未将打桩机停放在坚实平整的地面上并制动并锁牢。 4）桩机作业完毕未将桩锤落下并切断电源	停止作业或移桩架时，应将桩锤放置最低点。不得悬吊桩锤进行检修。作业完毕应将打桩机停放在坚实平整的地面上，制动并锁牢，桩锤落下，切断电源	《国家电网公司电力安全工作规程（电网建设部分）（试行）》
1）桩基施工的配合钻机及附属设备作业的人员，存在随意进出钻机的回转半径内作业的现象。 2）桩基施工的配合钻机及附属设备作业的人员在回转半径内作业，现场未安排专人协调指挥或指挥员擅自离岗	配合钻机及附属设备作业的人员，应在钻机的回转半径以外作业，当在回转半径内作业时，应由专人协调指挥	《国家电网公司电力安全工作规程（电网建设部分）（试行）》
机架较高的振动类、搅拌类桩机未结合现场场地、气候等实际情况，制定有针对性的防止倾覆应急措施	机架较高的振动类、搅拌类桩机移动时，应采取防止倾覆的应急措施	《国家电网公司电力安全工作规程（电网建设部分）（试行）》
机架较高的振动类、搅拌类桩机在移动等作业过程中未落实各类方案中制定的防止倾覆应急措施	机架较高的振动类、搅拌类桩机移动时，应采取防止倾覆的应急措施	《国家电网公司电力安全工作规程（电网建设部分）（试行）》
1）遇雷雨、六级及以上大风等恶劣天气现场未停止桩基施工作业。 2）遇雷雨、六级及以上大风等恶劣天气未按照施工方案要求及时采取加设揽风绳、放倒机架等安全措施	遇雷雨、六级及以上大风等恶劣天气应停止作业，并采取加设揽风绳、放倒机架等措施	《国家电网公司电力安全工作规程（电网建设部分）（试行）》
桩基工程分包时，未签订安全协议或签订的安全协议内容不合规	桩基工程分包时，应签订安全协议	《电力建设安全工作规程 第3部分：变电站》DL 5009.3—2013
基坑支护、建筑物移位等综合性较强的复杂地基基础施工项目，未编制相应的安全技术措施	对基坑支护、建筑物移位等综合性较强的复杂地基基础施工项目，应编制相应的安全技术措施	《电力建设安全工作规程 第3部分：变电站》DL 5009.3—2013
1）桩机安装前未组织对机械设备配件、辅助施工设备是否完好齐全进行检查。 2）桩机的机械设备配件存在质量缺陷	桩机安装前应检查机械设备配件、辅助施工设备是否齐全，确保安装的钻杆及各部件良好	《电力建设安全工作规程 第3部分：变电站》DL 5009.3—2013

违章表现	规程规定	规程依据
1）桩机操作人员未持证上岗。 2）桩基施工作业时，操作人员擅离职守。 3）桩基施工作业时，无关人员随意进出操作室	桩机操作人员应持证上岗，按出厂说明书和铭牌的规定使用。操作人员施工期间不得擅离职守，无关人员不得进入操作室	《电力建设安全工作规程 第3部分：变电站》DL 5009.3—2013
1）桩机未定期进行检查保养并张贴设备状态标识牌。 2）桩机的检测仪表、制动器、限制器、安全阀、闭锁机构等安全装置不齐全、存在缺陷。 3）桩机超负载、带病作业及野蛮施工，机械实际状态与张贴设备状态标识不一致	桩机的机械、液压、传动系统应保持良好润滑。检测仪表、制动器、限制器、安全阀、闭锁机构等安全装置应齐全、完好。桩机不得超负载、带病作业及野蛮施工	《电力建设安全工作规程 第3部分：变电站》DL 5009.3—2013
1）桩机在作业过程中进行检修、清扫或调整。 2）桩机在检修、清扫、调整或工作中断时，未及时断开电源。 3）桩机的电气设备与电动工器具的转动部分未装设保护罩或保护罩破损	桩机在运行中不得进行检修、清扫或调整。检修、清扫、调整或工作中断时，应断开电源。电气设备与电动工器具的转动部分应装设保护罩	《电力建设安全工作规程 第3部分：变电站》DL 5009.3—2013
1）打桩时，存在无关人员随意靠近桩基近处的现象。 2）打桩时，操作及监护人员、桩锤油门绳操作人员与桩基的距离小于5m	打桩时，无关人员不得靠近桩基近处。操作及监护人员、桩锤油门绳操作人员与桩基的距离不得小于5m	《电力建设安全工作规程 第3部分：变电站》DL 5009.3—2013
吊运桩范围内，存在交叉作业或有人员停留等现象	吊运桩范围内，不得进行其他作业，人员不得停留	《电力建设安全工作规程 第3部分：变电站》DL 5009.3—2013
送桩、拔出或打桩结束移动桩机后，地面孔洞存在未及时回填或加盖的现象	送桩、拔出或打桩结束移动桩机后，地面孔洞应回填或加盖	《电力建设安全工作规程 第3部分：变电站》DL 5009.3—2013
1）桩机施工电气控制系统未配备专职电工管理。 2）桩机设备、辅助施工设备未配置各自专用开关配电箱，开关配电箱的门锁不齐全、未上锁。 3）桩机临时用电随桩机移动随地摆放，未采取电缆架空等措施	配备专职电工管理桩机施工电气控制系统。桩机设备、辅助施工设备配置各自专用开关配电箱，门锁齐全	《电力建设安全工作规程 第3部分：变电站》DL 5009.3—2013

违章表现	规程规定	规程依据
单节桩采用两支点法起吊时，存在吊索与桩段水平夹角小于 45° 的现象	单节桩采用两支点法起吊时，两吊点位置距离桩端宜为 $0.2L_1$（L_1 为桩段长度），吊索与桩段水平夹角不应小于 45°	《建筑地基基础工程施工规范》GB 51004—2015
采用单点法起吊预制桩，存在吊装索具捆绑位置不正确的现象（桩长在 5～10m 时吊装索具捆绑在桩上部 $0.31L$ 处，桩长在 11～16m 时吊装索具捆绑在桩上部 $0.29L$ 处）	采用单点法起吊预制桩，桩长在 5～10m 时吊装索具捆绑在桩上部 $0.31L$ 处，桩长在 11～16m 时吊装索具捆绑在桩上部 $0.29L$ 处	《建筑施工手册》（第五版）
1）预应力混凝土空心管桩的叠层堆放时，外径为 500～600mm 的桩大于 5 层，外径为 300～400mm 的桩大于 8 层。 2）预应力混凝土空心管桩堆叠较高，存在下部地基下沉、管桩叠堆不稳等现象。 3）预应力混凝土空心管桩叠层堆放时，支点垫木未选用木枋。 4）预应力混凝土空心管桩叠层堆放时，垫木与吊点未保持在同一断面上	预应力混凝土空心管桩的叠层堆放应符合下列规定： 1）外径为 500～600mm 的桩不宜大于 5 层，外径为 300～400mm 的桩不宜大于 8 层，堆叠的层数还应满足地基承载力的要求； 2）最下层应设两支点，支点垫木应选用木枋； 3）垫木与吊点应保持在同一断面上	《建筑地基基础工程施工规范》GB 51004—2015
预制桩在施工现场运输、吊装过程中，存在拖拉取桩的现象	预制桩在施工现场运输、吊装过程中，严禁采用拖拉取桩方法	《建筑地基基础工程施工规范》GB 51004—2015
1）钢桩堆存场地存在不平整、不坚实、排水不畅通等现象。 2）钢桩运输与堆存时，两端未采取保护措施。 3）钢桩未按规格、材质分别堆放。 4）钢桩堆放层数不满足要求（钢管桩 $\phi900mm$ 宜放置三层，$\phi600mm$ 宜放置四层，$\phi400mm$ 宜放置五层，H 型钢桩不宜超过六层），支点设置不合理，钢管桩的两侧未用木（钢）楔塞住。 5）钢桩在起吊、运输和堆放过程中，未采取相应措施避免由于碰撞、摩擦等原因造成涂层破损、桩身变形和损伤，搬运时未采取相应措施防止桩体撞击而造成桩端、桩体损坏或弯曲	钢桩的运输与堆存应符合下列规定： 1）堆存场地应平整、坚实、排水畅通； 2）钢桩的两端应有保护措施，钢管桩应设保护圈； 3）钢桩应按规格、材质分别堆放，堆放层数不宜过高，钢管桩 $\phi900mm$ 宜放置三层，$\phi600mm$ 宜放置四层，$\phi400mm$ 宜放置五层，H 型钢桩不宜超过六层，支点设置应合理，钢管桩的两侧应用木（钢）楔塞住，防止滚动； 4）钢桩在起吊、运输和堆放过程中，应避免由于碰撞、摩擦等原因造成涂层破损、桩身变形和损伤，搬运时应防止桩体撞击而造成桩端、桩体损坏或弯曲	《建筑地基基础工程施工规范》GB 51004—2015
施工期间未按照施工方案要求进行噪声测量和采取相关降噪措施，现场施工过程中噪音排放超标（要求昼间不得 70dB、夜间不得 55 dB	施工期间应严格控制噪声，并应符合现行国家标准 GB 12523《建筑施工场界环境噪声排放标准》的规定	《建筑地基基础工程施工规范》GB 51004—2015

违章表现	规程规定	规程依据
1）桩基工程未结合工程实际编制施工组织设计（或施工方案）和保证工程质量、安全和季节性施工的技术措施。 2）桩基工程施工前未组织施工人员进行施工组织设计和保证工程质量、安全和季节性施工的技术措施交底	施工准备： 应有桩基工程的施工组织设计（或施工方案）和保证工程质量、安全和季节性施工的技术措施	《建筑施工手册》（第五版）
1）桩工机械安装完毕后未履行验收程序，责任人未签字确认。 2）桩工机械作业前未编制专项方案，并应对作业人员进行安全技术交底。 3）桩工机械的安全装置存在不完整或动作不灵敏、不可靠等现象	桩工机械： 1）桩工机械安装完毕后应按规定履行验收程序，并应经责任人签字确认。 2）作业前应编制专项方案，应对作业人员进行安全技术交底。 3）桩工机械应按规定安装安全装置，并应灵敏可靠	《建筑施工安全检查标准》JGJ 59—2011
1）桩机部件连接存在螺栓松动、焊缝开裂等缺陷，各部件连接不牢靠。 2）桩机的各传动机构、齿轮箱、防护罩、吊具、钢丝绳、制动器等部件存在缺陷或缺失。 3）桩机的起重机起升、变幅机构存在工作不正常的现象。 4）桩机的润滑油、液压油的油位不满足桩机出厂说明书要求。 5）桩机液压系统存在泄漏、液压缸动作不灵敏等缺陷	作业前，应检查并确认桩机各部件连接牢靠，各传动机构、齿轮箱、防护罩、吊具、钢丝绳、制动器等应完好，起重机起升、变幅机构工作正常，润滑油、液压油的油位符合规定，液压系统无泄漏，液压缸动作灵敏，作业范围内不得有非工作人员或障碍物	《建筑机械使用安全技术规程》JGJ 33—2012

19.2 钻孔灌注桩基础

违章表现	规程规定	规程依据
1）钻孔灌注桩的桩机存在放置不平稳、不牢靠的现象，无防止桩机移位或下陷的措施。 2）钻孔灌注桩的桩机作业时机身摇晃，存在倾倒隐患	桩机放置应平稳牢靠，并有防止桩机移位或下陷的措施，作业时应保证机身不摇晃，不倾倒	《国家电网公司电力安全工作规程（电网建设部分）（试行）》
钻孔灌注桩的孔顶未埋设钢护筒，或护筒埋深小于1m	孔顶应埋设钢护筒，其埋深应不小于1m。不得超负荷进钻	《国家电网公司电力安全工作规程（电网建设部分）（试行）》
钻孔灌注桩的钻机更换钻杆、钻头（钻锤）或放置钢筋笼、接导管时，未采取措施防止物件掉落孔里	更换钻杆、钻头（钻锤）或放置钢筋笼、接导管时，应采取措施防止物件掉落孔里	《国家电网公司电力安全工作规程（电网建设部分）（试行）》

违章表现	规程规定	规程依据
钻孔灌注桩在成孔后，孔口未及时用盖板保护，并设安全警示标志	成孔后，孔口应用盖板保护，并设安全警示标志，附近不得堆放重物	《国家电网公司电力安全工作规程（电网建设部分）（试行）》
1）钻孔灌注桩的潜水钻机电钻未使用封闭式防水电机。 2）钻孔灌注桩的潜水钻机的电机电缆存在破损、漏电等缺陷	潜水钻机的电钻应使用封闭式防水电机，电机电缆不得破损、漏电	《国家电网公司电力安全工作规程（电网建设部分）（试行）》
钻孔灌注桩的钻机接钻杆时，存在未停止电钻转动就提升钻杆的现象	应由专人收放进浆胶管。接钻杆时，应先停止电钻转动，后提升钻杆	《国家电网公司电力安全工作规程（电网建设部分）（试行）》
钻孔灌注桩施工时，作业人员进入没有护筒或其他防护设施的钻孔中工作	作业人员不得进入没有护筒或其他防护设施的钻孔中工作	《国家电网公司电力安全工作规程（电网建设部分）（试行）》

19.3 机械成桩

违章表现	规程规定	规程依据
1）桩机进场装配时，大吨位（静力压）桩机停置场地平均地基承载力低于35kPa。 2）桩机装配区域存在未设置围栏和安全标志的现象。 3）桩机装配作业时，存在无关人员在设备装配现场随意停留的现象	桩机进场装配应遵守下列规定： 1）合理确定桩机停放位置，大吨位（静力压）桩机停置场地平均地基承载力应不低于35kPa。 2）装配区域应设置围栏和安全标志。 3）无关人员不得在设备装配现场停留	《电力建设安全工作规程 第3部分：变电站》DL 5009.3—2013
1）桩机作业时，存在同时进行吊装、吊锤、回转、行走、沉孔、压桩等两种及以上的机械动作的现象。 2）桩机作业行走区域存在凹地、软质土层区域，未采取填平、置换等措施确保桩机行走中设备垂直平稳，桩机行走线路上的障碍物未及时清理	桩机施工应遵守下列规定： 1）桩机作业时，不得同时进行吊装、吊锤、回转、行走、沉孔、压桩等两种及以上的机械动作。 2）保持桩机行走中设备垂直平稳，必要时采取铺垫枕木、填平凹地面、换填软质土层、加设临时固定绳索、清理行走线路上的障碍物等措施	《电力建设安全工作规程 第3部分：变电站》DL 5009.3—2013

违章表现	规程规定	规程依据
1）桩机拆卸作业时，存在未切断桩机电源的现象。 2）桩机拆卸作业时，拆卸区存在未设置围栏和安全标志的现象。 3）桩机拆卸作业，未按设备使用手册规定的顺序制定拆卸具体步骤，现场拆卸作业时未按拆卸步骤作业。 4）桩机拆卸、吊运中未采取保护桩机设备的保护措施，有野蛮操作的行为	桩机拆卸： 1）切断桩机电源。 2）在拆卸区域设置围栏和安全标志。 3）按设备使用手册规定的顺序制定拆卸具体步骤。 4）拆卸、吊运中应注意保护桩机设备，不得野蛮操作	《电力建设安全工作规程 第3部分：变电站》DL 5009.3—2013

19.4 人工挖孔桩基础

违章表现	规程规定	规程依据
1）人工挖孔桩开工下孔前未组织对孔内空气进行检测，现场无检测仪器。 2）人工挖孔桩的桩孔内存在有毒、有害气体。 3）人工挖孔桩作业存在采用纯氧进行通风换气的现象	每日开工下孔前应检测孔内空气。当存在有毒、有害气体时，应首先排除，不得用纯氧进行通风换气	《国家电网公司电力安全工作规程（电网建设部分）（试行）》
1）人工挖孔桩的孔上下未采取可靠的通话联络方式。 2）人工挖孔桩孔下作业超过两人，孔上未设专人监护。 3）人工挖孔桩作业人员下班后，未将孔口盖好或设置安全防护围栏	孔上下应有可靠的通话联络。孔下作业不得超过两人，每次不得超过 2h；孔上应设专人监护。下班时，应盖好孔口或设置安全防护围栏	《国家电网公司电力安全工作规程（电网建设部分）（试行）》
1）人工挖孔桩孔内照明未采用安全矿灯或 12V 以下带罩防水、防爆灯具。 2）人工挖孔桩孔内电缆无防磨损、防潮、防断等保护措施	孔内照明应采用安全矿灯或 12V 以下带罩防水、防爆灯具且孔内电缆应有防磨损、防潮、防断等保护措施	《国家电网公司电力安全工作规程（电网建设部分）（试行）》
1）人工挖孔桩的孔深超过 5m 时，未采用风机或风扇向孔内送风、排除孔内浑浊空气。 2）人工挖孔桩的孔深超过 10m 时，未采用专用风机向孔内送风，送风量少于 25L/s	当孔深超过 5m 时，宜用风机或风扇向孔内送风不少于 5min，排除孔内浑浊空气。孔深超过 10m 时，应有专用风机向孔内送风，风量不得少于 25L/s	《国家电网公司电力安全工作规程（电网建设部分）（试行）》
1）人工挖孔桩在孔内上下递送工具物品时有抛掷现象，未采取措施防止物件落入孔内。 2）人工挖孔桩作业未设置软梯供人员上下	在孔内上下递送工具物品时，不得抛掷，应采取措施防止物件落入孔内。人员上下应用软梯	《国家电网公司电力安全工作规程（电网建设部分）（试行）》

违章表现	规程规定	规程依据
人工挖孔桩作业时，发现与设计地质出现差异时未停止挖孔	与设计地质出现差异时应停止挖孔，查明原因并采取措施后再进行作业	《国家电网公司电力安全工作规程（电网建设部分）（试行）》
1）人工挖孔桩开挖桩孔未逐层进行，每层高度未严格按设计要求施工，存在超挖。 2）人工挖孔桩开挖桩孔时，每节筒深的土方未做到当日挖完	开挖桩孔应逐层进行，每层高度应严格按设计要求施工，不得超挖。每节筒深的土方应当日挖完	《国家电网公司电力安全工作规程（电网建设部分）（试行）》
1）人工挖孔桩施工时，未根据土质情况采取相应护壁措施防止塌方。 2）人工挖孔桩施工时，第一节护壁高于地面高度不满足要求（应高于地面150~300mm），壁厚不满足要求（比下面护壁厚度增加100~150mm）	根据土质情况采取相应护壁措施防止塌方，第一节护壁应高于地面150~300mm，壁厚比下面护壁厚度增加100~150mm，便于挡土、挡水	《国家电网公司电力安全工作规程（电网建设部分）（试行）》
1）人工挖孔桩采用人力挖孔和绞磨提土操作未设专人指挥，绞架刹车装置不可靠。 2）人工挖孔桩在吊运土方时，孔内人员未靠孔壁站立	人力挖孔和绞磨提土操作应设专人指挥，并密切配合，绞架刹车装置应可靠。吊运土方时孔内人员应靠孔壁站立	《国家电网公司电力安全工作规程（电网建设部分）（试行）》
人工挖孔桩的提土斗未采用软布袋或竹篮等轻型工具，吊运土时存在满装现象	提土斗应为软布袋或竹篮等轻型工具，吊运土不得满装，防提升掉落伤人	《国家电网公司电力安全工作规程（电网建设部分）（试行）》
人工挖孔桩使用的电动葫芦、吊笼等提土机械老旧、不可靠，未配置自动卡紧保险装置	使用的电动葫芦、吊笼等提土机械应安全可靠并配有自动卡紧保险装置	《国家电网公司电力安全工作规程（电网建设部分）（试行）》
1）人工挖孔桩挖出的土石方存在未及时运离孔口的现象。 2）人工挖孔桩挖出的土石方堆放在孔口四周1m范围内，堆土高度超过1.5m。 3）人工挖孔桩附近的机动车辆通行对井壁的安全造成影响	挖出的土石方应及时运离孔口，不得堆放在孔口四周1m范围内，堆土高度不应超过1.5m。机动车辆的通行不得对井壁的安全造成影响	《国家电网公司电力安全工作规程（电网建设部分）（试行）》
人工挖孔桩暂停施工的孔口未设通透的临时网盖	挖孔完成后，应当天验收，并及时将桩身钢筋笼就位和浇筑混凝土。暂停施工的孔口应设通透的临时网盖	《国家电网公司电力安全工作规程（电网建设部分）（试行）》

违章表现	规程规定	规程依据
1）人工挖孔桩挖第一节桩孔土方时，桩间净距小于2.5m时未采用间隔开挖施工顺序。 2）人工挖孔桩挖第一节桩孔土方时，第一节桩孔成孔以后，未及时在距孔口顶周边1m搭设围栏。 3）人工挖孔桩在桩孔上口架设的垂直运输支架存在不稳定、不牢固等现象	挖第一节桩孔土方时应遵守下列规定： 1）桩间净距小于2.5m时，须采用间隔开挖施工顺序。 2）第一节桩孔成孔以后，即应在距孔口顶周边1m搭设围栏，在桩孔上口架设垂直运输支架。支架搭设要求稳定、牢固	《电力建设安全工作规程 第3部分：变电站》DL 5009.3—2013
1）人工挖孔桩未利用提升设备运土，人员上下井乘坐盛土吊桶上下。 2）人工挖孔桩桩孔内施工人员未戴安全帽、系安全带或腰绳。 3）人工挖孔桩的孔内有积水或渗水时，未先抽干积水，再作业。移动水泵时未先切断电源。 4）人工挖孔桩进行挖孔作业时，未浇筑混凝土的邻近桩桩孔停止降水作业	逐层往下循环作业时应遵守下列规定： 1）从第二节开始，利用提升设备运土，设置应急软爬梯供人员上下井，不得乘坐盛土吊桶上下。桩孔内施工人员应戴安全帽，系安全带或腰绳。 2）吊运土方时，桩孔内外作业人员应密切配合，吊运土方时孔内人员应靠近孔壁站立。 3）当孔内有积水或渗水时，不准有人在孔内作业，应先抽干积水，再作业。移动水泵应先切断电源。 4）操作时上下人员轮班作业，桩孔上下人员密切观察桩孔下人员的情况，互相呼应，不得擅离岗位，发现异常立即协助孔内人员撤离，并及时上报。 5）进行挖孔作业时，未浇筑混凝土的邻近桩桩孔不得停止降水作业	《电力建设安全工作规程 第3部分：变电站》DL 5009.3—2013

19.5 锚杆基础

违章表现	规程规定	规程依据
锚杆基础施工时，钻机和空气压缩机操作人员与作业负责人之间的通信联络存在不清晰、不畅通等现象	钻机和空气压缩机操作人员与作业负责人之间的通信联络应清晰畅通	《国家电网公司电力安全工作规程（电网建设部分）（试行）》
1）锚杆基础施工时，钻孔前未对设备进行全面检查。 2）锚杆基础施工时，钻机进出风管存在扭曲、连接不可靠等缺陷。 3）锚杆基础施工时，钻机注油器及各部螺栓存在紧固不到位的现象	钻孔前应对设备进行全面检查；进出风管不得扭曲，连接应良好；注油器及各部螺栓均应紧固	《国家电网公司电力安全工作规程（电网建设部分）（试行）》

违章表现	规程规定	规程依据
锚杆基础施工时，钻机作业中发生冲击声或机械运转异常时未停机检查	钻机作业中如发生冲击声或机械运转异常时，应立即停机检查	《国家电网公司电力安全工作规程（电网建设部分）（试行)》
锚杆基础施工时，空气压缩机的风管控制阀操作架未加装挡风护板	风管控制阀操作架应加装挡风护板，并应设置在上风向	《国家电网公司电力安全工作规程（电网建设部分）（试行)》
锚杆基础施工的空气压缩机吹气清洗风管时，存在风管端口直接对人的现象	吹气清洗风管时，风管端口不得对人	《国家电网公司电力安全工作规程（电网建设部分）（试行)》
锚杆基础施工时，空气压缩机风管弯成锐角，风管遭受挤压或损坏时未立即停止使用	风管不得弯成锐角，风管遭受挤压或损坏时，应立即停止使用	《国家电网公司电力安全工作规程（电网建设部分）（试行)》

20 砖石砌体施工

20.1 作业前

违章表现	规程规定	规程依据
1）项目部管理人员未对施工人员进行安全教育。 2）施工人员未经考试合格就进场作业。 3）施工人员未正确佩戴安全防护用品	施工人员必须进行入场安全教育，经考试合格后方可进场。进入施工现场的人员应正确佩戴安全帽，根据作业工种或场所需要选配人体防护装备	《电力建设安全工作规程 第3部分：变电站》DL 5009.3—2013 国家电网公司基建安全管理规定［国网（基建/2）173—2015］
1）作业票未由作业负责人填写，未经安全、技术人员审核。 2）作业票A未由施工队长签发，作业票B未由施工项目经理签发。 3）一张作业票中，作业票负责人、签发人为同一人	作业票由作业负责人填写，安全、技术人员审核，作业票A由施工队长签发，作业票B由施工项目经理签发。一张作业票中，作业负责人、签发人不得为同一人	《国家电网公司电力安全工作规程（电网建设部分）（试行）》
1）未编制作业指导书。 2）作业指导书的内容过于简单，没有针对性	作业指导书应由施工单位组织编制并发布	《国家电网公司电力安全工作规程（电网建设部分）（试行）》
1）开工前，未编制安全管理及风险控制方案。 2）开工前，未识别评估施工安全风险。 3）开工前，未制定风险控制措施	开工前，应编制完成工程安全管理及风险控制方案，识别评估施工安全风险，制定风险控制措施	《国家电网公司电力安全工作规程（电网建设部分）（试行）》
1）施工现场未编制现场应急处置方案。 2）施工现场未配备应急医疗用品和器材等。 3）施工车辆未配备医药箱，未定期检查其有效期，未及时更换补充	施工现场应编制应急现场处置方案，配备应急医疗用品和器材等，施工车辆宜配备医药箱，并定期检查其有效期，及时更换补充	《国家电网公司电力安全工作规程（电网建设部分）（试行）》

违章表现	规程规定	规程依据
1）墙身砌体高度超过地坪 1.2m 以上时，未搭设脚手架。 2）墙身砌筑过程中用砖垛或灰斗搭设临时脚手架。 3）采用里脚手架砌筑墙体时，脚手架外侧未布设安全防护网。 4）墙身每砌高 4m，防护墙板或安全网未及时随墙身提高	墙身砌体高度超过地坪 1.2m 以上时，应搭设脚手架。不得用砖垛或灰斗搭设临时脚手架。采用里脚手架砌筑时，应布设外侧安全防护网。墙身每砌高 4m，防护墙板或安全网即应随墙身提高	《电力建设安全工作规程 第3部分：变电站》DL 5009.3—2013 《国家电网公司电力安全工作规程（电网建设部分）（试行）》
脚手架砌筑突出墙面 300mm 以上的屋檐时，未搭设挑出墙面的脚手架进行施工	脚手架砌筑突出墙面 300mm 以上的屋檐时，应搭设挑出墙面的脚手架进行施工	《电力建设安全工作规程 第3部分：变电站》DL 5009.3—2013 《国家电网公司电力安全工作规程（电网建设部分）（试行）》
1）脚手架上堆放的砖、石材料距墙身小于 500mm。 2）脚手架上堆放的砖、石材料荷载超过 3kN/m²。 3）脚手架上堆放的砖侧放时超过三层。 4）脚手架上同一块脚手板上有超过两人同时砌筑作业	脚手架上堆放的砖、石材料距墙身不得小于 500mm，荷重不得超过 3kN/m²，砖侧放时不得超过三层。一块脚手板上不得有超过两人同时砌筑作业	《电力建设安全工作规程 第3部分：变电站》DL 5009.3—2013 《国家电网公司电力安全工作规程（电网建设部分）（试行）》 《建筑施工手册》（第五版）
1）作业人员操作前未检查施工工具、设备、操作环境，未确认安全就开始施工。 2）作业人员未认真检查施工洞口、临边安全防护和脚手架护身栏、挡脚板、立网是否齐全，牢固。 3）脚手架上脚手板未按要求设置、固定	作业前必须检查工具、设备、现场环境等，确认安全后方可作业。要认真查看在施工洞口、临边安全防护和脚手架护身栏、挡脚板、立网是否齐全、牢固；脚手板是否按要求间距放正、绑牢，有无探头板和空隙	《建筑施工手册》（第五版）
脚手架上堆料超过规定荷载，堆砖高度超过三匹	脚手架上堆料量不得超过规定荷载，堆砖高度不得超过三匹侧砖	《建筑施工手册》（第五版）
在一层以上或高度超过 4m 时，采用外脚手架未设防护栏杆或挡脚板就进行墙身砌筑	在一层以上或高度超过 4m 时，采用外脚手架应设防护栏杆和挡脚板后方可砌筑	《建筑施工手册》（第五版）

违章表现	规程规定	规程依据
1）操作前未检查操作环境是否符合安全要求，道路是否通畅，机具是否完好牢固，安全设施和防护用品是否齐全。 2）检查不符合开工要求就开始施工	在操作之前必须检查操作环境是否符合安全要求，道路是否畅通，机具是否完好牢固，安全设施和防护用品是否齐全，经检查符合要求后才可施工	《建筑施工手册》（第五版）
作业人员将砖、阶砖和小型砌块等运到操作地点后用水淋湿（或浸水）至湿透，造成场地湿滑	砖、阶砖和小型砌块等，砌筑前均应在地面上用水淋湿（或浸水）至湿透，不应将砌块运到操作地点时才进行，以免造成场地湿滑	《建筑施工手册》（第五版）

20.2 作业中

违章表现	规程规定	规程依据
1）基础砌筑前，未先检查基槽坑壁有无塌方的危险。 2）基础在砌筑前，未修整好道路，未按照施工总平面图放置材料	基础在砌筑前，应先检查基槽坑壁有无塌方的危险，并修整好运输道路，按施工总平面图放置材料	《石砌体施工安全技术规范》
1）施工人员直接向坑、槽内扔石料，未采用溜槽或吊运。 2）施工人员往有人作业的坑槽内卸料。 3）修整石块时，作业人员未戴防护眼镜。 4）修整石块时，两名作业人员面对面操作。 5）作业人员在脚手架上砌石使用大锤	往坑、槽内运石料应使用溜槽或吊运。卸料时坑、槽内不得有人。修整石块时，应戴防护眼镜，两人不得对面操作。在脚手架上砌石不得使用大锤	《电力建设安全工作规程 第3部分：变电站》DL 5009.3—2013 《国家电网公司电力安全工作规程（电网建设部分）（试行）》
1）作业人员站在墙上做划线、称角、砌砖、勾缝、检查大角垂直度清扫墙面等工作。 2）作业人员上下脚手架踏上窗台出入平桥。 3）作业人员在墙身上行走	不准站在墙上做划线、称角、砌砖、勾缝、检查大角垂直度清扫墙面等工作。上下脚手架应走斜道，严禁踏上窗台出入平桥。不得在墙身上行走	《国家电网公司电力安全工作规程（电网建设部分）（试行）》
1）砂浆和砖用滑轮起吊时，碰撞脚手架。 2）砂浆和砖用滑轮吊到位置后，作业人员直接用手拉拽吊绳	砂浆和砖用滑轮起吊时，不得碰撞脚手架，吊到位置后，应用铁钩向里拉至操作平台，不得直接用手拉拽吊绳	《国家电网公司电力安全工作规程（电网建设部分）（试行）》

违章表现	规程规定	规程依据
1）采用井字架（升降塔）、门式架起吊砂浆及砖时，作业人员未明确升降联络信号。 2）吊笼进出口处未设带插销的活动栏杆。 3）吊笼到位后未采取防止坠落的安全措施	采用井字架（升降塔）、门式架起吊砂浆及砖时，应明确升降联络信号。吊笼进出口处应设带插销的活动栏杆，吊笼到位后应采取防止坠落的安全措施	《国家电网公司电力安全工作规程（电网建设部分）（试行）》
1）搬运石料和砖的绳索、工具不牢固。 2）搬运时人员不配合，动作不一致	搬运石料和砖的绳索、工具应牢固。搬运时应相互配合，动作一致	《电力建设安全工作规程 第3部分：变电站》DL 5009.3—2013
1）用起重机吊运砖时，未采用砖笼，直接放在桥板上。 2）吊运砂浆的料斗装得过满。 3）吊物下降至离楼地面1m以上时，人员就靠近。 4）扶住吊运物料就位的人员站在建筑物的边缘。 5）吊运物料时，吊臂回转范围内的下面有人员行走或停留	用起重机吊运砖时，应采用砖笼，并不得直接放在桥板上。吊运砂浆的料斗不能装得过满。吊钩要扣稳，而且要待吊物下降至离楼地面1m以内时，人员才可靠近。扶住就位，人员不得站在建筑物的边缘。吊运物料时，吊臂回转范围内的下面不得有人员行走和停留	《建筑施工手册》（第五版）
1）在平地上，砖、石运输车辆两车前后距离小于2m。 2）在坡道上，砖、石运输车辆两车前后距离小于10m。 3）作业人员装砖时随意取砖，导致垛倒砸人	砖、石运输车辆两车前后距离平道上不小于2m，坡道上不小于10m；装砖时要先取高处后取低处，防止垛倒砸人	《建筑施工手册》（第五版）
1）用于垂直运输的吊笼、滑车、绳索、刹车等，未能满足负荷要求。 2）用于垂直运输的吊笼、滑车、绳索、刹车等施工机械吊运时超载。 3）施工人员未经常对用于垂直运输的吊笼、滑车、绳索、刹车等施工机械进行检查	用于垂直运输的吊笼、滑车、绳索、刹车等，必须满足负荷要求，牢固无损；吊运时不得超载，并须经常检查，发现问题及时修理	《建筑施工手册》（第五版）
1）作业人员传递砖石等材料时使用抛掷方法。 2）人工传递砖石等材料时，上下操作人员站立位置未错开	严禁用抛掷方法传递砖、石等材料，如用人工传递时，应稳递稳接，上下操作人员站立位置应错开	《建筑施工手册》（第五版）
运输中通过沟槽时未走便桥，或便桥宽度小于1.5m	运输中通过沟槽时应走便桥，便桥宽度不得小于1.5m	《建筑施工手册》（第五版）

违章表现	规程规定	规程依据
1）采用砖笼往楼板上放砖时，未均匀分布。 2）砖笼直接吊放在脚手架上。 3）吊砂浆的料斗装的过满，运输中有砂浆溢出现象	采用砖笼往楼板上放砖时，要均匀分布；砖笼严禁直接吊放在脚手架上。吊砂浆的料斗不能装的过满，应低于料斗上沿10cm	《建筑施工手册》（第五版）
1）使用塔吊或外用电梯运载砖块时超载。 2）机械操作工无证上岗	使用塔吊或外用电梯运载砖块时不得超载；机械操作工必须经培训合格后持证上岗	《建筑施工手册》（第五版）
1）使用钢井架物料提升机吊装时超载。 2）使用钢井架物料提升机运送物料时，施工人员使用过程中未定期检查设备，发现不符合规定时，未停止作业及时修理。 3）租赁合同、安装合同、安全协议书、安装单位资质证书未报审、安装特种作业人员名单及上岗证复印件未彩打、安装（拆卸）单位安全技术措施未交底，缺安装检验报告、设备使用说明书。 4）进出料门联锁装置，笼门未关闭或开启后吊笼不能启动。 5）揽风绳绳夹与绳径规格不匹配，紧固有效，数量不小于3个，间距小于绳径6倍，绳夹夹座未安放在长绳一侧。 6）揽风绳与地锚未采用花篮螺栓连接，揽风绳与地锚夹角在45°～60°之间。 7）卷扬机卷筒节径与钢丝绳直径的比值≥30%，吊笼处于最低位置时，卷筒上的钢丝绳少于3圈。 8）卷扬机未设置操作棚（见JGJ 59—2011《建筑施工安全检查标准》）	使用钢井架物料提升机运送物料时，应遵守钢井架物料提升机有关规定。吊运时不得超载，使用过程中经常检查，若发现有不符合规定者，应停止作业及时修理	《建筑施工手册》（第五版）
作业人员勉强在超过胸部以上的墙体上进行砌筑	不准勉强在超过胸部以上的墙体上进行砌筑，以将墙体碰撞倒塌或上料时失手掉下造成安全事故	《建筑施工手册》（第五版）
作业人员徒手移动上墙的材料，压破或擦伤手指	不准徒手移动上墙的材料，以免压破或擦伤手指	《建筑施工手册》（第五版）
作业人员在墙顶或架上修改石材，震动墙体影响质量或石片掉下伤人	不准在墙顶或架上修改石材，以免震动墙体影响质量或石片掉下伤人	《建筑施工手册》（第五版）

违章表现	规程规定	规程依据
1）作业人员未及时已经就位的砌块进行竖缝灌浆 2）对稳定性较差的窗间墙、独立柱和挑出墙面较多的部位，未设置临时稳定支撑，影响了稳定性	已经就位的砌块，必须立即进行竖缝灌浆；对稳定性较差的窗间墙、独立柱和挑出墙面较多的部位，应加临时稳定支撑，以保证其稳定性	《建筑施工手册》（第五版）
1）在砌块砌体上，拉锚缆风绳，吊挂重物，作为其他临时设施、支撑的支承点。 2）上述情况确实需要时，未采取有效的构造措施	在砌块砌体上，不宜拉锚缆风绳，不宜吊挂重物，也不宜作为其他施工临时设施、支撑的支承点，如果确实需要时，应采取有效的构造措施	《建筑施工手册》（第五版）
1）在楼层施工时，堆放机具、砖块等物品超过使用荷载。 2）超过荷载时，未采取有效加固措施，造成楼板面变形	在楼层（特别是预制板面）施工时，堆放机具、砖块等物品不得超过使用荷载。如超过荷载时，必须经过验算采取有效加固措施后，方可进行堆放及施工	《建筑施工手册》（第五版）
1）砌基础时，未检查和经常注意基坑土质变化情况，有无崩裂现象。 2）砌筑基础时，堆放砌筑材料离基坑不到1m。 3）装设深基坑挡板或支撑时，未设攀爬梯、运料碰撞、踩踏砌体和支撑上下	砌基础时，应检查和经常注意基坑土质变化情况，有无崩裂现象。堆放砌筑材料应离开坑边1m以上。当深基坑装设挡土板或支撑时，操作人员应设梯子上下，不得攀跳。运料不得碰撞支撑，也不得踩踏砌体和支撑上下	《建筑施工手册》（第五版）
人工垂直往上或往下（深坑）转递砖石时，未搭递砖架子，架子上的站人板宽度小于60cm	人工垂直往上或往下（深坑）转递砖石时，要搭递砖架子，架子上的站人板宽度不应小于60cm	《建筑施工手册》（第五版）
在同一垂直面内上下交叉作业时，未设置安全隔板，下方操作人员未佩戴安全帽	在同一垂直面内上下交叉作业时，必须设置安全隔板，下方操作人员必须佩戴安全帽	《建筑施工手册》（第五版）
砌筑作业面下方有人，交叉作业未设置可靠、安全的防护隔离层	砌筑作业面下方不得有人，交叉作业必须设置可靠、安全的防护隔离层	《建筑施工手册》（第五版）
1）抹灰用作业平台上铺脚手板，宽度少于两块脚手板（50cm），间距大于2m。 2）施工人员移动高凳时上面有人。 3）高度超过2m时，脚手架搭在门窗、暖气片等非承重的物器上。 4）施工人员踩在外脚手架的防护栏杆和阳台板上进行操作	抹灰用作业平台上铺脚手板，宽度不得少于两块脚手板（50cm），间距不得大于2m，移动高凳时上面不能站人。高度超过2m时，由架子工搭设脚手架，严禁脚手架搭在门窗、暖气片等非承重的物器上。严禁踩在外脚手架的防护栏杆和阳台板上进行操作	《建筑施工手册》（第五版）
1）作业人员用不稳固的工具或物体在脚手板面垫高操作。 2）作业人员在未经过加固的情况下，在一层脚手架上随意再叠加一层	不准用不稳固的工具或物体在脚手板面垫高操作；更不准在未经过加固的情况下，在一层脚手架上随意再叠加一层	《建筑施工手册》（第五版）

违章表现	规程规定	规程依据
运石上下时，脚手板未钉装牢固，未钉防滑条及扶手栏杆	运石上下时，脚手板要钉装牢固，并钉防滑条及扶手栏杆	《建筑施工手册》（第五版）
脚手架站脚处的高度高于已砌砖的高度	脚手架站脚处的高度，应低于已砌砖的高度	《建筑施工手册》（第五版）
1）砌砖使用的工具、材料随意摆放。 2）挂线的坠物未绑定牢固	砌砖使用的工具、材料应放在稳妥的地方。挂线的坠物必须牢固	《建筑施工手册》（第五版）
1）不经安全员和施工负责人同意，施工人员私自拆除安全设施（安全牌、外架、护栏、安全网等）。 2）施工人员砌筑时随意拆改或移动脚手架。 3）施工人员随意挪动拆除楼层洞口处的盖板或防护栏	严禁不经安全员和施工负责人同意，私自拆除安全设施（安全牌、外架、护栏、安全网等）。砌筑时不得随意拆改或移动脚手架，楼层洞口处的盖板或防护栏不得随意挪动拆除	《建筑施工手册》（第五版）
1）施工人员在砌块切割作业，未采用防护措施，导致粉尘到处飞扬。 2）在砌块切割作业，作业人员未佩戴口罩，导致吸入粉尘	砌块切割作业，应设置防护措施，防止砌块粉尘到处飞扬，同时作业人员应佩戴口罩，以防粉尘进入人体	《建筑施工手册》（第五版）
施工人员在临边作业时，未佩戴安全带、安全绳	在临边作业时，必须佩戴安全带、安全绳	《建筑施工手册》（第五版）
1）砌石时，施工人员的工作面不到2m。 2）在基槽内的作业人员未正确佩戴安全帽和防护眼镜	砌石时，每人要有2m以上的工作面，防止打石碰人、伤人。在基槽内的作业人员必须佩戴安全帽和防护眼镜	《石砌体结构工程施工规范》GB 50924—2014
1）运输石料的工具不安全可靠。 2）未在指定地点投料和放料，导致砌体碰坏	运输石料的工具必须安全可靠，必须按指定地点投料和放料严禁乱扔，防止意外或碰坏砌体	《石砌体结构工程施工规范》GB 50924—2014
搬运石料时，未由上而下分层搬运	搬石料必须由石堆自上而下分层搬运	《石砌体结构工程施工规范》GB 50924—2014
手推车推运石料时，装车未先装后面、卸车未先卸前面、装车超载	用手推车运石时，应掌握车的重心，装车先装后面，卸车先卸前面，装车不得超载	《石砌体结构工程施工规范》GB 50924—2014
1）搬运石料前，未检查搬运工具，绳索是否牢靠。 2）放置石料时，未放稳放牢。 3）用车或筐运送石料时，装得过满	搬运石料前，应检查搬运工具，绳索是否牢靠。石料要放稳放牢。用车子或筐运送时，不应装得过满、防止坠落伤人	《石砌体结构工程施工规范》GB 50924—2014

违章表现	规程规定	规程依据
用大锤破坏石料时，对准人打石，安全距离不够	用大锤破坏石料时，要和周围人保持一定距离，并不准对人打石，避免走锤飞石伤人	《石砌体结构工程施工规范》GB 50924—2014
1）砌筑高度达到 1.2m 时未搭设业平台。 2）在作业平台上码放材料不均匀，超载。 3）搭设和拆除脚手架时不符合相关的安全技术交底。 4）作业平台的脚手板未铺满、铺稳。 5）作业平台未设安全梯、斜道等攀登设施。 6）使用时未经检查、验收、确认合格形成文件。 7）使用中未随时检查，确认安全	砌筑高度达 1.2m 时应支搭作业平台，在作业平台上码放材料应均匀，不得超载；搭设与拆除脚手架应符合脚手架相关安全技术交底；作业平台的脚手板必须铺满、铺稳；作业平台临边必须设防护栏杆；上下作业平台必须设安全梯、斜道等攀登设施；使用前应经检查、验收，确认合格并形成文件；使用中应随时检查，确认安全	《石砌体结构工程施工规范》GB 50924—2014
施工时，作业人员在砌体上随意走动	施工中，作业人员不得在砌体上行走、站立	《石砌体结构工程施工规范》GB 50924—2014
砌体的内外圈、上下层砌块咬合不紧密、竖缝未错开	砌体的内外圈、上下层砌块应咬合紧密、竖缝错开	《石砌体结构工程施工规范》GB 50924—2014
1）人工用手推车运砖，两车前后距离：平地上小于 2m，坡道上小于 10m。 2）装砖时未按照先取高处，后取低处的原则分层按顺序拿取。 3）采用垂直运输时超载。 4）采用砖笼往楼板上放砖时分布不均匀。 5）砖笼直接吊放在脚手架上	人工用手推车运砖，两车前后距离：平地上不得小于 2m，坡道上不得小于 10m。装砖时应先取高处，后取低处，分层按顺序拿取。采用垂直运输，严禁超载；采用砖笼往楼板上放砖时，要均匀分布；砖笼严禁直接吊放在脚手架上	《石砌体结构工程施工规范》GB 50924—2014
1）作业中出现危险征兆时，未暂停作业，未撤至安全区域，未立即向上级报告。 2）未经施工技术管理人员批准，恢复现场作业。 3）紧急处理时，未在施工技术管理人员的指挥下进行	作业中出现危险征兆时，作业人员应暂停作业，撤至安全区域，并立即向上级报告。未经施工技术管理人员批准，严禁恢复作业，紧急处理时，必须在施工技术管理人员指挥下进行作业	《石砌体结构工程施工规范》GB 50924—2014
1）脚手架未经验收直接使用。 2）脚手架验收后随意拆改和移动。 3）脚手架验收后因作业要求必须拆改和移动时，未经工程技术人员同意，未采取加固措施就拆除和移动。 4）脚手架搭设出现探头板	脚手架未经交接验收不得使用，验收后不得随意拆改和移动，如作业要求必须拆改和移动时，须经工程技术人员同意，采取加固措施后方可拆除和移动。脚手架严禁搭探头板	《石砌体结构工程施工规范》GB 50924—2014

违章表现	规程规定	规程依据
1）作业中发生事故时，未立即对受伤人员进行抢救。 2）作业中发生事故时，未迅速报告上级，未保护事故现场，未采取措施控制事故。 3）因抢救工作可能造成事故扩大或人员伤害时，未在施工技术管理人员的指导下进行抢救	作业中发生事故，必须及时抢救受伤人员，迅速报告上级，保护事故现场，并采取措施控制事故。如抢救工作可能造成事故扩大或人员伤害时，必须在施工技术管理人员的指导下进行抢救	《石砌体结构工程施工规范》GB 50924—2014
轻型脚手架未经过计算及试验堆放砖、石	轻型脚手架（吊脚手、挑脚手）上一般不得堆放砖、石。必须堆放时，应先经计算及试验	《国家电网公司电力安全工作规程（变电部分）》Q/GDW 1799.1—2013
化灰池四周未设置围栏或围栏高度低于1.2m	化灰池的四周应设围栏，其高度不得小于1.2m	《国家电网公司电力安全工作规程（变电部分）》Q/GDW 1799.1—2013
1）采用井字架、门式架起吊灰、砖时，未明确升降联络信号。 2）吊笼进出口未设带插销的活动栏杆，吊笼到位后未采取防止坠落的安全措施	采用井字架、门式架起吊灰、砖时，应明确升降联络信号。吊笼进出口应设带插销的活动栏杆，吊笼到位后应采取防止坠落的安全措施	《国家电网公司电力安全工作规程（变电部分）》Q/GDW 1799.1—2013
1）山墙砌筑当天完成，未安装桁条或未加设临时支撑。 2）山墙砌筑当天未完成，未设置双面支撑	山墙砌筑应尽量当天完成，并安装桁条或加设临时支撑。如当天不能完成，应设双面支撑，以免被风吹倒或变形	《国家电网公司电力安全工作规程（变电部分）》Q/GDW 1799.1—2013
1）在高处砌砖时，作业人员未注意下方是否有人。 2）在高处砌砖时，应注意下方是否有人，不得向墙外砍砖。 3）下班前作业人员未将脚手板及墙上的碎砖、灰浆清扫干净，掉落伤人	在高处砌砖时，应注意下方是否有人，不得向墙外砍砖。下班前应将脚手板及墙上的碎砖、灰浆清扫干净	《电力建设安全工作规程 第3部分：变电站》DL 5009.3—2013 《国家电网公司电力安全工作规程（电网建设部分）（试行）》
1）高处作业人员衣着不灵活，衣袖、裤脚围未扎紧，未穿软底防滑鞋。 2）高处作业人员未正确佩戴个人防护用具	高处作业的人员应衣着灵活，衣袖、裤脚应扎紧，穿软底防滑鞋，并正确佩戴个人防护用具	《国家电网公司电力安全工作规程（电网建设部分）（试行）》

违章表现	规程规定	规程依据
1）电动机械或电动工具未做到"一机一闸一保护"。 2）移动式电动机械未使用绝缘护套软电缆	电动机械或电动工具应做到"一机一闸一保护"移动式电动机械应使用绝缘护套软电缆	《国家电网公司电力安全工作规程（电网建设部分）（试行）》
1）交叉作业时，作业现场未设置专责监护人，上层物件未固定前，下层未暂停作业。 2）交叉作业时，工具、材料、边角余料等上下抛掷 3）不得在吊物下方接料或停留	交叉作业时，作业现场应设置专责监护人，上层物件未固定前，下层应暂停作业。工具、材料、边角余料等不得上下抛掷。不得在吊物下方接料或停留	《国家电网公司电力安全工作规程（电网建设部分）（试行）》

20.3 恶劣天气注意事项

违章表现	规程规定	规程依据
冬期施工时，脚手板上有冰霜、积雪，施工人员未清除干净就在架子进行操作	冬期施工时，脚手板上如有冰霜、积雪，应先清除干净才能上架子进行操作	《建筑施工手册》（第五版）
施工人员在雨期未采取防雨措施，使雨水冲走砂浆，致使砌体倒塌	如遇雨天及每天下班时，要做好防雨措施，以防雨水冲走砂浆，致使砌体倒塌	《建筑施工手册》（第五版）
在台风到来之前，已砌好的山墙未采取加固措施，台风过后，墙体歪斜	在台风到来之前，已砌好的山墙应临时用联系杆（例如桁条）放置各跨山墙间，联系稳定，否则，应另行作好支撑措施	《建筑施工手册》（第五版）
在台风季节，施工人员未及时进行圈梁施工，加盖楼板，或采取其他稳定措施，导致砌筑的墙体变形	在台风季节，应及时进行圈梁施工，加盖楼板，或采取其他稳定措施	《建筑施工手册》（第五版）
大风、大雨、冰冻等异常气候之后技术人员未对砌体的外观、垂直度、沉降等进行检查	大风、大雨、冰冻等异常气候之后，应检查砌体是否有垂直度的变化，是否产生裂缝，是否有不均匀下沉等现象	《建筑施工手册》（第五版）
雨季施工时施工人员使用过湿的砌块，造成砂浆流淌，形成安全隐患	雨季施工不得使用过湿的砌块，以避免砂浆流淌，造成安全隐患	《建筑施工手册》（第五版）
现场道路及脚手架、跳板和走道等，未及时清除积水、积霜、积雪等	现场道路及脚手架、跳板和走道等，应及时清除积水积霜、积雪并采取防滑措施	《国家电网公司电力安全工作规程（电网建设部分）（试行）》

违章表现	规程规定	规程依据
1）夏季高温季节未调整作业时间，高温下作业。 2）夏季高温季节未做好防暑降温工作。 3）施工人员穿短裤、拖鞋进入施工现场，并未按要求佩戴安全帽	夏季高温季节应调整作业时间，避开高温时段，并做好防暑降温工作	《国家电网公司电力安全工作规程（电网建设部分）（试行）》

21 装 饰 施 工

21.1 作业前

违章表现	规程规定	规程依据
顶棚抹灰未搭设满堂脚手架	顶棚抹灰宜搭设满堂脚手架	《国家电网公司电力安全工作规程（电网建设部分）（试行）》
1）满堂脚手架作业层未按规范要求设置防护栏杆。 2）作业层外侧未设置高度不小于180mm的挡脚板。 3）作业层脚手板下未采用安全平网兜底，以下每隔10m未采用安全平网封闭	满堂脚手架作业层应按规范要求设置防护栏杆，作业层外侧应设置高度不小于180mm的挡脚板；作业层脚手板下应采用安全平网兜底，以下每隔10m应采用安全平网封闭	《建筑施工安全检查标准》JGJ 59—2011
1）脚手架搭设不稳固。 2）脚手板跨度大于2m。 3）材料堆放过于集中。 4）同一跨度内作业超过两人	室内抹灰使用的工具性脚手架搭设应稳固。脚手板跨度不得大于2m，材料堆放不得过于集中，同一跨度内作业不得超过两人	《国家电网公司电力安全工作规程（电网建设部分）（试行）》
脚手板铺设不严密、牢固，探出横向水平杆长度大于150mm	脚手板铺设应严密、牢固，探出横向水平杆长度不应大于150mm	《建筑施工安全检查标准》JGJ 59—2011
剪刀撑未沿悬挑架体高度连续设置	剪刀撑应沿悬挑架体高度连续设置，角度应为45°～60°	《建筑施工安全检查标准》JGJ 59—2011
1）作业人员未按要求从地面进出吊篮。 2）吊篮未安装防坠安全锁。 3）吊篮防坠安全锁失效。 4）安全钢丝绳未单独设置，型号规格未与工作钢丝绳一致、钢丝绳卡扣设置不规范	作业人员应从地面进出吊篮。吊篮应安装防坠安全锁，并灵敏有效。安全钢丝绳应单独设置，型号规格应与工作钢丝绳一致	《建筑施工安全检查标准》JGJ 59—2011
1）悬挑式物料钢平台两侧未安装固定的防护栏杆。 2）未在平台明显处设置荷载限定标牌、警示牌	悬挑式物料钢平台两侧必须安装固定的防护栏杆，并应在平台明显处设置荷载限定标牌	《建筑施工安全检查标准》JGJ 59—2011

违章表现	规程规定	规程依据
吊顶内焊接未按规定办理作业票,焊接地点堆放易燃物,未配置灭火器材	吊顶内焊接应按规定办理作业票,焊接地点不得堆放易燃物	《国家电网公司电力安全工作规程(电网建设部分)(试行)》
1) 木工作业前未试机,各部件运转不正常。 2) 开机前未将机械周围及脚下作业区的杂物清理干净或未在作业区铺垫板	木工作业前应试机,各部件运转正常后方可作业。开机前必须将机械周围及脚下作业区的杂物清理干净,必要时应在作业区铺垫板	《装饰工程施工操作规程》 YSJ 409—1989
圆盘锯作业前未检查锯片是否有裂纹或连续缺齿,螺帽是否拧紧	圆盘锯作业前应检查锯片不得有裂纹,不得连续缺齿,螺帽必须拧紧	《装饰工程施工操作规程》 YSJ 409—1989
患有皮肤病、眼结膜病以及沥青严重过敏的工人,从事沥青工作	患有皮肤病、眼结膜病以及沥青严重过敏的工人,不得从事沥青工作	《装饰工程施工操作规程》 YSJ 409—1989
粘贴石材和瓷砖时,高度超过 1.5m 未搭设脚手架	粘贴石材和瓷砖时,高度超过 1.5m 应搭设脚手架	《装饰工程施工操作规程》 YSJ 409—1989
1) 各种油漆材料(汽油、漆料、稀料)未单独存放在专用库房内,与其他材料混放,库房通风不良。 2) 易挥发的汽油、稀料未装入密闭容器中。 3) 在库内吸烟,使用任何明火。 4) 未配备一定的消防设备	各种油漆材料(汽油、漆料、稀料)应单独存放在专用库房内,不得与其他材料混放,库房应通风良好。易挥发的汽油、稀料应装入密闭容器中,严禁在库内吸烟和使用任何明火。并要配备一定的消防设备	《装饰工程施工操作规程》 YSJ 409—1989

21.2 作业中

违章表现	规程规定	规程依据
作业人员将梯子搁在楼梯或斜坡上工作	装饰时不得将梯子搁在楼梯或斜坡上工作	《国家电网公司电力安全工作规程(电网建设部分)(试行)》
作业人员站在窗口上粉刷窗口四周的线脚	作业人员不得站在窗口上粉刷窗口四周的线脚	《国家电网公司电力安全工作规程(电网建设部分)(试行)》

违章表现	规程规定	规程依据
使用磨石机未戴绝缘手套，穿胶靴	磨石工程应防止草酸中毒。使用磨石机应戴绝缘手套，穿胶靴	《国家电网公司电力安全工作规程（电网建设部分）（试行）》
仰面粉刷未采取防止粉末等侵入眼内的防护措施	仰面粉刷应采取防止粉末等侵入眼内的防护措施	《国家电网公司电力安全工作规程（电网建设部分）（试行）》
1）进行耐酸、防腐和有毒材料作业时，未保持室内通风良好。 2）未加强防火、防毒、防尘和防酸碱的安全防护措施	进行耐酸、防腐和有毒材料作业时，应保持室内通风良好，应加强防火、防毒、防尘和防酸碱的安全防护	《国家电网公司电力安全工作规程（电网建设部分）（试行）》
1）机械喷浆的作业人员未佩戴防护用品。 2）压力表，安全阀失灵。 3）输浆管各部接口未拧紧卡牢，管路弯折	机械喷浆的作业人员应佩戴防护用品。压力表，安全阀应灵敏可靠。输浆管各部接口应拧紧卡牢，管路应避免弯折	《国家电网公司电力安全工作规程（电网建设部分）（试行）》
1）输浆未严格按照规定的压力进行。 2）发生超压或管道堵塞时，未在停机泄压后再进行检修	输浆应严格按照规定的压力进行。发生超压或管道堵塞时，应在停机泄压后方可进行检修	《国家电网公司电力安全工作规程（电网建设部分）（试行）》
在吊顶内作业时，未搭设步道，非上人吊顶上人	在吊顶内作业时，应搭设步道，非上人吊顶不得上人	《国家电网公司电力安全工作规程（电网建设部分）（试行）》
吊顶内作业未使用安全电压照明	吊顶内作业应使用安全电压照明	《国家电网公司电力安全工作规程（电网建设部分）（试行）》
1）切割石材、瓷砖未采取防尘措施。 2）操作人员未佩戴防护口罩	切割石材、瓷砖应采取防尘措施，操作人员应佩戴防护口罩	《国家电网公司电力安全工作规程（电网建设部分）（试行）》
墙面刷涂料高度超过 1.5m 时，未搭设操作平台	当墙面刷涂料高度超过 1.5m 时，应搭设操作平台	《国家电网公司电力安全工作规程（电网建设部分）（试行）》

违章表现	规程规定	规程依据
1）油漆使用后未及时封存，废料未及时清理。 2）在室内用有机溶剂清洗工器具	油漆使用后应及时封存，废料应及时清理。不得在室内用有机溶剂清洗工器具	《国家电网公司电力安全工作规程（电网建设部分）（试行）》
1）涂刷作业中未采取通风措施。 2）作业人员如感头痛、恶心、心闷或心悸时，未立即停止作业并采取救护措施	涂刷作业中应采取通风措施，作业人员如感头痛、恶心、心闷或心悸时，应立即停止作业并采取救护措施	《国家电网公司电力安全工作规程（电网建设部分）（试行）》
1）溶剂性防火涂料作业时，未按规定佩戴劳保用品。 2）皮肤沾上涂料未及时使用相应溶剂棉纱擦拭，再用肥皂和清水洗净	溶剂性防火涂料作业时，应按规定佩戴劳保用品，若皮肤沾上涂料应及时使用相应溶剂棉纱擦拭，再用肥皂和清水洗净	《国家电网公司电力安全工作规程（电网建设部分）（试行）》
1）化灰池的四周未设围栏，围栏高度小于 1.2m。 2）化灰池的四周未设安全标志牌	化灰池的四周应设围栏，其高度不得小于 1.2m，并设安全标志牌	《国家电网公司电力安全工作规程（电网建设部分）（试行）》
1）木工作业时戴手套。 2）木工作业时未扎紧袖口、理好衣角、扣好衣扣。 3）作业人员长发外露	木工作业时必须扎紧袖口、理好衣角、扣好衣扣，不得戴手套。作业人员长发不得外露	《装饰工程施工操作规程》 YSJ 409—1989
链条、齿轮和皮带等传动部分，未安装防护罩或防护板	链条、齿轮和皮带等传动部分，必须安装防护罩或防护板	《装饰工程施工操作规程》 YSJ 409—1989
1）木工棚内吸烟。 2）木工棚内未按规定设置消防器材	木工棚内严禁吸烟并应按规定设置消防器材	《装饰工程施工操作规程》 YSJ 409—1989
直接用手清理机械台面上的刨花、木屑	清理机械台面上的刨花、木屑，严禁直接用手清理	《装饰工程施工操作规程》 YSJ 409—1989
1）圆盘锯未装设分料器。 2）圆盘锯锯片上方未设置防护罩和滴水设备。 3）圆盘锯开料锯与截料锯混用	圆盘锯必须装设分料器，锯片上方应有防护罩和滴水设备，开料锯与截料锯不得混用	《装饰工程施工操作规程》 YSJ 409—1989
1）圆盘锯操作时未戴防护眼镜。 2）圆盘锯操作时未戴防护眼镜，并站在锯片正前方。 3）作业时手臂跨越锯片	圆盘锯操作时要戴防护眼镜，并站在锯片一侧，禁止站在与锯片同一直线上。作业时手臂不得跨越锯片	《装饰工程施工操作规程》 YSJ 409—1989

违章表现	规程规定	规程依据
未紧贴靠尺送料，用力过猛，未待出料超过锯片 15cm 上手接料，用手硬拉	必须紧贴靠尺送料，不得用力过猛，遇硬节疤应慢推，必须待出料超过锯片 15cm 方可上手接料，不得用手硬拉	《装饰工程施工操作规程》 YSJ 409—1989
1）短窄料未用推棍，接料未用刨钩。 2）锯小于 50cm 长的短料	短窄料应用推棍，接料使用刨钩。严禁锯小于 50cm 长的短料	《装饰工程施工操作规程》 YSJ 409—1989
木料走偏时，未立即切断电源，并停机调正	木料走偏时，应立即切断电源，停机调正后再锯	《装饰工程施工操作规程》 YSJ 409—1989
锯片运转时间过长未用水冷却，直径 60cm 以上的锯片工作时未喷水冷却	锯片运转时间过长应用水冷却，直径 60cm 以上的锯片工作时应喷水冷却	《装饰工程施工操作规程》 YSJ 409—1989
使用木棒或木块制动锯片的方法停机	严禁使用木棒或木块制动锯片的方法停机	《装饰工程施工操作规程》 YSJ 409—1989
钻凿墙壁、天花板、地板时，未先确认有无埋设电缆或管道等	钻凿墙壁、天花板、地板时，应先确认有无埋设电缆或管道等	《装饰工程施工操作规程》 YSJ 409—1989
电锤作业时未使用侧柄，单手操作	电锤作业时应使用侧柄，双手操作，为了堵转时反作用力扭伤胳膊	《装饰工程施工操作规程》 YSJ 409—1989
电锤作业时螺钉松动，未紧固	由于电锤作业产生冲击，易使电锤机身安装螺钉松动，应经常检查其紧固情况，若发现螺钉松动，应立即重新扭紧，否则会导致电锤故障	《装饰工程施工操作规程》 YSJ 409—1989
1）未使用容量足够，安装合格的延伸线缆。 2）延伸线缆通过人行过道未高架、未做好防止线缆被碾压损坏的措施	若作业场所在远离电源的地点，需延伸线缆时，应使用容量足够，安装合格的延伸线缆。延伸线缆如通过人行过道应高架或做好防止线缆被碾压损坏的措施	《装饰工程施工操作规程》 YSJ 409—1989
1）贴面使用预制件、大理石、瓷砖等，未堆放整齐平稳。 2）未待灌浆凝固稳定后就拆除临时支撑	瓦工贴面使用预制件、大理石、瓷砖等，应堆放整齐平稳，边用边运，安装要稳拿稳放，待灌浆凝固稳定后方可拆除临时支撑	《装饰工程施工操作规程》 YSJ 409—1989
1）使用云石机和磨石机，未戴绝缘手套、穿胶靴。 2）电源线破皮漏电。 3）云石机片未安装牢靠，未经试运转	使用云石机和磨石机，应戴绝缘手套、穿胶靴，电源线不得破皮漏电，云石机片安装必须牢靠，经试运转正常方可操作	《装饰工程施工操作规程》 YSJ 409—1989

违章表现	规程规定	规程依据
1）砌砖使用的工具未放在牢固可靠的地方。 2）工作完毕未将脚手板和砖墙上的碎砖、灰浆清扫干净	砌砖使用的工具应放在稳妥的地方。工作完毕应将脚手板和砖墙上的碎砖、灰浆清扫干净，防止掉落伤人	《装饰工程施工操作规程》YSJ 409—1989
1）在脚手架上砌石，使用大锤。 2）修整石块时未戴防护镜。 3）修整石块时两人对面操作	在脚手架上砌石，不得使用大锤。修整石块时要戴防护镜，不准两人对面操作	《装饰工程施工操作规程》YSJ 409—1989
切割物件前，未戴好手套、口罩、眼镜	切割物件前，先戴好手套、口罩、眼镜，避免飞溅物伤人	《装饰工程施工操作规程》YSJ 409—1989
切割机更换切割片时，未先关掉电源，未挂警示牌，切割片未同心、紧固	切割机更换切割片时，先关掉电源，挂警示牌，切割片必须同心、紧固，以免脱落伤人	《装饰工程施工操作规程》YSJ 409—1989
1）切割机未在指定的位置使用。 2）切割机正对易燃物和人切割	切割机必须在指定的位置使用，且不能正对易燃物和人切割	《装饰工程施工操作规程》YSJ 409—1989
切割物件时用力不平稳。切割片损坏，未立即停止使用，更换完好的切割片再运行	切割物件时用力要平稳。运行时，如切割片损坏，须立即停止使用，更换完好的切割片再运行	《装饰工程施工操作规程》YSJ 409—1989
1）切割完毕后，未及时关掉电源，砂轮片未停止转动时，直接取物件。 2）在切割片上砂磨物件	切割完毕后，先关掉电源，待砂轮片停止转动时，再取物件，以免飞转的切割片伤人。严禁在切割片上砂磨物件	《装饰工程施工操作规程》YSJ 409—1989
从事有机溶剂作业，用粉尘过滤器代替防毒过滤器	从事有机溶剂作业，不能用粉尘过滤器代替防毒过滤器	《装饰工程施工操作规程》YSJ 409—1989
1）调制油漆未在通风良好的房间内进行。 2）调制有害油漆涂料时未戴好防毒口罩、护目镜，未穿戴相应的个人防护用品。 3）工作完毕未及时冲洗干净	调制油漆应在通风良好的房间内进行，调制有害油漆涂料时应戴好防毒口罩、护目镜，穿好相应的个人防护用品，工作完毕应冲洗干净	《装饰工程施工操作规程》YSJ 409—1989
1）经过调配好的涂料，未用双层皮纸塑料盖住桶口，未用细绳紧住，防止气体挥发。 2）涂料明放、暴晒	经过调配好的涂料，如放在大口铁桶内时，除在涂料上盖上皮纸外，还需用双层皮纸塑料盖住桶口，再用细绳紧住，以防气体挥发。严禁明放、暴晒	《装饰工程施工操作规程》YSJ 409—1989

违章表现	规程规定	规程依据
浸擦过清油、清漆、桐油等的棉丝、丝团、擦手布，作业后未及时清理，未运到指定位置存放	浸擦过清油、清漆、桐油等的棉丝、丝团、擦手布，不得随便乱丢，作业后应及时清理现场遗留物，运到指定位置存放，以防止因发热引起自燃火灾	《装饰工程施工操作规程》YSJ 409—1989
涂刷大面积场地时，室内照明或电气设备未按防爆等级规定安装	涂刷大面积场地时，室内照明或电气设备必须按防爆等级规定安装	《装饰工程施工操作规程》YSJ 409—1989
1) 在室内喷涂，未保持良好的透风。 2) 作业区四周有火种或明火作业。 3) 电气设备安装未按防爆等级规定进行	在室内喷涂，必须保持良好的透风（一般应尽量在露天进行）。作业区四周严禁有火种或明火作业，电气设备安装必须按防爆等级规定进行	《装饰工程施工操作规程》YSJ 409—1989
1) 使用喷浆机，手上沾有浆水时，直接开关电闸。 2) 疏通堵塞喷嘴时，喷嘴对准人员	使用喷浆机，手上沾有浆水时。不准开关电闸，以防触电。喷嘴堵塞，疏通时不准对人	《装饰工程施工操作规程》YSJ 409—1989
进行室内装饰装修设计时未保证疏散指示标志和安全出口易于辨认	进行室内装饰装修设计时要保证疏散指示标志和安全出口易于辨认，以免人员在紧急情况下发生疑问和误解	《住宅装饰装修工程施工规范》GB 50327—2001

22 构支架施工

22.1 材料进场

违章表现	规程规定	规程依据
1）材料堆放超过三层。 2）堆放地面未平整。 3）杆段下端未设置多点支垫，两侧未掩牢	现场钢构支架、水泥杆堆放不得超过三层，堆放地面应平整坚硬，杆段下面应多点支垫，两侧应掩牢	《国家电网公司电力安全工作规程（电网建设部分）（试行）》
人力移动杆段横向移动时，未及时将支垫处用木楔掩牢	人力移动杆段时，应动作协调，滚动前方不得有人。杆段横向移动时，应及时将支垫处用木楔掩牢	《国家电网公司电力安全工作规程（电网建设部分）（试行）》
每根杆段支垫处两侧未用木楔掩牢	每根杆段应支垫两点，支垫处两侧应用木楔掩牢，防止滚动	《国家电网公司电力安全工作规程（电网建设部分）（试行）》
1）钢构支架、水泥杆在现场倒运未采用起重机械装卸。 2）装卸未控制杆段方向。 3）钢构支架、水泥杆现场倒运，装车后未绑扎、楔牢	钢构支架、水泥杆在现场倒运时，宜采用起重机械装卸，装卸时应控制杆段方向；装车后应绑扎、楔牢，防止滚动、滑脱，并不得采用直接滚动方法卸车	《国家电网公司电力安全工作规程（电网建设部分）（试行）》
1）运输重量大、尺寸大、集中组焊的钢管构架，车辆上未设置支撑物。 2）运输重量大、尺寸大、集中排组焊的钢管构架，车辆上未设置支撑物	运输重量大、尺寸大、集中排组焊的钢管构架，车辆上应设置支撑物，且应牢固可靠	《国家电网公司电力安全工作规程（电网建设部分）（试行）》

22.2 作业前

违章表现	规程规定	规程依据
1）施工人员进场前未开展进场安全教育培训和交底。 2）施工作业开始前，未对方案、施工作业票进行交底。 3）交底记录未全员签字确认	组织开展进场施工人员（含分包人员）安全文明施工标准化教育培训和交底，督促、检查作业现场落实。构支架施工作业前必须填写变电站构支架安装工程作业B票，工作负责人对作业人员进行交底，作业人员全员签字。施工作业前必须组织作业人员对施工方案进行安全技术交底，作业人员全员签字	国网基建部关于全面使用输变电工程安全施工作业票模板（试行）的通知［基建安质〔2016〕32号］

违章表现	规程规定	规程依据
1）施工人员进场前未开展进场安全教育培训和交底。 2）施工作业开始前，未对方案、施工作业票进行交底。 3）交底记录未全员签字确认	组织开展进场施工人员（含分包人员）安全文明施工标准化教育培训和交底，督促、检查作业现场落实。构支架施工作业前必须填写变电站构支架安装工程作业B票，工作负责人对作业人员进行交底，作业人员全员签字。施工作业前必须组织作业人员对施工方案进行安全技术交底，作业人员全员签字	关于印发《国家电网公司电力建设起重机械安全管理重点措施（试行)》的通知〔国家电网基建〔2008〕696号〕 《国家电网公司输变电工程安全文明施工标准化管理办法》 《电力建设安全工作规程 第3部分：变电站》DL 5009.3—2013 《国家电网公司基建安全管理规定》〔国网（基建/2）173—2015〕 《国家电网公司电力建设起重机械安全监督管理办法》
施工项目部未建立起重机械安全管理体系	施工项目部必须建立起重机械安全管理体系（网络图）、机械安全岗位责任制和起重机械安全目标	关于印发《国家电网公司电力建设起重机械安全管理重点措施（试行)》的通知〔国家电网基建〔2008〕696号〕
施工项目部未编制机械安全岗位责任制	施工项目部必须建立起重机械安全管理体系（网络图）、机械安全岗位责任制和起重机械安全目标	关于印发《国家电网公司电力建设起重机械安全管理重点措施（试行)》的通知〔国家电网基建〔2008〕696号〕
施工项目部未确定起重机械安全目标	施工项目部必须建立起重机械安全管理体系（网络图）、机械安全岗位责任制和起重机械安全目标	关于印发《国家电网公司电力建设起重机械安全管理重点措施（试行)》的通知〔国家电网基建〔2008〕696号〕
施工项目部未建立起重机械安全管理制度	建立起重机械安全管理制度（机械和人员准入、作业指导书审查、机械检查、机械资料管理、机械安全考核等）	关于印发《国家电网公司电力建设起重机械安全管理重点措施（试行)》的通知〔国家电网基建〔2008〕696号〕

违章表现	规程规定	规程依据
施工项目部未设置机械管理部门或机械管理专责	施工项目部必须根据其承建工程规模和施工现场使用起重机械数量设置机械管理部门或机械专责管理人员	关于印发《国家电网公司电力建设起重机械安全管理重点措施（试行）》的通知［国家电网基建〔2008〕696号］
施工项目部未编制起重机械事故现场处置方案，未按规定报审	施工项目部负责编制起重机械事故现场处置方案，并按规定上报审查	关于印发《国家电网公司电力建设起重机械安全管理重点措施（试行）》的通知［国家电网基建〔2008〕696号］
施工项目部未建立起重机械台账	施工项目部建立起重机械台账，掌握所使用起重机械数量和安全技术状况，保证全部起重机械完好并取得安全检验合格证	关于印发《国家电网公司电力建设起重机械安全管理重点措施（试行）》的通知［国家电网基建〔2008〕696号］
未建立机械准入整机验收表或确认表	建立机械准入整机验收表或确认表	关于印发《国家电网公司电力建设起重机械安全管理重点措施（试行）》的通知［国家电网基建〔2008〕696号］
1）施工项目部未建立所使用的起重机械动态档案。2）施工项目部未建立安装、运行、保养、维修台账	施工项目部负责建立所使用的起重机械动态档案，填写起重机械安装、变换工况、试验、运行、保养、维修、安全技术交底、故障处理、检查及缺陷整改记录、拆卸、停用、事故记录和交接班记录等，并根据记录进行统计、分析和总结	关于印发《国家电网公司电力建设起重机械安全管理重点措施（试行）》的通知［国家电网基建〔2008〕696号］
主要施工机械无租赁合同、安全协议	施工项目部应留存租赁机械明细、租赁合同协议	关于印发《国家电网公司电力建设起重机械安全管理重点措施（试行）》的通知［国家电网基建〔2008〕696号］
1）施工企业与出租或分包单位未签订合同。2）出租合同未明确各自的有关起重机械安全管理要求和技术状况要求及安拆、起重作业的安全责任等	施工企业与出租或分包单位签订合同时，必须明确各自的有关起重机械安全管理要求和技术状况要求及安拆、起重作业的安全责任等	关于印发《国家电网公司电力建设起重机械安全管理重点措施（试行）》的通知［国家电网基建〔2008〕696号］

违章表现	规程规定	规程依据
施工项目部未留存起重机械安全检验合格证和检验报告	留存起重机械安全检验合格证和检验报告	关于印发《国家电网公司电力建设起重机械安全管理重点措施（试行）》的通知〔国家电网基建〔2008〕696 号〕
1）施工现场未悬挂醒目的机械设备安全操作规程牌。 2）安全操作规程牌未按《国家电网公司输变电工程安全文明施工标准化管理办法》制作	机械设备安全操作规程牌悬挂应醒目、规范，底色、线条以国网绿（C100M5Y50K40）为基本色	关于印发《输变电工程安全文明施工标准》的通知〔国家电网科〔2009〕211 号〕
施工单位（施工项目部）未结合实际情况，按标准化要求为工程现场及施工人员配置相应的安全设施	施工单位（施工项目部）应结合实际情况，按标准化要求为工程现场配置相应的安全设施，为施工人员配备合格的个人防护用品，并做好日常检查、保养等管理工作	《国家电网公司输变电工程安全文明施工标准化管理办法》
1）施工区域未使用安全围栏实施有效隔离。 2）隔离未设置相应的安全警示标志	危险区域与人员活动区域间、带电设备区域与施工区域间、施工作业区域与非施工作业区域间、地下穿越入口和出口区域、设备材料堆放区域与施工区域间应使用安全围栏实施有效的隔离。安全围栏设置相应的安全警示标志	《国家电网公司输变电工程安全文明施工标准化管理办法》
特种作业、特殊工种未经培训合格，无证上岗，或证件过期未复审	特种作业、特殊工种应经培训合格，持证上岗，非此类人员不得从事相关工作	《国家电网公司输变电工程安全文明施工标准化管理办法》
施工方案未按设计文件要求执行	构支架施工应按已批准的设计文件执行	《±800kV 及以下换流站构支架施工及验收规范》GB 50777—2012
构支架施工质量检验未使用经计量检定合格并在使用有效期内的计量器具	构支架施工质量检验应使用经计量检定合格并在使用有效期内的计量器具	《±800kV 及以下换流站构支架施工及验收规范》GB 50777—2012
1）构支架施工前未制定施工方案及安全技术措施。 2）构支架施工实施前施工方案、技术措施未通过批准	构支架施工前应制定施工方案及安全技术措施，并应经批准后再实施	《±800kV 及以下换流站构支架施工及验收规范》GB 50777—2012
起重机械专业技术人员未参与编写起重作业指导书	涉及起重机械作业的施工项目的作业指导书应有相应专业的技术人员参与编写	《国家电网公司电力建设起重机械安全监督管理办法》

违章表现	规程规定	规程依据
1）重大起重吊装作业未单独编写专项作业指导书。 2）作业指导书专业技术人员未参与编写。 3）专项作业指导书编审批未按要求执行。 4）编制人未向参与该项施工的全体施工人员作安全技术交底，并签字确认	重大起重吊装作业应单独编写专项作业指导书，其作业指导书由专业技术人员编写，施工企业工程技术、安全监督、机械管理部门参与会审，总工程师批准，编制人向参与该项施工的全体施工人员作安全技术交底，并签字确认	《国家电网公司电力建设起重机械安全监督管理办法》
1）吊装作业未制定专项施工方案。 2）施工前未对专项施工方案进行审查批准，方案未批准开始进行施工。 3）施工前未对专项施工方案进行审查批准，方案未批准开始进行施工	吊装作业应制定专项施工方案，并经审查批准后方可进行施工	《国家电网公司电力安全工作规程（电网建设部分）（试行）》
施工人员未正确佩戴安全防护用品	进入施工现场的人员应正确佩戴安全帽，根据作业工种或场所需要选配人体防护装备	《电力建设安全工作规程 第3部分：变电站》DL 5009.3—2013 《国家电网公司基建安全管理规定》[国网（基建/2）173—2015]

22.3 作业中

违章表现	规程规定	规程依据
1）从事高处作业的施工人员未佩戴安全带。 2）施工人员垂直攀登过程中的施工人员未配备攀登自锁器，高处短距离垂直移动或水平移动未配备速差自控器、二道防护绳和水平安全绳	从事高处作业的施工人员应佩戴安全带，在杆塔上高处作业的施工人员宜（全高超过80m杆塔应）佩戴全方位防冲击安全带。在垂直攀登过程中的施工人员应配备攀登自锁器，高处短距离垂直移动或水平移动应配备速差自控器、二道防护绳和水平安全绳	《国家电网公司输变电工程安全文明施工标准化管理办法》
1）从事焊接、气割作业的施工人员未配备阻燃防护服、绝缘鞋、绝缘手套、防护面罩、防护眼镜。 2）在高处进行焊接、气割作业时，未配备安全帽与面罩连接式焊接防护面罩和阻燃安全带	从事焊接、气割作业的施工人员应配备阻燃防护服、绝缘鞋、绝缘手套、防护面罩、防护眼镜。在高处进行焊接、气割作业时，应配备安全帽与面罩连接式焊接防护面罩和阻燃安全带	《国家电网公司输变电工程安全文明施工标准化管理办法》

违章表现	规程规定	规程依据
施工人员进入施工现场未佩戴胸卡，着装不整齐，未正确佩戴个人安全防护用品	施工人员进入施工现场应佩戴胸卡，着装整齐，正确佩戴个人安全防护用品	《国家电网公司输变电工程安全文明施工标准化管理办法》
1）高处作业施工方案未编制防止材料、工具高处坠落的措施。2）施工过程中未按要求设置专业监护	高处作业人员在作业全过程中不得失去保护，并有防止工具和材料坠落的措施，按要求设置专人监护	《国家电网公司输变电工程安全文明施工标准化管理办法》
1）起重作业时未对起重范围进行封闭管理，防止人员进入。2）起重作业未正确使用起重工器具，"以小代大"	起重作业中，施工人员不得进入起重臂、抱杆及吊件垂直下方、受力钢丝绳内角侧，应正确使用起重工器具，不得"以小代大"	《国家电网公司输变电工程安全文明施工标准化管理办法》
起吊过程未设置专人监护	起吊过程中应随时注意观察构架柱各杆件的变形情况，发现异常时应停止吊装，并应及时处理	《±800kV 及以下换流站构支架施工及验收规范》GB 50777—2012
构架柱组立后，未立即做好临时接地	构架柱组立后，必须立即做好临时接地	《±800kV 及以下换流站构支架施工及验收规范》GB 50777—2012
1）构支架组立后未立即打牢构架柱的临时拉线。2）拉线大小未根据吊物的重量选定	构支架组立后，必须立即打牢构架柱的临时拉线，拉线大小应根据吊物的重量选定	《±800kV 及以下换流站构支架施工及验收规范》GB 50777—2012
1）地锚未采用水平埋设。2）地锚埋入深度未严格执行施工方案。3）地锚开挖深度未进行隐蔽验收	地锚宜采用水平埋设，其埋入深度应根据地锚的受力大小和土质决定	《±800kV 及以下换流站构支架施工及验收规范》GB 50777—2012
1）临时拉线拆除时，基础灌浆强度未达到设计混凝土强度75%。2）临时拉线拆除时，钢梁及节点上所有紧固件未复紧	基础灌浆强度达到设计混凝土强度75%，且钢梁及节点上所有紧固件都复紧后方可拆除临时拉线	《±800kV 及以下换流站构支架施工及验收规范》GB 50777—2012

违章表现	规程规定	规程依据
1) 起重机械作业项目未按要求办理安全施工作业票。 2) 现场实物铭牌重量大于起重机械额定负荷 90%	重量达到起重机械额定负荷 90% 及以上；两台及以上起重机械抬吊同一物件的起重机械作业项目必须办理安全施工作业票	《国家电网公司电力建设起重机械安全监督管理办法》
横梁、构支架组装时未安排专人指挥	横梁、构支架组装时应设专人指挥，作业人员配合一致，防止挤伤手脚	《国家电网公司电力安全工作规程（电网建设部分）（试行）》
1) 固定构架的临时拉线未使用钢丝绳。 2) 固定在同一个临时地锚上的拉线数量未按要求，超过两根	固定构架的临时拉线应使用钢丝绳，不得使用白棕绳等。固定在同一个临时地锚上的拉线最多不超过两根	《国家电网公司电力安全工作规程（电网建设部分）（试行）》
1) 吊装作业未设置专人负责、统一指挥。 2) 各个临时拉线未设专人松紧。 3) 各个受力地锚未设置专人看护	吊装作业应有专人负责、统一指挥，各个临时拉线应设专人松紧，各个受力地锚应有专人看护	《国家电网公司电力安全工作规程（电网建设部分）（试行）》
1) 吊件离地面约 100mm 时，未停止起吊，全面检查确认。 2) 起吊过程中，吊件摆动不稳，未设置遛绳	吊件离地面约 100mm 时，应停止起吊，全面检查确认无问题后，方可继续，起吊应平稳	《国家电网公司电力安全工作规程（电网建设部分）（试行）》
吊装中引杆段进杯口时，撬棍未反撬	吊装中引杆段进杯口时，撬棍应反撬	《国家电网公司电力安全工作规程（电网建设部分）（试行）》
在杆根部揳铁（木）及临时拉线未固定好之前，就开展登杆作业	在杆根部揳铁（木）及临时拉线未固定好之前，不得登杆作业	《国家电网公司电力安全工作规程（电网建设部分）（试行）》
1) 起吊横梁时，在吊点处未对吊带或钢丝绳采取防磨损措施。 2) 起吊横梁时，未在横梁两端分别系控制绳，控制横梁方位	起吊横梁时，在吊点处应对吊带或钢丝绳采取防磨损措施，并应在横梁两端分别系控制绳，控制横梁方位	《国家电网公司电力安全工作规程（电网建设部分）（试行）》
横梁就位后，未及时固定	横梁就位时，构架上的施工作业人员不得站在节点顶上；横梁就位后，应及时固定	《国家电网公司电力安全工作规程（电网建设部分）（试行）》
二次浇灌混凝土未达到规定的强度时，拆除临时拉线	二次浇灌混凝土未达到规定的强度时，不得拆除临时拉线	《国家电网公司电力安全工作规程（电网建设部分）（试行）》

违章表现	规程规定	规程依据
1）构支架组立完成后，未及时将构支架进行接地。 2）接地网未形成的施工现场，未增设临时接地装置	构支架组立完成后，应及时将构支架进行接地。接地网未形成的施工现场，应增设临时接地装置	《国家电网公司电力安全工作规程（电网建设部分）（试行）》
格构式构架柱吊装作业未严格按照专项施工方案选择吊点，并对吊点位置进行检查	格构式构架柱吊装作业应严格按照专项施工方案选择吊点，并对吊点位置进行检查	《国家电网公司电力安全工作规程（电网建设部分）（试行）》

22.4 恶劣天气注意事项

构架吊装未按要求避开恶劣天气	构架吊装应在晴朗且无六级以上大风、无雷雨、无雪、无浓雾的天气下进行	《±800kV 及以下换流站构支架施工及验收规范》GB 50777—2012

第三篇

电气安装工程施工

23 电 气 安 装

23.1 一般规定

违章表现	规程规定	规程依据
大型或超长设备组件的竖立未按照产品技术文件要求采用两处及以上吊点配合操作	大型或超长设备组件的竖立应按照产品技术文件要求采用两处及以上吊点配合操作，产品特别许可采用直搬法竖立时，底部支撑点应垫实并采取防滑措施	《国家电网公司电力安全工作规程（电网建设部分）（试行）》
1）摘、挂绳索或简单作业存在攀登现象。 2）施工人员在套管上作业，现场未配备高空作业车或登高梯子	禁止攀登断路器、互感器、避雷器、高压套管等设备的绝缘套管	《国家电网公司电力安全工作规程（电网建设部分）（试行）》
对经过带电运行和试验的电容器组作业检查放电工器具未放电	对经过带电运行和试验的电容器组充分放电后方可进行安装和试验	《国家电网公司电力安全工作规程（电网建设部分）（试行）》
1）对电动操作的电气设备，转动机械的电气回路未通过检查、试验，确认控制、保护、测量、信号回路便启动。 2）转动机械在初次启动时就地没有紧急停车设施。 3）远方控制设备进行操作前，系统之间的联系回路及远方控制回路未经过校核。 4）远方控制设备进行操作前，被操作设备现场未设专人监视。 5）远方控制设备进行操作前，系统之间的没有可靠的通信联络	对电动操作的电气设备，所有转动机械的电气回路应通过检查、试验，确认控制、保护、测量、信号回路无误后方可启动，转动机械在初次启动时就地应有紧急停车设施。远方控制设备进行操作前，系统之间的联系回路及远方控制回路应经过校核，被操作设备现场应设专人监视，并有可靠的通信联络	《国家电网公司电力安全工作规程（电网建设部分）（试行）》
1）现场机动车驾驶人员存在无证驾驶现象。 2）运输超高、超宽、超长或重量大的物件时，未制定运输方案及安全技术措施。 3）变电站内运输多件物件卸下部分物件后，车上剩余物件未捆绑，继续运输。	1）现场专用机动车辆应由经培训合格的驾驶人员驾驶。	《国家电网公司电力安全工作规程（电网建设部分）（试行）》

违章表现	规程规定	规程依据
4）驾驶室外及车厢外有载人现象或存在客货混载现象。 5）现场专用机动车辆超载运输。 6）特殊设备运输未有专人领车或监护，或未设必要的标志	2）运输超高、超宽、超长或重量大的物件时，应制定运输方案和安全技术措施。装运物件应垫稳、捆牢，不得超载。行驶时，驾驶室外及车厢外不得载人，时速不得超过15km/h。特殊设备运输应有专人领车、监护，并设必要的标志	《国家电网公司电力安全工作规程（电网建设部分）（试行）》

23.2 油浸变压器、电抗器安装（作业）

违章表现	规程规定	规程依据
1）进行变压器、电抗器内部作业时，未设专人监护。 2）内部作业人员未穿无钮扣、无口袋的工作服、耐油防滑靴等专用防护用品。 3）作业前带入的工具未拴绳、登记。 4）内部作业结束后，未核对清点工具	进行变压器、电抗器内部作业时，通风和安全照明应良好，并设专人监护；作业人员应穿无钮扣、无口袋的工作服、耐油防滑靴等专用防护用品；带入的工具应拴绳、登记、清点，严防工具及杂物遗留在器身内	《电力建设安全工作规程 第3部分：变电站》DL 5009.3—2013 《国家电网公司电力安全工作规程（电网建设部分）（试行）》
1）储油罐和油处理设备未可靠接地。 2）油浸变压器、电抗器在放油及滤油过程中，外壳未可靠接地。 3）油浸变压器、电抗器在放油及滤油过程中，铁芯、夹件未可靠接地。 4）油浸变压器、电抗器在放油及滤油过程中，各侧绕组未可靠接地	油浸变压器、电抗器在放油及滤油过程中，外壳、铁芯、夹件及各侧绕组应可靠接地，储油罐和油处理设备应可靠接地，防止静电火花	《电力建设安全工作规程 第3部分：变电站》DL 5009.3—2013 《国家电网公司电力安全工作规程（电网建设部分）（试行）》
1）储油和油处理现场未配备足够、可靠的消防器材。 2）储油和油处理现场未制定明确的消防责任制。 3）储油和油处理现场 10m 范围内，存在火种或易燃易爆物品。 4）未按生产厂家技术文件要求吊装套管	储油和油处理现场应配备足够、可靠的消防器材，应制定明确的消防责任制，10m 范围内不得有火种及易燃易爆物品	《电力建设安全工作规程 第3部分：变电站》DL 5009.3—2013 《国家电网公司电力安全工作规程（电网建设部分）（试行）》
生产厂家技术文件未放置在作业现场	按生产厂家技术文件要求吊装套管	《电力建设安全工作规程 第3部分：变电站》DL 5009.3—2013 《国家电网公司电力安全工作规程（电网建设部分）（试行）》

违章表现	规程规定	规程依据
1）变压器、电抗器吊罩（吊芯）方式存在不符合规范及产品技术要求。 2）外罩（芯部）落地时未放置在外围干净支垫上，如外罩受条件限制需要在芯部上方进行芯部检查，芯部铁芯上未采用干净垫木支撑。 3）外罩（芯部）在起吊装置未采取安全保护措施即开始芯部检查作业。 4）芯部检查作业过程存在攀登引线木架上下现象。 5）芯部检查作业过程，存在梯子直接靠在线圈或引线上的现象	110kV及以上变压器、电抗器吊芯或吊罩检查应满足下列要求： 1）变压器、电抗器吊罩（吊芯）方式应符合规范及产品技术要求； 2）外罩（芯部）应落地放置在外围干净支垫上，如外罩受条件限制需要在芯部上方进行芯部检查，芯部铁芯上需要采用干净垫木支撑，并在起吊装置采取安全保护措施后再开始芯部检查作业； 3）芯部检查作业过程禁止攀登引线木架上下，梯子不应直接靠在线圈或引线上	《电力建设安全工作规程 第3部分：变电站》DL 5009.3—2013 《国家电网公司电力安全工作规程（电网建设部分）（试行）》
1）变压器进行干燥前未制定安全技术措施。 2）变压器进行干燥前未制定管理制度。 3）干燥变压器使用的电源容量及导线规格未经计算。 4）干燥变压器使用的电源未设置保障措施。 5）干燥变压器使用的电路中未装设继电保护装置。 6）干燥变压器时，在相应位置未装设温控计或使用了水银温度计。 7）干燥变压器未设值班人员和必要的监视设备。 8）干燥变压器未按照要求作记录。 9）采用绕组短路干燥时，有短路线连接不牢固的情况。 10）采用涡流干燥时，未使用绝缘线。 11）连接及干燥过程未采取措施防止触电事故。 12）干燥变压器现场存在易燃物品。 13）干燥变压器现场未配备足够的消防器材。 14）真空热油循环时，变压器各侧绕组未可靠接地。干燥过程变压器外壳未接地	变压器、电抗器干燥应满足下列要求： 1）变压器进行干燥前应制定安全技术措施及管理制度。 2）干燥变压器使用的电源容量及导线规格应经计算，电源应有保障措施，电路中应装设继电保护装置。 3）干燥变压器时，应根据干燥的方式，在相应位置装设温控计，但不应使用水银温度计。 4）干燥变压器应设值班人员和必要的监视设备，并按照要求做好记录。 5）采用绕组短路干燥时，短路线应连接牢固；采用涡流干燥时，应使用绝缘线。连接及干燥过程应采取措施防止触电事故。 6）干燥变压器现场不得放置易燃物品，应配备足够的消防器材。 7）干燥过程变压器外壳应可靠接地。 8）使用真空热油循环进行干燥时，其外壳及各侧绕组应可靠接地	《电力建设安全工作规程 第3部分：变电站》DL 5009.3—2013 《国家电网公司电力安全工作规程（电网建设部分）（试行）》

违章表现	规程规定	规程依据
1) 变压器附件有缺陷需要进行焊接处理时未制定动火方案。 2) 变压器附件有缺陷需要进行焊接处理时未放尽残油。 3) 变压器附件有缺陷需要进行焊接处理时未清理表面油污。 4) 变压器附件存在缺陷需要进行焊接处理时未制定防火安全措施	变压器附件有缺陷需要进行焊接处理时，应制定动火作业安全措施；应放尽残油，除净表面油污，运至安全地点后进行	《电力建设安全工作规程　第3部分：变电站》DL 5009.3—2013 《国家电网公司电力安全工作规程（电网建设部分）（试行）》
1) 变压器引线局部焊接不良需在现场进行补焊时，未制定专项施工方案或专项施工方案未完成编审批。 2) 变压器引线局部焊接不良需在现场进行补焊时，未采取绝热措施。 3) 变压器引线局部焊接不良需在现场进行补焊时，未采取隔离措施	变压器引线局部焊接不良需在现场进行补焊时，应制定专项施工方案并采取绝热和隔离等防火措施	《国家电网公司电力安全工作规程（电网建设部分）（试行）》

23.3 油浸变压器、电抗器安装（投运前）

违章表现	规程规定	规程依据
1) 对已充油的变压器、电抗器的微小渗漏进行补焊时未开具动火工作票。 2) 对已充油的变压器、电抗器的微小渗漏进行补焊时变压器、电抗器的油面存在呼吸不畅通。 3) 对已充油的变压器、电抗器的微小渗漏进行补焊时存在焊接部位在油面以上。 4) 对已充油的变压器、电抗器的微小渗漏进行补焊时未采用气体保护焊或断续的电焊。 5) 进行补焊时，焊点周围油污未清理干净	对已充油的变压器、电抗器的微小渗漏进行补焊时应开具动火工作票并遵守下列规定： 1) 变压器、电抗器的油面呼吸畅通； 2) 焊接部位应在油面以下； 3) 应采用气体保护焊或断续的电焊； 4) 焊点周围油污应清理干净	《国家电网公司电力安全工作规程（电网建设部分）（试行）》
1) 变压器、电抗器投运前电流互感器备用二次端子未短接接地。	变压器、电抗器带电前本体外壳及接地套管等附件应可靠接地，电流互感器备用二次端子应短接接地，全部电气试验合格	《国家电网公司电力安全工作规程（电网建设部分）（试行）》

违章表现	规程规定	规程依据
2）变压器、电抗器投运前本体外壳及接地套管等附件未可靠接地。 3）变压器、电抗器投运前电气试验未完成。 4）变压器、电抗器投运前电气试验存在不合格项	变压器、电抗器带电前本体外壳及接地套管等附件应可靠接地，电流互感器备用二次端子应短接接地，全部电气试验合格	《国家电网公司电力安全工作规程（电网建设部分）（试行）》

23.4 断路器、隔离开关、组合电器安装（准备）

违章表现	规程规定	规程依据
1）项目部管理人员未对施工人员进行安全技术交底。 2）现场施工人员存在未经考试合格进场的情况	施工人员必须进行入场安全教育，经考试合格后方可进场。进入施工现场的人员应正确佩戴安全帽，根据作业工种或场所需要选配人体防护装备	《电力建设安全工作规程　第3部分：变电站》DL 5009.3—2013 《国家电网公司基建安全管理规定》[国网（基建/2）173—2015]
设备安装前，相应配电装置区的主接地网未完成施工	设备安装前，相应配电装置区的主接地网应完成施工	《电气装置安装工程高压电器施工及验收规范》GB 50147—2010
1）110kV及以上断路器、隔离开关、组合电器安装前未编写安全技术措施。 2）110kV及以上断路器、隔离开关、组合电器安装前未进行安全技术交底。 3）安全施工方案未依据安装使用说明书编写。 4）安全技术交底存在内容模糊，缺少针对性	110kV及以上断路器、隔离开关、组合电器安装前应依据安装使用说明书编写施工安全技术措施	《电力建设安全工作规程　第3部分：变电站》DL 5009.3—2013 《国家电网公司电力安全工作规程（电网建设部分）（试行）》

23.5 断路器、隔离开关、组合电器安装（搬运）

违章表现	规程规定	规程依据
1）隔离开关、闸刀型开关的刀闸处在断开位置时搬运开关设备。 2）断路器、传动装置以及有返回弹簧或自动释放的开关，在未锁好时存在搬运开关设备。 3）断路器、传动装置以及有返回弹簧或自动释放的开关，在合闸位置时存在搬运开关设备	在下列情况下不得搬运开关设备： 1）隔离开关、闸刀型开关的刀闸处在断开位置时。 2）断路器、传动装置以及有返回弹簧或自动释放的开关，在合闸位置和未锁好时	《电力建设安全工作规程　第3部分：变电站》DL 5009.3—2013 《国家电网公司电力安全工作规程（电网建设部分）（试行）》

违章表现	规程规定	规程依据
1) 封闭式组合电器在运输和装卸过程中存在倒置、倾翻、碰撞。 2) 封闭式组合电器在运输和装卸过程中未轻装轻卸，存在剧烈振动。 3) 制造厂有特殊规定标记的，未按制造厂的规定装运。 4) 瓷件未放置妥当，在装运过程中倾倒或碰撞	封闭式组合电器在运输和装卸过程中不得倒置、倾翻、碰撞和受到剧烈的振动。制造厂有特殊规定标记的，应按制造厂的规定装运。瓷件应安放妥当，不得倾倒、碰撞	《电力建设安全工作规程 第3部分：变电站》DL 5009.3—2013 《国家电网公司电力安全工作规程（电网建设部分）（试行）》
1) 在风沙、雨雪天气下，存在安装六氟化硫断路器现象。 2) 灭弧室检查组装时，存在空气相对湿度等于或大于80%的现象	六氟化硫断路器安装应在无风沙、无雨雪的天气下；灭弧室检查组装时，空气相对湿度应小于80%	《电气装置安装工程高压电器施工及验收规范》GB 50147—2010
1) 六氟化硫气瓶的安全帽未拧紧。 2) 六氟化硫气瓶未设置防振圈，未设置防倾倒措施。 3) 搬运时未轻装轻卸，存在抛掷、溜放气瓶现象。 4) 气瓶存放场所存在受潮现象。 5) 气瓶存放场所存在通风不好现象。 6) 气瓶存放场所存在阳光强烈现象。 7) 气瓶堆放存在靠近热源和油污。 8) 气瓶阀门上存在水分和油污。 9) 存在六氟化硫气瓶与其他气瓶混放现象	六氟化硫气瓶的搬运和保管，应符合下列要求： 1) 六氟化硫气瓶的安全帽、防振圈应齐全，安全帽应拧紧。搬运时应轻装轻卸，禁止抛掷、溜放。 2) 气瓶应存放在防晒、防潮和通风良好的场所。不得靠近热源和油污的地方，水分和油污不应粘在阀门上。 3) 六氟化硫气瓶不得与其他气瓶混放	《国家电网公司电力安全工作规程（电网建设部分）（试行）》
1) 在调整断路器及传动装置时，未制定防止断路器意外脱扣伤人的可靠措施。 2) 施工作业人员未避开断路器可动部分的动作空间。 3) 液压、气动操动机构存有压力的情况下作业人员进行拆装或检修。	在调整、检修断路器及传动装置时，应有防止断路器意外脱扣伤人的可靠措施，施工作业人员应避开断路器可动部分的动作空间。对于液压、气动及弹簧操动机构，不应在有压力或弹簧储能的状态下进行拆装或检修作业。放松或拉紧断路器的返回弹簧及自动释放机构弹簧时，应使用专用工具，不得快速释放	《电力建设安全工作规程 第3部分：变电站》DL 5009.3—2013 《国家电网公司电力安全工作规程（电网建设部分）（试行）》

违章表现	规程规定	规程依据
4) 弹簧操动机构在储能状态时，作业人员进行拆装或检修。 5) 作业人员在放松或拉紧断路器的返回弹簧时，未使用专用工具。 6) 作业人员在放松或拉紧断路器的返回弹簧时速度过快	在调整、检修断路器及传动装置时，应有防止断路器意外脱扣伤人的可靠措施，施工作业人员应避开断路器可动部分的动作空间。对于液压、气动及弹簧操动机构，不应在有压力或弹簧储能的状态下进行拆装或检修作业。放松或拉紧断路器的返回弹簧及自动释放机构弹簧时，应使用专用工具，不得快速释放	《电力建设安全工作规程 第3部分：变电站》DL 5009.3—2013 《国家电网公司电力安全工作规程（电网建设部分）（试行）》
1) 凡可慢分慢合的断路器，初次动作未按照厂家技术文件要求进行。 2) 断路器操作时，未事先通知高处作业人员及附近作业人员	凡可慢分慢合的断路器，初次动作时应按照厂家技术文件要求进行。断路器操作时，应事先通知高处作业人员及附近作业人员	《电力建设安全工作规程 第3部分：变电站》DL 5009.3—2013 《国家电网公司电力安全工作规程（电网建设部分）（试行）》
1) 隔离开关采用三相组合吊装时，未检查确认框架强度是否符合起吊要求。 2) 隔离开关采用三相组合吊装时，未检查确认框架强度是否符合起吊要求。 3) 隔离开关安装时，在隔离刀刃及动触头横梁范围内有人作业	隔离开关采用三相组合吊装时，应检查确认框架强度符合起吊要求。隔离开关安装时，在隔离刀刃及动触头横梁范围内不得有人作业。必要时应在开关可靠闭锁后方可进行作业	《电力建设安全工作规程 第3部分：变电站》DL 5009.3—2013 《国家电网公司电力安全工作规程（电网建设部分）（试行）》
1) 六氟化硫组合电器安装过程中的平衡调节装置未检查或检查发现平衡调节装置有问题。 2) 六氟化硫组合电器安装过程中的平衡调节装置存在临时支撑不牢固。 3) 在室内充装六氟化硫气体时未开启通风系统。 4) 作业区空气中六氟化硫气体含量超过 $1000\mu L/L$。 5) 入口处未设置若无氟化硫气体含量显示器时，未按照通风15min 后检测六氟化硫气体含量是否合格的方式进行。 6) 存在作业人员独自进入六氟化硫配电装置室内作业现象。	六氟化硫组合电器安装过程中的平衡调节装置应检查完好，临时支撑应牢固。所有螺栓的紧固均应使用力矩扳手，其力矩值应符合产品的技术规定。 在六氟化硫电气设备上及周围的作业应遵守下列规定： 1) 在室内充装六氟化硫气体时应开启通风系统，作业区空气中六氟化硫气体含量不得超过 $1000\mu L/L$。 2) 作业人员进入含有六氟化硫电气设备的室内时，入口处若无六氟化硫气体含量显示器，应先通风 15min，并检测六氟化硫气体含量是否合格，禁止单独一人进入六氟化硫配电装置室内作业。	《电力建设安全工作规程 第3部分：变电站》DL 5009.3—2013 《国家电网公司电力安全工作规程（电网建设部分）（试行）》

违章表现	规程规定	规程依据
7）事先未检测含氧量，存在作业人员进入六氟化硫电气设备低位区域或电缆沟进行作业现象。 8）事先未检测六氟化硫气体含量，存在作业人员进入六氟化硫电气设备低位区域进行作业现象。 9）在打开充气设备密封盖作业前，作业人员未确认内部压力是否全部释放。 10）取出六氟化硫断路器、组合电器中的吸附物时，作业人员未使用防护手套、护目镜及防毒口罩、防毒面具（或正压式空气呼吸器）等个人防护用品。 11）清出的吸附剂、金属粉末等废物未按照规定进行处理。 12）在设备额定压力为0.1MPa及以上时，压力瓷套周围存在有可能碰撞瓷套的作业。 13）在设备额定压力为0.1MPa及以上，周围存在有可能碰撞瓷套的作业时，事先未对压力瓷套采取保护措施。 14）断路器未充气到额定压力状态进行分、合闸操作。 15）安装紧固螺栓时未使用力矩扳手	3）进入六氟化硫电气设备低位区域或电缆沟进行作业时，应先检测含氧量（不低于18%）和六氟化硫气体含量（不超过1000μL/L）是否合格。 4）在打开充气设备密封盖作业前，应确认内部压力已经全部释放。 5）取出六氟化硫断路器、组合电器中的吸附物时，应使用防护手套、护目镜及防毒口罩、防毒面具（或正压式空气呼吸器）等个人防护用品，清出的吸附剂、金属粉末等废物应按照规定进行处理。 6）在设备额定压力为0.1MPa及以上时，压力瓷套周围不应进行有可能碰撞瓷套的作业，否则应事先对瓷套采取保护措施。 7）断路器未充气到额定压力状态不应进行分、合闸操作	《电力建设安全工作规程 第3部分：变电站》DL 5009.3—2013 《国家电网公司电力安全工作规程（电网建设部分）（试行）》

23.6 串补装置、滤波器安装（准备）

违章表现	规程规定	规程依据
1）项目部管理人员未对施工人员进行安全技术交底。 2）施工人员未正确佩戴安全防护用品	施工人员必须进行入场安全教育，经考试合格后方可进场。进入施工现场的人员应正确佩戴安全帽，根据作业工种或场所需要选配人体防护装备	《电力建设安全工作规程 第3部分：变电站》DL 5009.3—2013 《国家电网公司基建安全管理规定》[国网（基建/2）173—2015]

违章表现	规程规定	规程依据
1）500kV 及以上的串联补偿装置绝缘平台安装应编制专项施工方案，未经专家组审核、总工程师批准。 2）500kV 及以上的串联补偿装置绝缘平台安装专项施工方案未绘制施工平面布置图。 3）绝缘平台吊装、就位过程中存在不平稳现象。 4）绝缘平台就位时存在个别绝缘子受力超载。 5）绝缘平台就位时存在支撑绝缘子受力不均现象。 6）绝缘平台就位调整固定前未采取临时拉线。 7）斜拉绝缘子的就位及调整固定过程中起重机械未保持起吊受力状态。 8）绝缘平台斜拉绝缘子调整固定未完成，解除了临时拉线等安全保护措施。 9）专项施工方案未经专家讨论组审核付诸实施。 10）专项施工方案未经总工程师批准付诸实施	500kV 及以上的串联补偿装置绝缘平台安装应编制专项施工方案，经专家组审核、总工程师批准后实施。并满足下列要求： 1）绘制施工平面布置图。 2）绝缘平台吊装、就位过程中应平衡、平稳，就位时各支撑绝缘子应均匀受力，防止单个绝缘子超载。 3）绝缘平台就位调整固定前应采取临时拉线，斜拉绝缘子的就位及调整固定过程中起重机械应保持起吊受力状态。 4）绝缘平台斜拉绝缘子就位及调整固定完成后，方可解除临时拉线等安全保护措施	《电力建设安全工作规程 第3部分：变电站》DL 5009.3—2013 《国家电网公司电力安全工作规程（电网建设部分）（试行）》

23.7 串补装置、滤波器安装（作业）

违章表现	规程规定	规程依据
1）支撑式电容器组安装前，绝缘子未调节支撑。 2）悬挂式电容器组安装前，结构紧固螺栓复查未完成。 3）起吊用的用品、用具存在违规现象。 4）单层滤波器整体吊装时在设备两端未系控制绳。 5）设备开始吊离地面约100mm 时，未检查吊点受力和平衡，起吊过程中存在滤波器层架失衡现象。	交流（直流）滤波器安装应遵守下列规定： 1）支撑式电容器组安装前，绝缘子支撑调节完成并锁定。悬挂式电容器组安装前，结构紧固螺栓复查完成。 2）起吊用的用品、用具应符合要求，单层滤波器整体吊装应在两端系绳控制，防止摆动过大，设备开始吊离地面约100mm 时，应仔细检查吊点受力和平衡，起吊过程中保持滤波器层架平衡。 3）吊车、升降车、链条葫芦的使用应在专人指挥下进行。 4）安装就位高处组件时应有高处作业防护措施。	《电力建设安全工作规程 第3部分：变电站》DL 5009.3—2013 《国家电网公司电力安全工作规程（电网建设部分）（试行）》

违章表现	规程规定	规程依据
6）吊车、升降车的使用未在专人指挥下进行。 7）链条葫芦的使用未在专人指挥下进行。 8）安装就位高处组件时未设置高处作业防护措施。 9）高处作业工器具未使用专用工具袋（箱）。 10）高处作业存在晃动过大致使工器具滑落现象。 11）高处平台对接时，有人员从平台区域内下方进入	5）高处作业工器具应使用专用工具袋（箱）并放置可靠，以免晃动过大致使工具滑落。 6）高处平台对接时，平台区域内下方不得有人员进入	《电力建设安全工作规程 第3部分：变电站》DL 5009.3—2013 《国家电网公司电力安全工作规程（电网建设部分）（试行）》

23.8 互感器、避雷器安装

违章表现	规程规定	规程依据
1）起吊索未固定在专门的吊环上。 2）存在利用伞裙作为吊点进行吊装的现象。 3）项目部管理人员未对施工人员进行安全技术交底	起吊索应固定在专门的吊环上，并不得碰伤瓷套，禁止利用伞裙作为吊点进行吊装	《国家电网公司电力安全工作规程（电网建设部分）（试行）》 《国家电网公司基建安全管理规定》[国网（基建/2）173—2015]
1）运输、放置、安装、就位未按产品技术要求执行。 2）运输、放置、安装、就位期间造成倾倒或遭受机械损伤	运输、放置、安装、就位应按产品技术要求执行，期间应防止倾倒或遭受机械损伤	《国家电网公司电力安全工作规程（电网建设部分）（试行）》
500kV及以上或单台容量10Mvar及以上的干式电抗器安装前未依据安装使用说明书编写安全施工措施	500kV及以上或单台容量10Mvar及以上的干式电抗器安装前应依据安装使用说明书编写安全施工措施	《国家电网公司电力安全工作规程（电网建设部分）（试行）》
1）吊具未使用产品专用吊具或制造厂认可的吊具。 2）电抗器吊装、就位过程未采取平衡、平稳措施，就位时各个支撑绝缘子未均匀受力，存在单个绝缘子超过其允许受力现象。 3）电抗器就位后，安全保护措施未完善即进行电抗器下部的作业	±800kV及以上或重量30t及以上的干式电抗器安装应编制专项施工方案并满足下列要求： 1）吊具应使用产品专用吊具或制造厂认可的吊具。 2）电抗器吊装、就位过程应平衡、平稳，就位时各个支撑绝缘子应均匀受力，防止单个绝缘子超过其允许受力。 3）电抗器就位后，在安全保护措施完善后方可进行电抗器下部的作业	《国家电网公司电力安全工作规程（电网建设部分）（试行）》

23.9 穿墙套管安装

违章表现	规程规定	规程依据
1）500kV 及以上或单台容量 10Mvar 及以上的干式电抗器安装前未依据安装使用说明书编写施工安全施工措施。 2）项目部管理人员未对施工人员进行技术交底	220kV 及以上穿墙套管安装前应依据安装使用说明书编写施工安全技术措施	《国家电网公司电力安全工作规程（电网建设部分）（试行）》 《国家电网公司基建安全管理规定》[国网（基建/2）173—2015]
大型穿墙套管安装吊具未使用产品专用吊具或制造厂认可的吊具	大型穿墙套管安装吊具应使用产品专用吊具或制造厂认可的吊具	《国家电网公司电力安全工作规程（电网建设部分）（试行）》
1）大型穿墙套管吊装、就位过程未采取平衡、平稳措施，未做到统一指挥。 2）高处作业人员使用的高处作业机具或作业平台存在安全隐患	大型穿墙套管吊装、就位过程应平衡、平稳，两侧联系应通畅，应统一指挥；高处作业人员使用的高处作业机具或作业平台应安全可靠	《国家电网公司电力安全工作规程（电网建设部分）（试行）》 《电力建设安全工作规程 第3部分：变电站》DL 5009.3—2013
1）高处作业未系好安全带，安全点的安全绳未挂在上方的牢固可靠处。 2）高处作业人员存在衣着不灵便，衣袖、裤脚未扎紧，未穿软底防滑鞋。 3）在作业过程中，高处作业人员未随时检查安全带是否栓牢，存在转移作业位置时失去保护。 4）高处作业未设安全监护人	高处作业应系好安全带，安全点的安全绳应挂在上方的牢固可靠处。高处作业人员应衣着灵便，衣袖、裤脚应扎紧，穿软底鞋。在作业过程中，高处作业人员应随时检查安全带是否栓牢，在转移作业位置时不得失去保护。高处作业应设安全监护人	《国家电网公司电力安全工作规程（电网建设部分）（试行）》 《电力建设安全工作规程 第3部分：变电站》DL 5009.3—2013

23.10 换流阀厅设备安装

违章表现	规程规定	规程依据
1）阀厅内设备安装的高处作业，未正确使用专用升降平台，未做好安全防护措施。 2）专用升降平台操作人员未经过培训或存在培训不合格	阀厅内设备安装的高处作业，应正确使用专用升降平台，做好安全防护措施。专用升降平台操作人员应经过培训合格	《国家电网公司电力安全工作规程（电网建设部分）（试行）》
悬吊式阀塔设备吊装未从上而下，吊装过程中未保持水平	悬吊式阀塔设备吊装应从上而下，吊装过程中应注意保持水平	《国家电网公司电力安全工作规程（电网建设部分）（试行）》

违章表现	规程规定	规程依据
阀冷却系统的设备和管道未可靠接地，冷却水系统未通过压力密封试验	阀冷却系统的设备和管道应可靠接地，冷却水系统应通过压力密封试验	《国家电网公司电力安全工作规程（电网建设部分）（试行）》

23.11 蓄电池组安装

违章表现	规程规定	规程依据
1）蓄电池存放地点未清洁。 2）蓄电池存放地点不通风。 3）蓄电池存放地点存在潮湿现象	蓄电池存放地点应清洁、通风、干燥	《国家电网公司电力安全工作规程（电网建设部分）（试行）》
蓄电池搬运时存在触碰极柱现象	搬运电池时不得触动极柱和安全阀	《国家电网公司电力安全工作规程（电网建设部分）（试行）》
蓄电池开箱时，存在使用撬棍利用蓄电池作为支点	蓄电池开箱时，撬棍不得利用蓄电池作为支点，防止损坏蓄电池	《国家电网公司电力安全工作规程（电网建设部分）（试行）》
1）蓄电池室照明未完善。 2）蓄电池室通风未完善。 3）蓄电池室采暖设施未完善	蓄电池室应在设备安装前完善照明、通风和取暖设施	《国家电网公司电力安全工作规程（电网建设部分）（试行）》
蓄电池室内存在烟火现象	蓄电池安装过程及完成后室内禁止烟火	《国家电网公司电力安全工作规程（电网建设部分）（试行）》
1）蓄电池安装和搬运过程未戴绝缘手套。 2）蓄电池安装和搬运过程未戴围裙。 3）蓄电池安装和搬运过程未戴护目镜	安装或搬运蓄电池时应戴绝缘手套、围裙和护目镜	《国家电网公司电力安全工作规程（电网建设部分）（试行）》
蓄电池安装和搬运过程中酸液泄漏溅落到人体上未立即用苏打水和清水冲洗	蓄电池酸液泄漏溅落到人体上应立即用苏打水和清水冲洗	《国家电网公司电力安全工作规程（电网建设部分）（试行）》
蓄电池安装过程使用未带绝缘手柄的工具	紧固电极连接件时所用工具要带有绝缘手柄，应避免蓄电池组短路	《国家电网公司电力安全工作规程（电网建设部分）（试行）》
1）蓄电池安装过程存在不符合技术文件要求现象。 2）蓄电池安装过程存在人为随意开启安全阀的情况	安装免维护蓄电池组应符合产品技术文件要求，不得人为随意开启安全阀	《国家电网公司电力安全工作规程（电网建设部分）（试行）》

违章表现	规程规定	规程依据
1) 配制和存放电解液未用耐碱器具。 2) 未做到将碱慢慢倒入蒸馏水或去离子水中。 3) 未用干净耐碱棒进行搅动。 4) 存在将水倒入电解液的情况	配制和存放电解液应用耐碱器具,并将碱慢慢倒入蒸馏水或去离子水中,并用干净耐碱棒搅动,禁止将水倒入电解液中	《国家电网公司电力安全工作规程(电网建设部分)(试行)》
1) 装有催化栓的蓄电池初充电前未将催化栓旋下。 2) 蓄电池充电过程中存在随意旋动催化栓。 3) 初充电全过程结束后未装上催化栓	装有催化栓的蓄电池初充电前应将催化栓旋下,等初充电全过程结束后重新装上	《国家电网公司电力安全工作规程(电网建设部分)(试行)》
1) 带有电解液并配有专用防漏运输螺塞的蓄电池,初充电前未取下运输螺塞。 2) 带有电解液并配有专用防漏运输螺塞的蓄电池,初充电前未换上有孔气塞。 3) 带有电解液并配有专用防漏运输螺塞的蓄电池,检查液面时,存在液面低于下液面线	带有电解液并配有专用防漏运输螺塞的蓄电池,初充电前应取下运输螺塞换上有孔气塞,并检查液面,液面不应低于下液面线	《国家电网公司电力安全工作规程(电网建设部分)(试行)》
未按产品技术文件规定标准安装蓄电池	产品技术文件的规定标准	《国家电网公司电力安全工作规程(电网建设部分)(试行)》

23.12 盘、柜安装

违章表现	规程规定	规程依据
1) 未填写《安全施工作业票》。 2) 盘、柜在安装前对安装位置未清理干净,并操平。 3) 盘、柜在安装地点拆箱后,未立即将箱板等杂物清理干净	1) 应在土建条件满足要求时,方可进行盘、柜安装。 2) 盘、柜在安装地点拆箱后,应立即将箱板等杂物清理干净,以免阻塞通道或钉子扎脚,并将盘、柜搬运至安装地点摆放或安装,防止受潮、雨淋	《国家电网公司电力安全工作规程(电网建设部分)(试行)》
1) 撬动就位时存在人力不足的情况。 2) 盘、柜底加垫时,未使用合适的撬动工具。	1) 盘、柜就位要防止倾倒伤人和损坏设备,撬动就位时人力应足够,指挥应统一。狭窄处应防止挤伤。	《国家电网公司电力安全工作规程(电网建设部分)(试行)》

违章表现	规程规定	规程依据
3）存在使用电焊固定开关柜。 4）未见防止倾倒的措施。 5）安装就位后未立即将全部安装螺栓紧好，存在浮放现象	2）盘、柜底加垫时不得将手伸入底部，防止安装时挤轧手脚	《国家电网公司电力安全工作规程（电网建设部分）（试行）》
作业人员未将就位点周围的孔洞盖严。作业人员未将电缆进口用铁板盖严，未设专人进行监护。未在作业面附近配备消防器材	1）开关柜、屏就位前，作业人员应将就位点周围的孔洞盖严，避免作业人员摔伤。 2）用电焊固定开关柜时，作业人员必须将电缆进口用铁板盖严，防止焊渣将电缆烫坏，应设专人进行监护。 3）应在作业面附近配备消防器材	《国家电网公司输变电工程施工安全风险识别、评估及预控措施管理办法》[国网（基建/3）176—2015] 三/4.1.3
施工区周围的孔洞存在松动盖板	施工区周围的孔洞应采取措施可靠的遮盖，防止人员摔伤	《国家电网公司输变电工程施工安全风险识别、评估及预控措施管理办法》[国网（基建/3）176—2015] 三/4.1.4
1）未设立临时运行设备名称及编号标志。 2）带电系统与非带电系统未设置明显可靠的隔断措施及带电安全标志。 3）需带电区域未设专人监管	高压开关柜、低压配电屏、保护盘、控制盘及各式操作箱等需要部分带电时，应符合下列规定： 1）需要带电的系统，其所有设备的接线确已安装调试完毕，并应设立临时运行设备名称及编号标志。 2）带电系统与非带电系统应有明显可靠的隔断措施，并应设带电安全标志。 3）部分带电的装置应遵守运行的有关管理规定，并设专人管理	《国家电网公司输变电工程施工安全风险识别、评估及预控措施管理办法》[国网（基建/3）176—2015] 三/4.1.5

23.13 母线安装/软母线安装

违章表现	规程规定	规程依据
1）测量母线档距时未编制专项安全措施。下绝缘子串时未使用梯子。 2）在带电体周围存在使用钢卷尺、夹有金属丝皮卷尺和线尺等进行测量作业，使用导线直接测量作业现象。 3）施工作业人员在横梁上量尺未系安全带	测量母线档距时应有安全措施，在带电体周围禁止使用钢卷尺、夹有金属丝皮卷尺和线尺等进行测量作业，宜使用光学仪器进行测量	《国家电网公司电力安全工作规程（电网建设部分）（试行）》

违章表现	规程规定	规程依据
1) 放线人员在线盘前面存在停留、走动现象。 2) 存在使用无齿锯切割导线现象	1) 放线应统一指挥，线盘应架设平稳，导线应从盘的上方引出，放线人员不得站在线盘的前面，当放到最后几圈时，应采取措施防止导线突然蹦出伤人。 2) 截取导线时，严禁使用无齿锯切割，应使用手锯或切割器，防止导线产生倒钩伤手	《国家电网公司输变电工程施工安全风险识别、评估及预控措施管理办法》[国网（基建/3)176—2015]
压接操作过程中未设置专人监视压力表读数	导线压接用的液压机的压力表应完好，液压机的油位应正常。压接操作过程中应有专人监视压力表读数，禁止超压或在夹盖未固定到位的状态下使用	《国家电网公司电力安全工作规程（电网建设部分）（试行）》
1) 新架设的母线与带电母线邻近或平行时未接地。 2) 架线时导线下方存在施工人员站立或行走	1) 新架设的母线与带电母线邻近或平行时应接地。 2) 母线架设应统一指挥，在架线时导线下方不得有人站立或行走	《国家电网公司电力安全工作规程（电网建设部分）（试行）》
软母线引下线与设备连接前未进行临时固定	软母线引下线与设备连接前应进行临时固定，不得任意悬空摆动	《国家电网公司电力安全工作规程（电网建设部分）（试行）》
1) 未填写《安全施工作业票A》。 2) 作业人员存在上下抛物现象。 3) 安装跳线未见升降车、骑杆等。 4) 未填写《安全施工作业票A》。 5) 测量人员存在攀爬设备绝缘子现象。 6) 现场未见升降车或梯子。未见下绝缘子串梯子。 7) 测量人员未系安全带。 8) 单绝缘子串未采取骑杆等安全防范措施	1) 填写《安全施工作业票A》。应进行跳线长度测量，测量人员在使用竹竿骑行作业时，应将安全绳系在横梁上，严禁测量人员不借用任何物件只身骑绝缘子测量。 2) 安装跳线时，宜用升降车或骑杆作业，此时作业人员应带工具袋和传递绳，严禁上下抛物	《国家电网公司输变电工程施工安全风险识别、评估及预控措施管理办法》[国网（基建/3)176—2015]
1) 未填写《安全施工作业票A》。 2) 作业人员未按要求穿戴个人防护装备	硬母线焊接时应通风良好，作业人员应穿戴个人防护装备	《国家电网公司电力安全工作规程（电网建设部分）（试行）》
1) 未填写《安全施工作业票A》。 2) 硬母线预拱或弯制时，存在作业人员随意在设备顶各方向走动、站立	硬母线预拱或弯制时，作业人员禁止站在设备顶进方向侧	《国家电网公司电力安全工作规程（电网建设部分）（试行）》

违章表现	规程规定	规程依据
1）管型母线放置未设置安全提示栏、警示牌。 2）管型母线未采取防止滚动的措施或放置存在材料、工具较乱	管型母线放置应采取防止滚动和隔离警示的措施	《国家电网公司电力安全工作规程（电网建设部分）（试行）》
1）安全技术措施内未制定多点吊装。 2）新安装的硬母线与带电母线邻近或平行时未接地	大跨距管型母线吊装时宜采用吊车多点吊装并制定安全技术措施。新安装的硬母线与带电母线邻近或平行时应接地	《国家电网公司电力安全工作规程（电网建设部分）（试行）》

23.14 电缆安装

违章表现	规程规定	规程依据
在开挖邻近地下管线的电缆沟时，未取得业主提供的有关地下管线等的资料，未按设计要求制定开挖方案，并未报监理和业主确认	在开挖邻近地下管线的电缆沟时，应取得业主提供的有关地下管线等的资料，按设计要求制定开挖方案并报监理和业主确认	《国家电网公司电力安全工作规程（电网建设部分）（试行）》
电缆敷设前，电缆沟及电缆夹层内未清理干净，存在照明不充足的情况	电缆敷设前，电缆沟及电缆夹层内应清理干净，并应有足够的照明	《国家电网公司电力安全工作规程（电网建设部分）（试行）》
1）线盘架设未选用与线盘相匹配的放线架，存在放线架摆放失衡现象。 2）放线人员未站在线盘的侧后方施工。 3）当放到线盘上的最后几圈时，未采取防止电缆突然蹦出的措施	线盘架设应选用与线盘相匹配的放线架，且架设平稳。放线人员应站在线盘的侧后方。当放到线盘上的最后几圈时，应采取措施防止电缆突然蹦出	《国家电网公司电力安全工作规程（电网建设部分）（试行）》
电缆敷设时，存在盘边缘距地面小于100mm，电缆盘转动力量不均匀现象	电缆敷设时，盘边缘距地面不得小于100mm，电缆盘转动力量要均匀，速度要缓慢平稳	《国家电网公司电力安全工作规程（电网建设部分）（试行）》
电缆敷设未由专人指挥、未统一行动，并未设置明确的联系信号，存在人员肢体受伤的风险	电缆敷设应由专人指挥、统一行动，并有明确的联系信号，不得在无指挥信号时随意拉引，以防人员肢体受伤	《国家电网公司电力安全工作规程（电网建设部分）（试行）》
1）机械敷设电缆时，在牵引端未制作电缆拉线头，存在牵引速度不均匀，未遵守操作规程，未加强巡视，存在联络信号不可靠的情况。	机械敷设电缆时，在牵引端宜制作电缆拉线头，保持匀速牵引，应遵守有关操作规程，加强巡视，有可靠的联络信号。电缆敷设时应特别注意多台机械运行中的衔接配合与拐弯处的情况	《国家电网公司电力安全工作规程（电网建设部分）（试行）》

违章表现	规程规定	规程依据
2）电缆敷设时未注意多台机械运行中的衔接配合与拐弯处的情况	机械敷设电缆时，在牵引端宜制作电缆拉线头，保持匀速牵引，应遵守有关操作规程，加强巡视，有可靠的联络信号。电缆敷设时应特别注意多台机械运行中的衔接配合与拐弯处的情况	《国家电网公司电力安全工作规程（电网建设部分）（试行）》
电缆敷设时，在电缆或桥、支架上存在攀吊或行走的情况	电缆敷设时，不得在电缆或桥、支架上攀吊或行走	《国家电网公司电力安全工作规程（电网建设部分）（试行）》
1）电缆通过孔洞、管子或楼板时，两侧未设专人监护。2）入口侧未设置防止电缆被卡或手被带入孔内的防护措施，出口侧存在人员正面接引	电缆通过孔洞、管子或楼板时，两侧应设专人监护。入口侧应防止电缆被卡或手被带入孔内，出口侧的人员不得在正面接引	《国家电网公司电力安全工作规程（电网建设部分）（试行）》
1）在高处、临边敷设电缆时，未采取防坠落措施。2）直接站在梯式电缆架上作业时，未核实其强度。3）强度不够时，未采取加固措施。4）存在攀登组合式电缆架、吊架和电缆的现象	在高处、临边敷设电缆时，应有防坠落措施。直接站在梯式电缆架上作业时，应核实其强度。强度不够时，应采取加固措施。不应攀登组合式电缆架、吊架和电缆	《国家电网公司电力安全工作规程（电网建设部分）（试行）》
电缆敷设时，拐弯处的作业人员未站在电缆外侧	电缆敷设时，拐弯处的作业人员应站在电缆外侧	《国家电网公司电力安全工作规程（电网建设部分）（试行）》
电缆敷设时，临时打开的孔洞未设围栏或安全标志，完工后未立即封闭	电缆敷设时，临时打开的孔洞应设围栏或安全标志，完工后立即封闭	《国家电网公司电力安全工作规程（电网建设部分）（试行）》
进入带电区域内敷设电缆时，未取得运维单位同意，未办理工作票，未设专人监护，未采取安全措施，未保持安全距离，存在踩踏运行电缆、误碰运行设备	进入带电区域内敷设电缆时，应取得运维单位同意，办理工作票，设专人监护，采取安全措施，保持安全距离，防止误碰运行设备，不得踩踏运行电缆	《国家电网公司电力安全工作规程（电网建设部分）（试行）》
热缩电缆头制作需动火时未开具动火工作票，未落实动火安全责任和措施	热缩电缆头制作需动火时应开具动火工作票，落实动火安全责任和措施	《国家电网公司电力安全工作规程（电网建设部分）（试行）》
作业场所5m内存在易燃易爆物品	作业场所5m内应无易燃易爆物品，通风良好	《国家电网公司电力安全工作规程（电网建设部分）（试行）》
火焰枪气管和接头未密封良好	火焰枪气管和接头应密封良好	《国家电网公司电力安全工作规程（电网建设部分）（试行）》

违章表现	规程规定	规程依据
做完电缆头后未及时熄灭火焰枪（喷灯），并未清除杂物	做完电缆头后应及时熄灭火焰枪（喷灯），并清除杂物	《国家电网公司电力安全工作规程（电网建设部分）（试行）》

23.15 电气试验、调整及启动

违章表现	规程规定	规程依据
1）存在试验人员缺少试验专业知识现象，未充分了解被试设备和所用试验设备、仪器的性能。 2）试验设备未检验合格，使用存在缺陷及可能危及人身或设备安全的设备	试验人员应具有试验专业知识，充分了解被试设备和所用试验设备、仪器的性能。试验设备应合格有效，不得使用有缺陷及有可能危及人身或设备安全的设备	《国家电网公司电力安全工作规程（电网建设部分）（试行）》
1）进行系统调试作业前，未能全面了解系统设备状态。 2）对与运行设备有联系的系统进行调试未办理工作票，并未采取隔离措施及专人监护	进行系统调试作业前，应全面了解系统设备状态。对与运行设备有联系的系统进行调试应办理工作票，同时采取隔离措施，并设专人监护	《国家电网公司电力安全工作规程（电网建设部分）（试行）》
通电试验过程中，存在试验和监护人员中途离开的情况	通电试验过程中，试验和监护人员不得中途离开	《国家电网公司电力安全工作规程（电网建设部分）（试行）》
1）试验电源未按电源类别、相别、电压等级合理布置，未在明显位置设立安全标志。 2）试验场所未设置良好的接地线，试验台上及台前未根据要求铺设橡胶绝缘垫	试验电源应按电源类别、相别、电压等级合理布置，并在明显位置设立安全标志。试验场所应有良好的接地线，试验台上及台前应根据要求铺设橡胶绝缘垫	《国家电网公司电力安全工作规程（电网建设部分）（试行）》

23.16 高压试验

违章表现	规程规定	规程依据
1）高压试验设备和被试验设备的接地端或外壳未可靠接地，低压回路中未设置过载自动保护装置的开关。 2）接地线未采用多股编织裸铜线或外覆透明绝缘层铜质软绞线或铜带，接地线的截面未能满足相应试验项目要求，小于4mm²。 3）动力配电装置上所用的接地线其截面存在小于25mm²的现象	高压试验设备和被试验设备的接地端或外壳应可靠接地，低压回路中应有过载自动保护装置的开关并串用双极刀闸。接地线应采用多股编织裸铜线或外覆透明绝缘层铜质软绞线或铜带，接地线的截面应能满足相应试验项目要求，但不得小于4mm²。动力配电装置上所用的接地线其截面不得小于25mm²	《国家电网公司电力安全工作规程（电网建设部分）（试行）》

违章表现	规程规定	规程依据
现场高压试验区域未设置遮栏或围栏，未向外悬挂"止步，高压危险！"的安全标志牌，未设专人看护，被试设备两端未在同一地点时，另一端并未同时派人看守	现场高压试验区域应设置遮栏或围栏，向外悬挂"止步，高压危险！"的安全标志牌，并设专人看护，被试设备两端不在同一地点时，另一端应同时派人看守	《国家电网公司电力安全工作规程（电网建设部分）（试行）》
电气设备在进行耐压试验前，未测定绝缘电阻，测量绝缘电阻时，被试设备未与电源断开，测量用的导线未使用相应电压等级的绝缘导线，其端部未使用绝缘套	电气设备在进行耐压试验前，应先测定绝缘电阻，测量绝缘电阻时，被试设备应与电源断开，测量用的导线应使用相应电压等级的绝缘导线，其端部应有绝缘套	《国家电网公司电力安全工作规程（电网建设部分）（试行）》
高压引线的接线未固定牢固，未采用专用的高压试验线，试验中的高压引线及高压带电部件至邻近物体及遮栏的距离存在小于表 13 的规定	高压引线的接线应牢固，并采用专用的高压试验线，试验中的高压引线及高压带电部件至邻近物体及遮栏的距离应大于表 13 的规定	《国家电网公司电力安全工作规程（电网建设部分）（试行）》
合闸前未检查接线，包括使用规范的短路线，表计倍率、量程、调压器零位及仪表的开始状态未能保证正确无误，未通知现场人员离开高压试验区域	合闸前应先检查接线，包括使用规范的短路线，表计倍率、量程、调压器零位及仪表的开始状态均正确无误，并通知现场人员离开高压试验区域	《国家电网公司电力安全工作规程（电网建设部分）（试行）》
1) 高压试验未有监护人监视操作，未经试验负责人许可，擅自加压。 2) 加压过程中，存在监护人传达口令不清楚、不准确，操作人员未复述应答的情况	高压试验应有监护人监视操作，试验负责人许可后，方可加压。加压过程中，监护人传达口令应清楚准确，操作人员应复述应答	《国家电网公司电力安全工作规程（电网建设部分）（试行）》
高压试验操作人员未穿绝缘靴或站在绝缘台（垫）上，并未戴绝缘手套	高压试验操作人员应穿绝缘靴或站在绝缘台（垫）上，并戴绝缘手套	《国家电网公司电力安全工作规程（电网建设部分）（试行）》
试验用电源未设置断路明显的开关和电源指示灯	试验用电源应有断路明显的开关和电源指示灯。更改接线或试验结束时，应首先断开试验电源，再进行充分放电，并将升压设备的高压部分短路接地	《国家电网公司电力安全工作规程（电网建设部分）（试行）》
更改接线或试验结束时，未首先断开试验电源，再进行充分放电，并未将升压设备的高压部分短路接地	试验用电源应有断路明显的开关和电源指示灯。更改接线或试验结束时，应首先断开试验电源，再进行充分放电，并将升压设备的高压部分短路接地	《国家电网公司电力安全工作规程（电网建设部分）（试行）》

违章表现	规程规定	规程依据
试验中人员与带电体的安全距离,对应被试验设备的电压等级未满足表 17 的规定	试验中人员与带电体的安全距离,对应被试验设备的电压等级应满足表 17 的规定	《国家电网公司电力安全工作规程(电网建设部分)(试行)》
1) 对高压试验设备和试品放电未使用接地棒,或接地棒绝缘长度未按安全作业的要求选择,存在最小长度小于 1000mm,其中绝缘部分小于 700mm。 2) 试验后被试设备未充分放电,从接地棒接触高压试验设备和试品高压端至试验人员能接触的时间存在短于 3min,对大容量试品的放电时间存在小于 5min。 3) 放电后未将接地棒挂在高压端,未保持接地状态	对高压试验设备和试品放电应使用接地棒,接地棒绝缘长度按安全作业的要求选择,但最小长度不得小于 1000mm,其中绝缘部分不得小于 700mm。试验后被试设备应充分放电。从接地棒接触高压试验设备和试品高压端至试验人员能接触的时间不短于 3min,对大容量试品的放电时间应大于 5min。放电后应将接地棒挂在高压端,保持接地状态,再次试验前取下	《国家电网公司电力安全工作规程(电网建设部分)(试行)》
对大电容的直流试验设备和试品,以及直流试验电压超过 100kV 的设备和试品接地放电时,未先用带电阻的接地棒或临时代用的放电电阻放电	对大电容的直流试验设备和试品,以及直流试验电压超过 100kV 的设备和试品接地放电时,应先用带电阻的接地棒或临时代用的放电电阻放电,然后再直接接地或短路放电	《国家电网公司电力安全工作规程(电网建设部分)(试行)》
遇有雷电、雨、雪、雹、雾和六级以上大风时未停止高压试验	遇有雷电、雨、雪、雹、雾和六级以上大风时应停止高压试验	《国家电网公司电力安全工作规程(电网建设部分)(试行)》
试验中发生异常情况,未立即断开电源,并未经充分放电及接地,就进行检查	试验中如发生异常情况,应立即断开电源,并经充分放电.接地后方可检查	《国家电网公司电力安全工作规程(电网建设部分)(试行)》
试验结束后,未检查被试设备上有无遗忘的工具、导线及其他物品,未拆除临时围栏或标志旗绳,未将被试验设备恢复原状	试验结束后,应检查被试设备上有无遗忘的工具、导线及其他物品,拆除临时围栏或标志旗绳,并将被试验设备恢复原状	《国家电网公司电力安全工作规程(电网建设部分)(试行)》

23.17　换流站直流高压试验

违章表现	规程规定	规程依据
1) 进行晶闸管(可控硅)高压试验前,未停止区域内其他作业,未撤离无关人员。 2) 进行低压通电试验时,试验人员与试验带电体保持 0.5m 以上的安全距离,并且存在试验人员接触阀塔屏蔽罩的行为	进行晶闸管(可控硅)高压试验前,应停止区域内其他作业,撤离无关人员。进行低压通电试验时,试验人员应与试验带电体保持 0.7m 以上的安全距离,试验人员不得接触阀塔屏蔽罩	《国家电网公司电力安全工作规程(电网建设部分)(试行)》

违章表现	规程规定	规程依据
1）地面试验人员与阀体层人员未保持联系，存在发生误加压。 2）阀体作业层未设专责监护人（在与阀体作业层平行的升降车上监护、指挥），加压过程中未有人监护并复述	地面试验人员与阀体层人员应保持联系，防止误加压。阀体作业层应设专责监护人（在与阀体作业层平行的升降车上监护、指挥），加压过程中应有人监护并复述	《国家电网公司电力安全工作规程（电网建设部分）（试行）》
换流变压器高压试验前未通知阀厅内高压穿墙套管侧无关人员撤离，并未设置专人监护	换流变压器高压试验前应通知阀厅内高压穿墙套管侧无关人员撤离，并派专人监护	《国家电网公司电力安全工作规程（电网建设部分）（试行）》
阀厅内高压穿墙套管试验加压前，阀厅外侧换流变压器等设备上有无关人员，且未确认其余绕组是否已可靠接地，未派专人监护	阀厅内高压穿墙套管试验加压前应通知阀厅外侧换流变压器等设备上无关人员撤离，确认其余绕组均已可靠接地，并派专人监护	《国家电网公司电力安全工作规程（电网建设部分）（试行）》
高压直流系统带线路空载加压试验前，未确认对侧换流站相应的直流线路接地刀闸、极母线出线隔离开关、金属回线隔离开关应在拉开状态	高压直流系统带线路空载加压试验前，应确认对侧换流站相应的直流线路接地刀闸、极母线出线隔离开关、金属回线隔离开关在拉开状态	《国家电网公司电力安全工作规程（电网建设部分）（试行）》
单极金属回线运行时，存在直接对停运极进行空载加压试验的情况	单极金属回线运行时，不应对停运极进行空载加压试验	《国家电网公司电力安全工作规程（电网建设部分）（试行）》
背靠背高压直流系统一侧进行空载加压试验前，未检查另一侧换流变压器应处于冷备用状态	背靠背高压直流系统一侧进行空载加压试验前，应检查另一侧换流变压器是否处于冷备用状态	《国家电网公司电力安全工作规程（电网建设部分）（试行）》

23.18 二次回路传动试验及其他

违章表现	规程规定	规程依据
对电压互感器二次回路进行通电试验前，其二次回路与电压互感器未断开，一次回路与系统未采取隔离措施（未拉开隔离开关或未取下高压熔断器）	对电压互感器二次回路做通电试验时，二次回路应与电压互感器断开，一次回路应与系统隔离，拉开隔离开关或取下高压侧熔断器	《国家电网公司电力安全工作规程（电网建设部分）（试行）》
对电磁感应式电流互感器一次侧进行通电试验时，未采取防止二次回路开路的可靠措施，未使用短路片或短路线，存在直接用导线缠绕的情况	对电磁感应式电流互感器一次侧进行通电试验时，二次回路禁止开路，短路接地应使用短接片或短接线，禁止用导线缠绕	《国家电网公司电力安全工作规程（电网建设部分）（试行）》

违章表现	规程规定	规程依据
进行与已运行系统有关的继电保护、自动装置及监控系统调试时，未将有关部分断开或隔离，未申请退出运行。 做一、二次传动或一次通电时未事先通知，缺少运维人员和有关人员配合作业，存在误操作	进行与已运行系统有关的继电保护、自动装置及监控系统调试时，应将有关部分断开或隔离，申请退出运行，做一、二次传动或一次通电时应事先通知，必要时应有运维人员和有关人员配合作业，严防误操作	《国家电网公司电力安全工作规程（电网建设部分）（试行）》
1）运行屏上拆接线时未在端子排外侧进行，拆开的线未包好，存在可能发生误碰其他运行回路、将运行中的电流互感器二次回路开路及电压互感器二次回路短路、接地现象。 2）拆除与运行设备有关联回路时，未先拆运行设备端，后拆另一端。拆除其余回路时，未先拆电流端，后拆另一端。 3）二次回路接线时，未先接扩建设备侧，后接运行设备侧	运行屏上拆接线时应在端子排外侧进行，拆开的线应包好，并注意防止误碰其他运行回路，禁止将运行中的电流互感器二次回路开路及电压互感器二次回路短路、接地。拆除与运行设备有关联回路时，应先拆运行设备端，后拆另一端。其余回路一般先拆电源端，后拆另一端。二次回路接线时，应先接扩建设备侧，后接运行设备侧	《国家电网公司电力安全工作规程（电网建设部分）（试行）》
做断路器、隔离开关、有载调压装置等主设备远方传动试验时，主设备处未设专人监视，未设置通信联络及相应应急措施	做断路器、隔离开关、有载调压装置等主设备远方传动试验时，主设备处应设专人监视，并应有通信联络及相应应急措施	《国家电网公司电力安全工作规程（电网建设部分）（试行）》
测量二次回路绝缘电阻时，被试系统内未切断全部电源，被试系统内其他作业未告知暂停	测量二次回路的绝缘电阻时，被试系统内应切断电源，其他作业应暂停	《国家电网公司电力安全工作规程（电网建设部分）（试行）》
试验人员使用钳形电流表时，未检查核对钳形电流表电压等级是否与被测电压相等。 测量时未戴绝缘手套或未站在绝缘垫上	使用钳形电流表时，其电压等级应与被测电压相符。测量时应戴绝缘手套、站在绝缘垫上	《国家电网公司电力安全工作规程（电网建设部分）（试行）》
使用钳形电流表测量高压电缆线路电流时，未设专人监护，存在钳形电流表与高压电缆裸露部分的距离小于《安规》表14所列对应数值	使用钳形电流表测量高压电缆线路的电流时，应设专人监护，钳形电流表与高压裸露部分的距离应不小于表14所列数值	《国家电网公司电力安全工作规程（电网建设部分）（试行）》
在光纤回路测试时，未采取防止激光刺伤眼睛的相应防护措施	在光纤回路测试时应采取相应的防护措施，防止激光对人眼造成伤害	《国家电网公司电力安全工作规程（电网建设部分）（试行）》

违章表现	规程规定	规程依据
1）调试人员不熟悉智能变电站技术特点。 2）调试人员不熟悉本站网络结构、SCD 文件及待校验装置配置、涉及的交换机连接及 VLAN 划分方式	熟悉智能变电站技术特点，熟悉本站网络结构、SCD 文件及待校验装置配置、涉及的交换机连接及 VLAN 划分方式	《国家电网公司电力安全工作规程（电网建设部分）（试行）》
1）调试人员未熟悉待校验装置与运行设备（包括交换机等）的隔离点。 2）施工人员未做好安全隔离措施。 3）对做隔离措施拔出保护跳闸出口的光纤，未盖上护套并做好记录、标识	应熟悉待校验装置与运行设备（包括交换机等）的隔离点，做好安全隔离措施，必要时可以拔出保护跳闸出口的光纤，盖上护套并做好记录、标识	《国家电网公司电力安全工作规程（电网建设部分）（试行）》
1）智能变电站调试的试验仪器未符合 DL/T 624《继电保护微机型试验装置技术条件》的规定。 2）智能变电站调试的试验仪器未经检验或检验未合格	应符合 DL/T 624《继电保护微机型试验装置技术条件》的规定，并检验合格	《国家电网公司电力安全工作规程（电网建设部分）（试行）》
1）试验前待校验装置的检修压板未处于投入状态。 2）调试人员未确认装置输出报文带检修位	试验前应确保待校验装置的检修压板处于投入状态，并确认装置输出报文带检修位	《国家电网公司电力安全工作规程（电网建设部分）（试行）》
1）调试人员未将受影响范围内的保护装置退出相应间隔。 2）调试人员未按规定申请保护装置和一次设备退出运行	对智能终端和合并单元进行试验时，应明确其影响范围。在影响范围内的保护装置应退出相应间隔，必要时可以申请保护装置和一次设备退出运行	《国家电网公司电力安全工作规程（电网建设部分）（试行）》
1）试验中调试人员未核对停役设备的范围。 2）调试人员未核实运行中各合并单元的检修压板的状态	试验中应核对停役设备的范围，不得投入运行中合并单元的检修压板	《国家电网公司电力安全工作规程（电网建设部分）（试行）》
试验过程中将随身携带的笔记本等未经过网络安全检验的设备直接接入变电站网络交换机	试验过程中禁止将随身携带的笔记本等未经过网络安全检验的设备直接接入变电站网络交换机	《国家电网公司电力安全工作规程（电网建设部分）（试行）》
1）装置内远方修改定值软压板未退出。 2）远方修改软压板未退出。 3）远方修改定值区功能未退出	智能化保护设备功能的投退皆由软压板实现。装置校验时，装置内远方修改定值、远方修改软压板、远方修改定值区功能应退出，保证校验过程中软压板不会误投退	《国家电网公司电力安全工作规程（电网建设部分）（试行）》

违章表现	规程规定	规程依据
1）调试人员未按记录、标识恢复每个端口的光纤，并未核对其与校验前一致。 2）调试人员未检查装置通信恢复情况。 3）调试人员未确认所有装置连接正确无断链告警	校验结束后，应按记录、标识恢复每个端口的光纤，并核对其与校验前一致，检查装置通信恢复情况，确认所有装置连接正确无断链告警	《国家电网公司电力安全工作规程（电网建设部分）（试行）》
1）传动前，未将合并单元、控制保护装置、智能终端设备的检修压板合上。 2）试验完成后，调试人员未将所有检修压板退出	传动前，应将合并单元、控制保护装置、智能终端设备的检修压板合上。试验完成后，再将所有检修压板退出	《国家电网公司电力安全工作规程（电网建设部分）（试行）》
1）未检查确认通道及出口、隔离设施、孔洞封堵、沟道盖板、屋面质量情况。 2）未检查确认照明、消防效果质量情况。 3）未检查确认房门、网门、盘门锁及安全标志完整性。 4）未检查确认人员组织配套、操作保护用具完整性。 5）未检查确认工作接地及保护接地应符合设计要求。 6）未检查确认通信联络设施应足够、可靠。 7）未检查确认所有开关设备均处于断开位置。 8）未检查确认所有待启动设备是否存在施工及试验的遗留物	电气设备及电气系统的安装调试作业全部完成后，在通电及启动前应检查是否已做好以下工作： 1）通道及出口畅通，隔离设施完善，孔洞堵严，沟道盖板完整，屋面无漏雨、渗水情况。 2）照明充足、完善，有适合于电气灭火的消防设施。 3）房门、网门、盘门该锁的已锁好，安全标志明显、齐全。 4）人员组织配套完善，操作保护用具齐备。 5）工作接地及保护接地符合设计要求。 6）通信联络设施足够、可靠。 7）所有开关设备均处于断开位置。 8）所有待启动设备不得有施工及试验的遗留物	《国家电网公司电力安全工作规程（电网建设部分）（试行）》
未经许可、登记，擅自进行检查和检修、安装作业	完成各项作业检查、办理交接，并离开将要带电的设备及系统，未经许可、登记，不得擅自再进行任何检查和检修、安装作业	《国家电网公司电力安全工作规程（电网建设部分）（试行）》
1）设备附近未设遮栏。 2）设备附近未装设安全标志牌或派专人看守	电气设备准备启动或带电时，其附近应设遮栏及安全标志牌或派专人看守	《国家电网公司电力安全工作规程（电网建设部分）（试行）》
1）未组织有关人员检查试验回路。 2）未严格做好运行设备、调试设备和施工中设备的安全隔离作业	在启动调试之前，应组织有关人员检查试验回路，严格做好运行设备、调试设备和施工中设备的安全隔离作业	《国家电网公司电力安全工作规程（电网建设部分）（试行）》

违章表现	规程规定	规程依据
1) 未挂有相应的标志牌，或未使用遮栏、红白带等警示装置。 2) 高压外接分压器处未采取安全遮栏等特殊警示措施，未派专人看管	启动时，被试设备或外接试验设备处，应挂有相应的标志牌，或使用遮栏、红白带等警示装置，高压外接分压器处应采取安全遮栏等特殊警示措施，并派专人看管	《国家电网公司电力安全工作规程（电网建设部分）（试行）》
启动过程的操作未按照相关规定执行	带电或启动条件具备后，应由指挥人员按启动方案指挥实施，启动过程的操作应按照相关规定执行	《国家电网公司电力安全工作规程（电网建设部分）（试行）》
1) 试验和操作人员未严格按照启动调试指挥系统的命令进行作业。 2) 试验中发生电气设备异常事故，未立即停止试验，试验人员未退出现场。 3) 试验中发生电气设备异常事故未按调试指挥及调度部门要求进行处理	试验和操作人员应严格按照启动调试指挥系统的命令进行作业。试验中一旦发生电气设备异常事故，应立即停止试验，试验人员退出现场，由调试指挥及调度部门进行处理	《国家电网公司电力安全工作规程（电网建设部分）（试行）》
在一次设备、控制保护屏等运行设备上引取测量信号时，未办理工作票	在一次设备、控制保护屏等运行设备上引取测量信号时，应办理工作票	《国家电网公司电力安全工作规程（电网建设部分）（试行）》
1) 测量引线未选用合适规格导线。 2) 导线连接未固定牢固、可靠	所有测量引线应选用合适规格导线，连接牢固可靠，防止出现破损、过热、拉脱、轧断或松动等意外，确保电流互感器二次回路不得开路、电压互感器二次回路不得短路、套管末屏不得开路	《国家电网公司电力安全工作规程（电网建设部分）（试行）》
1) 由开关场引入的临时测量电缆与从控制保护屏引出的测量引线，未分开布置。 2) 测量设备电源未加隔离变压器；来自两地的测量电缆接到同一测试设备，未将其中一处来的信号加以隔离	由开关场引入的临时测量电缆与从控制保护屏引出的测量引线，应分开布置，且测量设备电源应加隔离变压器。如需将来自两地的测量电缆接到同一测试设备，则应将其中一处来的信号加以隔离	《国家电网公司电力安全工作规程（电网建设部分）（试行）》
1) 在配电设备及母线送电以前，未将该段母线的所有回路断开。 2) 未逐一接通所需回路	在配电设备及母线送电以前，应先将该段母线的所有回路断开，然后再逐一接通所需回路，防止窜电至其他设备	《国家电网公司电力安全工作规程（电网建设部分）（试行）》

続表

违章表现	规程规定	规程依据
1）作业开始前工作票未经运维人员许可，未检查相应的安全措施。 2）未设置防止操作过程中电流互感器二次回路开路、电压互感器二次回路短路的措施。 3）带负荷切换二次电流回路时，操作人员未站在绝缘垫上或未穿绝缘鞋。 4）操作过程未设专人监护	用系统电压、负荷电流检查保护装置时应做到： 1）作业开始前工作票应经运维人员许可，并检查相应的安全措施。 2）应有防止操作过程中电流互感器二次回路开路、电压互感器二次回路短路的措施。 3）带负荷切换二次电流回路时，操作人员应站在绝缘垫上或穿绝缘鞋。 4）操作过程应有专人监护	《国家电网公司电力安全工作规程（电网建设部分）（试行）》
未按照系统调试方案和系统调试调度实施方案执行	换流站工程系统调试阶段应按照系统调试方案和系统调试调度实施方案执行，禁止进行系统调试指挥许可之外的工作	《国家电网公司电力安全工作规程（电网建设部分）（试行）》
存在擅自进行系统调试指挥许可之外的工作的情况	换流站工程系统调试阶段应按照系统调试方案和系统调试调度实施方案执行，禁止进行系统调试指挥许可之外的工作	《国家电网公司电力安全工作规程（电网建设部分）（试行）》
换流站工程试运行阶段，由运维单位代行管理的设备设施，其维修、消缺、测试未按照运维单位要求办理工作票许可	换流站工程试运行阶段，由运维单位代行管理的设备设施，其维修、消缺、测试均应按照运维单位要求办理工作票许可后方可进行	《国家电网公司电力安全工作规程（电网建设部分）（试行）》
电气设备及电气系统安装调试作业全部完成后，在通电及启动前： 1）通道及出口不畅通，隔离设施不完善，孔洞未堵严，沟道盖板不完整，屋面存在漏雨、渗水情况。 2）照明不充足、待完善，没有适合于电气灭火的消防设施。 3）房门、网门、盘门未锁好，安全标志不明显。 4）人员组织配套不完善，操作保护用具不齐。 5）工作接地及保护接地不符合设计要求。 6）通信联络设施不足、可靠性不强。 7）开关设备没有全部处于断开位置。 8）所有待启动设备存在施工及试验的遗留物	电气设备及电气系统的安装调试作业全部完成后，在通电及启动前应检查是否已做好以下工作： 1）通道及出口畅通，隔离设施完善，孔洞堵严，沟道盖板完整，屋面无漏雨、渗水情况。 2）照明充足、完善，有适合于电气灭火的消防设施。 3）房门、网门、盘门该锁的已锁好，安全标志明显、齐全。 4）人员组织配套完善，操作保护用具齐备。 5）工作接地及保护接地符合设计要求。 6）通信联络设施足够、可靠。 7）所有开关设备均处于断开位置。 8）所有待启动设备不得有施工及试验的遗留物	《国家电网公司电力安全工作规程（电网建设部分）（试行）》

违章表现	规程规定	规程依据
完成各项作业检查、交接办理后还没有离开将要带电的设备及系统，经许可、登记后，又擅自再进行检查、检修、安装作业	完成各项作业检查、办理交接，并离开将要带电的设备及系统，未经许可、登记，不得擅自再进行任何检查和检修、安装作业	《国家电网公司电力安全工作规程（电网建设部分）（试行）》
电气设备准备启动或带电时，其附近未设遮栏及标志牌或派专人看守	电气设备准备启动或带电时，其附近应设遮栏及安全标志牌或派专人看守	《国家电网公司电力安全工作规程（电网建设部分）（试行）》
在启动调试前，未组织有关人员检查试验回路，被调试设备、运行设备及施工设备之间的安全隔离措施未完善	在启动调试之前，应组织有关人员检查试验回路，严格做好运行设备、调试设备和施工中设备的安全隔离作业	《国家电网公司电力安全工作规程（电网建设部分）（试行）》
启动时，被试设备或外接试验设备未挂相应的标志牌或未设置遮栏等警示装置，高压外接分压器处未采用安全遮栏等特殊警示措施，未派专人看管，即开始启动操作	启动时，被试设备或外接试验设备处，应挂有相应的标志牌，或使用遮栏、红白带等警示装置，高压外接分压器处应采取安全遮栏等特殊警示措施，并派专人看管	《国家电网公司电力安全工作规程（电网建设部分）（试行）》
设备带电或启动，指挥人员未按启动方案指挥措施，启动过程的操作未按照相关规定执行	带电或启动条件具备后，应由指挥人员按启动方案指挥实施，启动过程的操作应按照相关规定执行	《国家电网公司电力安全工作规程（电网建设部分）（试行）》
启动试验中发生电气设备异常事故，试验人员未能立即停止试验并退出现场	试验和操作人员应严格按照启动调试指挥系统的命令进行作业。试验中一旦发生电气设备异常事故，应立即停止试验，试验人员退出现场，由调试指挥及调度部门进行处理	《国家电网公司电力安全工作规程（电网建设部分）（试行）》
在一次设备、控制保护屏等运行设备引取测量信号，试验操作人员未办理工作票	在一次设备、控制保护屏等运行设备上引取测量信号时，应办理工作票	《国家电网公司电力安全工作规程（电网建设部分）（试行）》
存在试验用测量引线老旧，部分引线出现破损、线径选择未能满足热稳定的要求，线芯断股等缺陷	所有测量引线应选用合适规格导线，连接牢固可靠，防止出现破损、过热、拉脱、轧断或松动等意外，确保电流互感器二次回路不得开路、电压互感器二次回路不得短路、套管末屏不得开路	《国家电网公司电力安全工作规程（电网建设部分）（试行）》
从开关场引来的临时测量用电缆，及从控制保护屏引出的测量引线，未能分开布置，且测量设备电源未串接隔离变压器。测量需要将两路测量电缆接入同一测量设备，未将其中一路信号采取隔离措施	由开关场引入的临时测量电缆与从控制保护屏引出的测量引线，应分开布置，且测量设备电源应加隔离变压器。如需将来自两地的测量电缆接到同一测试设备，则应将其中一处来的信号加以隔离	《国家电网公司电力安全工作规程（电网建设部分）（试行）》

违章表现	规程规定	规程依据
在配电设备及母线送电前,未先将该段母线所接全部回路断开	在配电设备及母线送电以前,应先将该段母线的所有回路断开,然后再逐一接通所需回路,防止窜电至其他设备	《国家电网公司电力安全工作规程(电网建设部分)(试行)》
用系统电压、负荷电流检查保护装置时,出现以下状况: 1)作业开始前工作票未经运维人员许可,并没有检查相应的安全措施。 2)没有防止操作过程中电流互感器二次回路开路、电压互感器二次回路短路的措施。 3)带负荷切换二次电流回路时,操作人员没有站在绝缘垫上或穿绝缘鞋。 4)操作过程未有专人监护	用系统电压、负荷电流检查保护装置时应做到: 1)作业开始前工作票应经运维人员许可,并检查相应的安全措施。 2)应有防止操作过程中电流互感器二次回路开路、电压互感器二次回路短路的措施。 3)带负荷切换二次电流回路时,操作人员应站在绝缘垫上或穿绝缘鞋。 4)操作过程应有专人监护	《国家电网公司电力安全工作规程(电网建设部分)(试行)》
换流站工程系统调试阶段未按照系统调试方案和系统调试调度实施方案执行,存在系统调试指挥许可之外的工作	换流站工程系统调试阶段应按照系统调试方案和系统调试调度实施方案执行,禁止进行系统调试指挥许可之外的工作	《国家电网公司电力安全工作规程(电网建设部分)(试行)》
换流站工程试运行阶段,由运维单位代行管理的设备设施,其维修、消缺、测试均未按照运维单位的要求,办理工作票许可手续	换流站工程试运行阶段,由运维单位代行管理的设备设施,其维修、消缺、测试均应按照运维单位要求办理工作许可后方可进行	《国家电网公司电力安全工作规程(电网建设部分)(试行)》
1)电动升降平台操作人未经过培训。 2)电动升降平台未设置维护、保养记录。 3)施工作业人员在电动升降平台上作业未使用安全带	电动升降平台使用: 1)电动升降平台应有经过培训的专人操作。 2)电动升降平台应有维护、保养记录,不得改动电动升降平台的控制回路。 3)电动升降平台的支撑防护应符合产品技术文件要求。 4)在电动升降平台上作业应使用安全带	《国家电网公司电力安全工作规程(电网建设部分)(试行)》

23.19 变电站施工专业机具使用

违章表现	规程规定	规程依据
1）操作负责人未经过施工单位、相关机构或设备制造厂的专门培训。 2）施工现场未配备设备的操作使用说明书或对应所使用设备而编制的操作手册。 3）所使用的设备未设置维护、保养记录。 4）现场消防器材存在配备缺少现象	1）设备使用现场应确定操作负责人，操作负责人应经过。施工单位、相关机构或设备制造厂的专门培训。 2）使用现场应配备设备的操作使用说明书或对应所使用设备而编制的操作手册。所使用的设备应有维护、保养记录。 3）现场应制定防火措施，并按照规定配齐消防器材	《国家电网公司电力安全工作规程（电网建设部分）（试行）》
1）滤油机及油系统的金属管道未采取防静电的接地措施。 2）滤油设备采用油加热器时，存在油泵、加热器同时投入现象	1）滤油机及油系统的金属管道应采取防静电的接地措施。 2）滤油设备采用油加热器时，应先开启油泵，后投加热器；停机时操作顺序相反	《国家电网公司电力安全工作规程（电网建设部分）（试行）》
1）叉车驾驶及操作人员未经过相关机构或设备制造厂的专门培训。 2）叉车使用未设置维护、保养记录。 3）叉车使用前对行驶、升降、倾斜等机构未检查。 4）存在汽车驾驶人员操作叉车的情况	叉车驾驶及操作人员应经过相关机构或设备制造厂的专门培训。叉车应有产品检验合格证件，应有使用过程的维护、保养记录。叉车使用前应对行驶、升降、倾斜等机构进行检查	《国家电网公司电力安全工作规程（电网建设部分）（试行）》
1）高架车驾驶及操作人员未经过相关机构或设备制造厂的专门培训。 2）斗车上的作业人员未经过专门培训认定即在斗车上进行操作。 3）高架车未提供产品检验合格证件，未设置使用过程的维护、保养记录	1）高架车驾驶及操作人员应经过相关机构或设备制造厂的专门培训。斗车上的作业人员需要经过专门培训认定后，方可在斗车上进行操作。 2）高架车应有产品检验合格证件，应有使用过程的维护、保养记录	《国家电网公司电力安全工作规程（电网建设部分）（试行）》
1）吊车起吊操作未提供合格证件。 2）高处作业平台未设置使用、试验、维护与保养记录	吊车检验合格证件及驾驶操作合格证件报审手续完备，合格证件在有效期内。高处作业平台应参照 GB/T 9465《高空作业车》和 GB 19155《高处作业吊篮》的规定使用、试验、维护与保养	《国家电网公司电力安全工作规程（电网建设部分）（试行）》

违章表现	规程规定	规程依据
1）利用吊车作为支撑点的高处作业平台未经计算、验证。 2）未编制安全管理规定及操作规程,高处作业平台操作人员未接受相关高处作业平台使用的技术交底。 3）高处作业平台上的作业人员未使用安全带。 4）未经施工单位技术负责人批准便使用	利用吊车作为支撑点的高处作业平台应经计算、验证,并编制使用安全管理规定及操作规程,经施工单位技术负责人批准后方可使用。利用吊车作为支撑点的高处作业平台使用时,操作人员除需具备驾驶操作合格证件外,还需要接受相关高处作业平台使用的技术交底并记录在案。在高处作业平台上的作业人员应使用安全带	《国家电网公司电力安全工作规程(电网建设部分)(试行)》

24 改、扩建工程

24.1 一般规定

违章表现	规程规定	规程依据
1）施工项目部在运行区内作业未办理工作票。 2）工作票内工作负责人、工作票签发人必须在设备管理单位颁布的"三种人"名单内。 3）工作票必须执行"双签发"形式	应严格执行 Q/GDW 1799.1—2013《国家电网公司电力安全工作规程 变电部分》的相关规定，在运行区内作业应办理工作票	《国家电网公司电力安全工作规程（电网建设部分）（试行）》
1）施工项目部未在开工前编制施工区域与运行部分的物理和电气隔离方案。 2）隔离方案未经设备运维单位会审确认	开工前，施工单位应编制施工区域与运行部分的物理和电气隔离方案，并经设备运维单位会审确认	《国家电网公司电力安全工作规程（电网建设部分）（试行）》
1）施工项目部未经设备运维单位批准使用站内检修电源。 2）施工电源未从指定的动力箱内引出	当使用站内检修电源时，应经设备运维单位批准后在指定的动力箱内引出，不得随意变动	《国家电网公司电力安全工作规程（电网建设部分）（试行）》
1）作业人员独自一人移开或越过遮栏进行作业。 2）作业人员移开遮栏作业安全距离未达到《国家电网公司电力安全工作规程（电网建设部分）》的规定	无论高压设备是否带电，作业人员不得单独移开或越过遮栏进行作业；若有必要移开遮栏时，应有监护人在场，并符合《国家电网公司电力安全工作规程（电网建设部分）》规定的安全距离	《国家电网公司电力安全工作规程（电网建设部分）（试行）》
1）工作票签发人未经设备运维单位或由设备运维单位确认的其他单位培训合格。 2）工作票负责人未经设备运维单位或由设备运维单位确认的其他单位培训合格。 3）工作票负责人和工作票签发人未报设备运维单位名单备案	工作票负责人和工作票签发人应经过设备运维单位或由设备运维单位确认的其他单位培训合格，并报设备运维单位备案	《国家电网公司电力安全工作规程（电网建设部分）（试行）》
1）施工单位未向运行单位提交建设管理单位与施工单位签订的安全协议和技术交底。 2）运行单位未对所有进站人员进行安全交底	施工单位向运行单位提交建设管理单位与施工单位签订的安全协议和技术交底。运行单位必须对所有进站人员进行安全交底	《国家电网公司输变电工程施工安全风险识别、评估及预控措施管理办法》[国网（基建3）176—2015]

违章表现	规程规定	规程依据
1）施工项目部未设专职安全人员。 2）施工作业期间专职安全人员不在现场	必须设专职安全人员，进行施工全过程的安全监护，不得脱岗，严禁只设兼职安全员	《国家电网公司输变电工程施工安全风险识别、评估及预控措施管理办法》[国网〔基建3〕176—2015]
1）施工项目部未针对三级及以上风险作业编制专项施工方案。 2）三级及以上风险作业未填写《安全施工作业票B》	户外土建间隔扩建施工、户外邻近带电作业、户内设备安装、运行盘柜上二次接线、二次接入带电系统等作业内容固有风险等级为三级，需编写专项施工方案，填写《安全施工作业票B》	《国家电网公司输变电工程施工安全风险识别、评估及预控措施管理办法》[国网〔基建3〕176—2015]
1）需要高压设备全部停电、部分停电或做安全措施的工作未办理变电站第一种工作票。 2）不需要将高压设备停电者或做安全措施的工作未填用变电站第二种工作票	下列情况应填用变电站第一种工作票： 1）需要高压设备全部停电、部分停电或做安全措施的工作。 2）在高压设备继电保护、安全自动装置和仪表、自动化监控系统等及其二次回路上工作，需将高压设备停电或做安全措施者。 3）通信系统同继电保护、安全自动装置等复用通道（包括载波、微波、光纤通道等）的检修、联动试验需将高压设备停电或做安全措施者。 4）在经继电保护出口跳闸的相关回路上工作，需将高压设备停电或做安全措施者	《国家电网公司电力安全工作规程（电网建设部分）（试行）》
施工项目部未在运行区域的交通通道设置安全标志	进入改、扩建工程运行区域的交通通道应设置安全标志，站内运输其安全距离应满足《国家电网公司电力安全工作规程（电网建设部分）》的规定	《国家电网公司电力安全工作规程（电网建设部分）（试行）》
1）作业人员在运行的变电站及高压配电室搬运梯子、线材等长物时未放倒搬运。 2）作业人员在运行的变电站及高压配电室搬运梯子、线材等长物时未由两人搬运。 3）作业人员在运行的变电站及高压配电室搬运长物时与带电设备未保持安全距离	在运行的变电站及高压配电室搬动梯子、线材等长物时，应放倒两人搬运，并应与带电部分保持安全距离	《国家电网公司电力安全工作规程（电网建设部分）（试行）》
1）作业人员在运行的变电站手持非绝缘物件时超过本人的头顶。 2）作业人员在运行的变电站设备区内撑伞	在运行的变电站手持非绝缘物件时不应超过本人的头顶，设备区内禁止撑伞	《国家电网公司电力安全工作规程（电网建设部分）（试行）》

违章表现	规程规定	规程依据
在带电设备周围，使用钢卷尺、皮卷尺和线尺（夹有金属丝者）等非绝缘量具或仪器进行测量	在带电设备周围，禁止使用钢卷尺、皮卷尺和线尺（夹有金属丝者）进行测量作业，应使用相关绝缘量具或仪器进行测量	《国家电网公司电力安全工作规程（电网建设部分）（试行）》
作业人员在带电设备区域内或邻近带电母线处使用金属梯子	在带电设备区域内或邻近带电母线处，禁止使用金属梯子	《国家电网公司电力安全工作规程（电网建设部分）（试行）》
施工现场可能漂浮的物体未随时固定或清除	施工现场应随时固定或清除可能漂浮的物体	《国家电网公司电力安全工作规程（电网建设部分）（试行）》
在变电站（配电室）中进行扩建时，已就位的新设备及母线未及时完善接地装置连接	在变电站（配电室）中进行扩建时，已就位的新设备及母线应及时完善接地装置连接	《国家电网公司电力安全工作规程（电网建设部分）（试行）》
1）运行区域设备及设施拆除作业前未先进行验电。 2）原有安全设施的完整性受到破坏未采取措施。 3）拆除旧电缆时未从一端开始。 4）拆除旧电缆时从中间切断。 5）拆除旧电缆时任意拖拉。 6）拆除有张力的软导线时未缓慢施放。 7）弃置的动力电缆头、控制电缆头，除有短路接地外，未做标示未记录，没有绝缘隔离措施	运行区域设备及设施拆除作业： 1）确认被拆的设备或设施不带电，并做好安全措施。 2）不得破坏原有安全设施的完整性。 3）防止因结构受力变化而发生破坏或倾倒。 4）拆除旧电缆应从一端开始，不得在中间切断或任意拖拉。 5）拆除有张力的软导线时应缓慢施放。 弃置的动力电缆头、控制电缆头，除有短路接地外，应一律视为有电	《国家电网公司电力安全工作规程（电网建设部分）（试行）》

24.2 临近带电体作业

违章表现	规程规定	规程依据
施工项目部未在邻近带电体作业全过程设专人监护	邻近带电体作业时，施工全过程应设专人监护	《国家电网公司电力安全工作规程（电网建设部分）（试行）》
1）加装的个人保安接地线未记录在工作票上 2）作业人员加装的个人保安接地线，施工作业人员没有自装自拆	在平行或邻近带电设备部位施工（检修）作业时，为防护感应电压加装的个人保安接地线应记录在工作票上，并由施工作业人员自装自拆	《国家电网公司电力安全工作规程（电网建设部分）（试行）》

违章表现	规程规定	规程依据
1）作业人员在330kV及以上电压等级的运行区域作业时未采取防静电感应措施 2）作业人员在±400kV及以上电压等级的直流线路单极停电侧进行作业时未穿着全套屏蔽服	在330kV及以上电压等级的运行区域作业时，应采取防静电感应措施，例如穿戴相应电压等级的全套屏蔽服（包括帽、上衣、裤子、手套、鞋等，下同）或静电感应防护服和导电鞋等（220kV线路杆塔上作业时宜穿导电鞋）；在±400kV及以上电压等级的直流线路单极停电侧进行作业时，应穿着全套屏蔽服	《国家电网公司电力安全工作规程（电网建设部分）（试行）》
作业人员临近带电部分作业时的正常活动范围与带电设备的安全距离未达到《国家电网公司电力安全工作规程（电网建设部分）》的规定	邻近带电部分作业时，作业人员的正常活动范围与带电设备的安全距离应满足《国家电网公司电力安全工作规程（电网建设部分）》的规定	《国家电网公司电力安全工作规程（电网建设部分）（试行）》
施工机械操作正常活动范围与带电设备的安全距离未达到《国家电网公司电力安全工作规程（电网建设部分）》的规定	施工机械作业安全距离： 起重机、高空作业车和铲车等施工机械操作正常活动范围及起重机臂架、吊具、辅具、钢丝绳及吊物等与带电设备的安全距离不得小于《国家电网公司电力安全工作规程（电网建设部分）》的规定，且应设专人监护	《国家电网公司电力安全工作规程（电网建设部分）（试行）》

24.3 电气设备全部或部分停电作业

违章表现	规程规定	规程依据
1）未设置明显断开点。 2）断开电源作业时，施工项目部未将与停电设备有电气联系的变压器和电压互感器设备各侧断开。 3）断开电源作业时，施工项目部未断开检修设备和可能来电侧的断路器、隔离开关的控制电源和合闸能源。 4）断开电源作业时，隔离开关操作把手未锁住	断开电源： 需停电进行作业的电气设备，应把各方面的电源完全断开，其中： 1）在断开电源的基础上，应拉开刀闸，使各方面至少有一个明显的断开点。若无法观察到停电设备的断开点，应有能够反映设备运行状态的电气和机械等指示。 2）与停电设备有电气联系的变压器和电压互感器，应将设备各侧断开，防止向停电设备倒送电。 3）检修设备和可能来电侧的断路器、隔离开关应断开控制电源和合闸能源，隔离开关操作把手应锁住，确保不会误送电。 4）对难以做到与电源完全断开的检修设备，可以拆除设备与电源之间的电气连接	《国家电网公司电力安全工作规程（电网建设部分）（试行）》

违章表现	规程规定	规程依据
1）施工项目部在停电的设备或母线上作业前未装好接地线。 2）施工项目部装设接地线前未验电。 3）验电与接地操作无监护人。 4）作业人员进行高压验电未戴绝缘手套、未穿绝缘鞋。 5）验电器的伸缩式绝缘棒长度未拉足。 6）作业人员验电时手未握在手柄处，超过护环。 7）装设接地线时未由两人进行	验电及接地： 1）在停电的设备或母线上作业前，应经检验确无电压后方可装设接地线，装好接地线后方可进行作业。 2）验电与接地应由两人进行，其中一人应为监护人。进行高压验电应戴绝缘手套、穿绝缘鞋。验电器的伸缩式绝缘棒长度应拉足，验电时手应握在手柄处，不得超过护环	《国家电网公司电力安全工作规程（电网建设部分）（试行）》
作业人员验电时未使用相应电压等级的接触式验电器	验电时，应使用相应电压等级且检验合格的接触式验电器。验电前进行验电器自检，且应在确知的同一电压等级带电体上试验，确认验电器良好后方可使用。验电应在装设接地线或合接地刀闸（装置）处对各相分别进行	《国家电网公司电力安全工作规程（电网建设部分）（试行）》
1）作业人员使用的验电器未经检验合格。 2）作业人员验电前未对验电器进行自检。 3）作业人员未在装设接地线或合接地刀闸（装置）处进行验电。 4）作业人员未分别对各相进行验电	验电时，应使用相应电压等级且检验合格的接触式验电器。验电前进行验电器自检，且应在确知的同一电压等级带电体上试验，确认验电器良好后方可使用。验电应在装设接地线或合接地刀闸（装置）处对各相分别进行	《国家电网公司电力安全工作规程（电网建设部分）（试行）》
1）作业人员将表示设备断开和允许进入间隔的信号及电压表的指示作为设备有无电压的根据。 2）在验电器指示有电情况下作业人员仍在该设备上作业。 3）作业前，未对设备进行验电	表示设备断开和允许进入间隔的信号及电压表的指示等，均不得作为设备有无电压的根据，应验电。如果指示有电，禁止在该设备上作业	《国家电网公司电力安全工作规程（电网建设部分）（试行）》
1）验明确无电压的停电设备未立即接地。 2）验明确无电压的停电设备未立即三相短路。 3）可能送电至停电设备的各部位未装设接地线或合上专用接地开关。 4）作业人员在停电母线上作业时未对接地线装设情况做好登记。 5）接地线装设不明显。 6）接地线与带电设备间未保持安全距离	对停电设备验明确无电压后，应立即将设备接地并三相短路。凡可能送电至停电设备的各部位均应装设接地线或合上专用接地开关。在停电母线上作业时，应将接地线尽量装在靠近电源进线处的母线上，必要时可装设两组接地线，并做好登记。接地线应明显，并与带电设备保持安全距离	《国家电网公司电力安全工作规程（电网建设部分）（试行）》

违章表现	规程规定	规程依据
1）电缆及电容器接地前未逐相充分放电。 2）星形接线电容器的中性点未接地。 3）串联电容器及与整组电容器脱离的电容器未逐个多次放电。 4）装在绝缘支架上的电容器外壳未放电	电缆及电容器接地前应逐相充分放电，星形接线电容器的中性点应接地，串联电容器及与整组电容器脱离的电容器应逐个多次放电，装在绝缘支架上的电容器外壳也应放电	《国家电网公司电力安全工作规程（电网建设部分）（试行）》
1）成套接地线未由有透明护套的多股软铜线和专用线夹组成。 2）成套接地线截面积不满足装设地点短路电流的要求。 3）成套接地线截面积小于25mm²	成套接地线应由有透明护套的多股软铜线和专用线夹组成，截面积应满足装设地点短路电流的要求，但不得小于25mm²	《国家电网公司电力安全工作规程（电网建设部分）（试行）》
1）施工项目部使用不符合规定的导线做接地线或短路线。 2）接地线未使用专用的线夹固定在导体上。 3）作业人员用缠绕的方法进行接地或短路。 4）作业人员装拆接地线未使用绝缘棒、未戴绝缘手套。 5）作业人员挂接地线时未先接接地端，再接设备端。 6）作业人员拆接地线时未先拆设备端，再拆接地端	禁止使用不符合规定的导线做接地线或短路线，接地线应使用专用的线夹固定在导体上，禁止用缠绕的方法进行接地或短路。装拆接地线应使用绝缘棒，戴绝缘手套。挂接地线时应先接接地端，再接设备端，拆接地线时顺序相反	《国家电网公司电力安全工作规程（电网建设部分）（试行）》
1）作业人员擅自移动或拆除接地线。 2）装、拆接地线导体端未使用绝缘棒和戴绝缘手套。 3）人体碰触接地线或未接地的导线。 4）带接地线拆设备接头时，未采取防止接地线脱落的措施	作业人员不应擅自移动或拆除接地线。装、拆接地线导体端均应使用绝缘棒和戴绝缘手套，人体不得碰触接地线或未接地的导线。带接地线拆设备接头时，应采取防止接地线脱落的措施	《国家电网公司电力安全工作规程（电网建设部分）（试行）》
1）对需要拆除全部或一部分接地线后才能进行的作业未征得运维人员的许可。 2）作业完毕后未立即恢复接地线。 3）作业人员在接地线未拆除期间进行相关的高压回路作业	对需要拆除全部或一部分接地线后才能进行的作业，应征得运维人员的许可，作业完毕后立即恢复。未拆除期间不得进行相关的高压回路作业	《国家电网公司电力安全工作规程（电网建设部分）（试行）》

206

违章表现	规程规定	规程依据
1）在一经合闸即可送电到作业地点的断路器操作把手上未悬挂"禁止合闸，有人工作!"的安全标志牌。 2）在一经合闸即可送电到作业地点的隔离开关操作把手上未悬挂"禁止合闸，有人工作!"的安全标志牌。 3）在一经合闸即可送电到作业地点的二次设备上未悬挂"禁止合闸，有人工作!"的安全标志牌	悬挂标志牌和装设围栏： 在一经合闸即可送电到作业地点的断路器和隔离开关的操作把手、二次设备上均应悬挂"禁止合闸，有人工作!"的安全标志牌	《国家电网公司电力安全工作规程（电网建设部分）（试行）》
在室内高压设备上或某一间隔内作业时，作业人员未在作业地点两旁及对面的间隔上设围栏并悬挂"止步，高压危险!"的安全标志牌	在室内高压设备上或某一间隔内作业时，在作业地点两旁及对面的间隔上均应设围栏并悬挂"止步，高压危险!"的安全标志牌	《国家电网公司电力安全工作规程（电网建设部分）（试行）》
1）在室外高压设备上作业时，作业人员未在作业地点的四周装设围栏。 2）在室外高压设备上作业时，作业人员未在作业地点四周围栏出入口处装设"从此进出!"的安全标志牌。 3）在室外高压设备上作业时，作业人员未悬挂适当数量的"止步，高压危险!"的安全标志牌。 4）在室外高压设备上作业时，作业人员悬挂的安全标志牌未朝向围栏里面	在室外高压设备上作业时，应在作业地点的四周设围栏，其出入口要围至邻近道路旁边，并设有"从此进出!"的安全标志牌，作业地点四周围栏上悬挂适当数量的"止步，高压危险!"的安全标志牌，标志牌应朝向围栏里面	《国家电网公司电力安全工作规程（电网建设部分）（试行）》
作业地点未悬挂"在此工作!"的安全标志牌	在作业地点悬挂"在此工作!"的安全标志牌	《国家电网公司电力安全工作规程（电网建设部分）（试行）》
1）在室外构架上作业时，未设专人监护。 2）在室外构架上作业时，作业人员上下的梯子上未悬挂"从此上下!"的安全标志牌。 3）在邻近可能误登的构架上未悬挂"禁止攀登，高压危险!"的安全标志牌	在室外构架上作业时，应设专人监护，在作业人员上下的梯子上，应悬挂"从此上下!"的安全标志牌。在邻近可能误登的构架上应悬挂"禁止攀登，高压危险!"的安全标志牌	《国家电网公司电力安全工作规程（电网建设部分）（试行）》

违章表现	规程规定	规程依据
1）作业现场未设置醒目、牢固的围栏。 2）作业人员未征得工作许可人同意，随意移动或拆除围栏、接地线、安全标志牌等安全防护设施。 3）在临时移动或拆除围栏、接地线、安全标志牌等安全防护设施时，无专人监护	设置的围栏应醒目、牢固。禁止任意移动或拆除围栏、接地线、安全标志牌及其他安全防护设施。因作业原因需短时移动或拆除围栏或安全标志牌时，应征得工作许可人同意，并在作业负责人的监护下进行。完毕后应立即恢复	《国家电网公司电力安全工作规程（电网建设部分）（试行）》
1）安全标志牌、围栏等防护设施未正确设置。 2）作业完毕后未及时拆除安全标志牌、围栏等防护设施	安全标志牌、围栏等防护设施的设置应正确、及时，作业完毕后应及时拆除	《国家电网公司电力安全工作规程（电网建设部分）（试行）》
1）作业现场工完后未做到料尽、场地清。 2）全部作业人员撤离工作地点后，施工项目部未向运维人员交待工作情况，未与运维人员共同检查现场。 3）作业结束后，工作票终结手续未办理	工作结束： 全部工作结束后，应清扫、整理现场。工作负责人应先周密检查，待全部作业人员撤离工作地点后，再向运维人员交待工作情况，并与运维人员共同检查现场确认符合规定，办理工作票终结手续	《国家电网公司电力安全工作规程（电网建设部分）（试行）》
作业人员与已拆除接地线的设备接触	接地线一经拆除，设备即应视为有电，禁止再去接触或进行作业	《国家电网公司电力安全工作规程（电网建设部分）（试行）》
采用预约停送电时间的方式在设备或母线上进行作业	禁止采用预约停送电时间的方式在设备或母线上进行任何作业	《国家电网公司电力安全工作规程（电网建设部分）（试行）》
220kV及以上构架的拆除工程未编制专项安全施工方案。 在带电设备垂直上方的作业，采取的隔离防护措施的绝缘等级和机械强度不符合相应规定	运行区域户外施工作业： 220kV及以上构架的拆除工程项目应编制专项安全施工方案	《国家电网公司电力安全工作规程（电网建设部分）（试行）》

24.4 改、扩建工程的专项作业

违章表现	规程规定	规程依据
1）在带电设备垂直上方的作业项目未编制专项安全施工方案。 2）在雨、雪、大风等天气条下在带电设备垂直上方作业	在带电设备垂直上方的作业项目应编制专项安全施工方案，如采取防护隔离措施，防护隔离措施的绝缘等级和机械强度均应符合相应规定要求，且不得在雨、雪、大风等天气进行	《国家电网公司电力安全工作规程（电网建设部分）（试行）》

违章表现	规程规定	规程依据
作业人员在吊装断路器、隔离开关、电流互感器、电压互感器等大型设备时未在设备底部捆绑控制绳	吊装断路器、隔离开关、电流互感器、电压互感器等大型设备时，应在设备底部捆绑控制绳，防止设备摇摆	《国家电网公司电力安全工作规程（电网建设部分）（试行）》
1）拆掉后的设备连接线未采用尼龙绳固定。 2）拆装设备连接线时，梯子靠在设备绝缘瓷套上	拆装设备连接线时，宜用升降车或梯子进行，拆掉后的设备连接线用尼龙绳固定，防止设备连接线摆动造成母线损坏	《国家电网公司电力安全工作规程（电网建设部分）（试行）》
1）在母线和横梁上作业或新增设母线与带电母线靠近、平行时未制定严格的防静电措施。 2）作业人员未穿静电感应防护服或屏蔽服作业	在母线和横梁上作业或新增设母线与带电母线靠近、平行时，母线应接地，并制定严格的防静电措施，作业人员应穿静电感应防护服或屏蔽服作业	《国家电网公司电力安全工作规程（电网建设部分）（试行）》
1）采用升降车作业时，未设监护人。 2）升降车未可靠接地	采用升降车作业时，应两人进行，一人作业，一人监护，升降车应可靠接地	《国家电网公司电力安全工作规程（电网建设部分）（试行）》
拆挂母线时，未采取防止钢丝绳和母线弹到邻近带电设备或母线上的措施	拆挂母线时，应有防止钢丝绳和母线弹到邻近带电设备或母线上的措施	《国家电网公司电力安全工作规程（电网建设部分）（试行）》
1）在室内动用电焊、气焊等明火时，未配备足够的消防器材。 2）作业人员未按规定办理动火工作票。 3）动火作业未设专人监护。 4）室内动火作业所用隔板未采用防火阻燃材料	运行区域室内作业： 在室内动用电焊、气焊等明火时，除按规定办理动火工作票外，还应制定完善的防火措施，设置专人监护，配备足够的消防器材，所用的隔板应是防火阻燃材料	《国家电网公司电力安全工作规程（电网建设部分）（试行）》
作业人员在运行或部分带电盘、柜内作业时，未对相应的运行区域和作业区域标识	运行或部分带电盘、柜内作业： 应了解盘内带电系统的情况，并进行相应的运行区域和作业区域标识	《国家电网公司电力安全工作规程（电网建设部分）（试行）》
1）作业人员安装盘上设备时未穿绝缘鞋或站在绝缘垫上。 2）安装盘上设备时，作业人员未穿工作服、戴工作帽。 3）安装盘上设备时无专人监护	安装盘上设备时应穿工作服、戴工作帽、穿绝缘鞋或站在绝缘垫上，使用绝缘工具，整个过程应有专人监护	《国家电网公司电力安全工作规程（电网建设部分）（试行）》

违章表现	规程规定	规程依据
1）作业人员二次接线时，先接运行盘、柜侧的电缆，后接新安装盘、柜侧的电缆。 2）接线人员在运行盘、柜内作业时触碰正在运行的电气元件	二次接线时，应先接新安装盘、柜侧的电缆，后接运行盘、柜侧的电缆，在运行盘、柜内作业时接线人员应避免触碰正在运行的电气元件	《国家电网公司电力安全工作规程（电网建设部分）（试行）》
1）在已运行或已装仪表的盘上补充开孔时，未编制专项施工措施。 2）在已运行或已装仪表的盘上补充开孔时，铁屑散落到其他设备及端子上。 3）对邻近由于振动可引起误动的保护未申请临时退出运行	在已运行或已装仪表的盘上补充开孔前应编制专项施工措施，开孔时应防止铁屑散落到其他设备及端子上。对邻近由于振动可引起误动的保护应申请临时退出运行	《国家电网公司电力安全工作规程（电网建设部分）（试行）》
1）进行盘、柜上小母线施工时，作业人员未做好相邻盘、柜上小母线的防护工作。 2）新装盘的小母线在与运行盘上的小母线接通前，未采取隔离措施	进行盘、柜上小母线施工时，作业人员应做好相邻盘、柜上小母线的防护作业，新装盘的小母线在与运行盘上的小母线接通前，应有隔离措施	《国家电网公司电力安全工作规程（电网建设部分）（试行）》
1）作业人员随意接取二次接线及调试时所用的交直流电源。 2）试验电源未经专用空气开关从直流屏或直流分电屏接入。 3）作业人员未经设备运维单位批准使用电源	二次接线及调试时所用的交直流电源，应接在经设备运维单位批准的指定接线位置，作业人员不得随意接取	《国家电网公司电力安全工作规程（电网建设部分）（试行）》
电烙铁使用完毕后随意乱放	电烙铁使用完毕后不得随意乱放，以免烫伤运行的电缆或设备	《国家电网公司电力安全工作规程（电网建设部分）（试行）》
1）与运行部分相关回路电缆接线的退出及搭接作业未编制专项安全施工方案。 2）施工项目部未编制二次拆搭接表。 3）与运行部分相关回路电缆接线的退出及搭接作业专项安全施工方案未通过设备运维单位会审确认	1）运行盘、柜内与运行部分相关回路搭接作业。 2）与运行部分相关回路电缆接线的退出及搭接作业应编制专项安全施工方案，并通过设备运维单位会审确认	《国家电网公司电力安全工作规程（电网建设部分）（试行）》
1）拆盘、柜内二次电缆时，作业人员未用验电笔或表计测量确认所拆电缆确实已退出运行。 2）拆除的电缆端头未采取绝缘防护措施	拆盘、柜内二次电缆时，作业人员应确定所拆电缆确实已退出运行，应用验电笔或表计测量确认后方可作业。拆除的电缆端头应采取绝缘防护措施	《国家电网公司电力安全工作规程（电网建设部分）（试行）》

违章表现	规程规定	规程依据
作业人员剪断电缆前,未核对电缆走向图纸	剪断电缆前,应与电缆走向图纸核对相符,并确认电缆两头接线脱离无电后方可作业	《国家电网公司电力安全工作规程(电网建设部分)(试行)》
作业人员剪断电缆前未确认电缆两头接线脱离无电	剪断电缆前,应与电缆走向图纸核对相符,并确认电缆两头接线脱离无电后方可作业	《国家电网公司电力安全工作规程(电网建设部分)(试行)》

第四篇

线路工程施工

25 停电、不停电作业

25.1 不停电跨越作业施工流程

违章表现	规程规定	规程依据
1）在架线施工前，施工单位未经运维单位许可就进行不停电跨越施工。 2）施工期间发生故障跳闸时，在未取得现场指挥同意前，就进行强行送电。 3）在架线施工前，施工单位未向运维单位书面申请该带电线路"退出重合闸"	跨越不停电电力线路，在架线施工前，施工单位应向运维单位书面申请该带电线路"退出重合闸"，许可后方可进行不停电跨越施工。施工期间发生故障跳闸时，在未取得现场指挥同意前，不得强行送电	《国家电网公司电力安全工作规程（电网建设部分）（试行）》
1）不停电跨越架线的放线区段未按要求适当减少线档数量。 2）牵引系统设备未有全面检查记录，存在安全隐患。 3）不停电跨越作业的牵引设备操作人员未严格依照使用说明书要求进行各项功能操作。 4）不停电跨越作业的牵引设备存在超速、超载、超温、超压或带故障运行的现象。 5）不停电跨越作业的操作人员未按要求及时消除故障	不停电跨越架线的放线区段应尽量减少线档数量，牵引系统设备应经全面检查，确保完好。操作人员应严格依照使用说明书要求进行各项功能操作，禁止超速、超载、超温、超压或带故障运行	《国家电网公司电力安全工作规程（电网建设部分）（试行）》
1）不停电跨越作业的操作人员使用前未对设备的布置、锚固、接地装置以及机械系统进行全面检查。 2）不停电跨越作业的操作人员使用前未做运转试验。 3）不停电跨越作业的牵引机、张力机进出口与邻塔悬挂点的高差及与线路中心线的夹角未满足设备的技术要求。 4）不停电跨越作业的牵引机牵引卷筒槽底直径小于被牵引钢丝绳直径的25倍	使用前应对设备的布置、锚固、接地装置以及机械系统进行全面的检查，并做运转试验。牵引机、张力机进出口与邻塔悬挂点的高差及与线路中心线的夹角应满足设备的技术要求。牵引机牵引卷筒槽底直径不得小于被牵引钢丝绳直径的25倍；对于使用频率较高的钢丝绳卷筒应定期检查槽底磨损状态，及时维修	《国家电网公司电力安全工作规程（电网建设部分）（试行）》
1）架线过程中，不停电跨越位置处、跨越档两端铁塔未设专人监护。 2）不停电跨越作业中通信联络点缺岗，通信不畅通	架线过程中，不停电跨越位置处、跨越档两端铁塔应设专人监护，监护人应配备通信工具，且应保持与现场指挥人员的联系畅通	《国家电网公司电力安全工作规程（电网建设部分）（试行）》

违章表现	规程规定	规程依据
1）不停电跨越作业跨越架的搭设未有搭设方案或施工作业指导书。 2）不停电跨越作业跨越架的搭设未经审批后办理相关手续	跨越架的搭设应有搭设方案或施工作业指导书，并经审批后办理相关手续	《国家电网公司电力安全工作规程（电网建设部分）（试行）》
不停电跨越作业跨越架搭设前施工项目部未进行安全技术交底	跨越架搭设前应进行安全技术交底	《国家电网公司电力安全工作规程（电网建设部分）（试行）》
1）不停电跨越作业搭设跨越架时施工项目部未设专责监护人。 2）不停电跨越作业拆除跨越架时施工项目部未设专责监护人。 3）不停电跨越作业的跨越架架体强度不够。 4）不停电跨越作业搭设跨越架未事先与被跨越设施的产权单位取得联系	搭设或拆除跨越架应设专责监护人。跨越架架体的强度，应能在发生断线或跑线时承受冲击荷载。搭设跨越架，应事先与被跨越设施的产权单位取得联系，必要时应请其派员监督检查	《国家电网公司电力安全工作规程（电网建设部分）（试行）》

25.2 一般规定（工作票）

违章表现	规程规定	规程依据
在停电、部分停电或不停电线路上的作业及邻近、交叉带电线路处作业，未按Q/GDW 1799.2—2013《国家电网公司电力安全工作规程 线路部分》工作票制度办理工作票	在停电、部分停电或不停电线路上的作业及邻近、交叉带电线路处作业，应严格执行 Q/GDW 1799.2—2013《国家电网公司电力安全工作规程线路部分》的相关规定，并填写工作票	《国家电网公司电力安全工作规程（电网建设部分）（试行）》 《国家电网公司电力安全工作规程线路部分》Q/GDW 1799.2—2013
1）停电/不停电工作票签发人未经过培训或培训不合格。 2）停电/不停电工作票签发人未经线路运维单位审核备案。 3）停电/不停电工作票负责人未经过培训或培训不合格。 4）停电/不停电工作票负责人未经线路运维单位审核备案	工作票负责人和工作票签发人资格应经培训合格，并经线路运维单位审核备案	《国家电网公司电力安全工作规程（电网建设部分）（试行）》

违章表现	规程规定	规程依据
1）在停电的线路或同杆（塔）架设多回线路中的部分停电线路上工作时未填用电力线路第一种工作票。 2）高压电力电缆需要停电的工作未填用电力电缆第一种工作票。 3）在直流线路停电时的工作未填用电力线路第一种工作票。 4）在直流接地极线路或接地极上的工作未填用电力线路第一种工作票	下列情况应填用电力线路第一种工作票： 1）在停电的线路或同杆（塔）架设多回线路中的部分停电线路上的工作。 2）高压电力电缆需要停电的工作。 3）在直流线路停电时的工作。 4）在直流接地极线路或接地极上的工作	《国家电网公司电力安全工作规程（电网建设部分）（试行）》
1）在带电线路杆塔上工作未填用电力线路第二种工作票。 2）在不停电线路工作时未填用电力线路第二种工作票。 3）在不停电电缆工作时未填用电力电缆第二种工作票。 4）在不停电直流线路工作时未填用电力线路第二种工作票。 5）在不停电直流接地极线路工作时未填用电力线路第二种工作票	下列情况应填用电力线路第二种工作票： 1）带电线路杆塔上且与带电导线最小安全距离不小于表23规定的工作。 2）电力线路、电缆不需要停电的工作。 3）直流线路上不需要停电的工作。 4）直流接地极线路上不需要停电的工作	《国家电网公司电力安全工作规程（电网建设部分）（试行）》

25.3 一般规定（人体、工器具与带电体之间安全距离）

违章表现	规程规定	规程依据
1）作业人员邻近10kV及以下线路杆塔作业时与带电体之间的最小安全距离未满足0.7m要求。 2）作业人员邻近20、35kV线路杆塔作业时与带电体之间的最小安全距离未满足1.0m要求。 3）作业人员邻近66、110kV线路杆塔作业时与带电体之间的最小安全距离未满足1.5m要求。 4）作业人员邻近220kV线路杆塔作业时与带电体之间的最小安全距离未满足3.0m要求。 5）作业人员邻近330kV线路杆塔作业时与带电体之间的最小安全距离未满足4.0m要求。 6）作业人员邻近500kV线路杆塔作业时与带电体之间的最小安全距离未满足5.0m要求。	**表23 在带电线路杆塔上作业与带电导线最小安全距离** 见下表	《国家电网公司电力安全工作规程（电网建设部分）（试行）》

表23 在带电线路杆塔上作业与带电导线最小安全距离

电压等级	安全距离	电压等级	安全距离
kV	m	kV	m
交流			
10及以下	0.7	330	4
20、35	1	500	5
66、110	1.5	750	8
220	3	1000	9.5
直流			
±400	7.2	±660	9
±500	6.8	±800	10.1

注：±400kV数据按海拔3000m校正；750kV数据按海拔2000m校正；其他电压等级数据按海拔1000m校正

违章表现	规程规定	规程依据
7）作业人员邻近 750kV 线路杆塔作业时与带电体之间的最小安全距离未满足 8.0m 要求。 8）作业人员邻近 1000kV 线路杆塔作业时与带电体之间的最小安全距离未满足 9.5m 要求。 9）作业人员邻近±400kV 线路杆塔作业时与带电体之间的最小安全距离未满足 7.2m 要求。 10）作业人员邻近±500kV 线路杆塔作业时与带电体之间的最小安全距离未满足 6.8m 要求。 11）作业人员邻近±660kV 线路杆塔作业时与带电体之间的最小安全距离未满足 9.0m 要求。 12）作业人员邻近±800kV 线路杆塔作业时与带电体之间的最小安全距离未满足 10.1m 要求	**表 23　在带电线路杆塔上作业与带电导线最小安全距离** {{TABLE23}} 注：±400kV 数据按海拔 3000m 校正；750kV 数据按海拔 2000m 校正；其他电压等级数据按海拔 1000m 校正	《国家电网公司电力安全工作规程（电网建设部分）（试行）》
1）作业人员（导线、工器具）在邻近或交叉 10kV 及以下线路作业时，与带电线路的安全距离未满足 1m 要求。 2）作业人员（导线、工器具）在邻近或交叉 20kV、35kV 线路作业时，与带电线路的安全距离未满足 2.5m 要求。 3）作业人员（导线、工器具）在邻近或交叉 66kV、110kV 线路作业时，与带电线路的安全距离未满足 3.0m 要求。 4）作业人员（导线、工器具）在邻近或交叉 220kV 线路作业时，与带电线路的安全距离未满足 4.0m 要求。 5）作业人员（导线、工器具）在邻近或交叉 330kV 线路作业时，与带电线路的安全距离未满足 5.0m 要求。 6）作业人员（导线、工器具）在邻近或交叉 500kV 线路作业时，与带电线路的安全距离未满足 6.0m 要求。 7）作业人员（导线、工器具）在邻近或交叉 750kV 线路作业时，与带电线路的安全距离未满足 9.0m 要求。 8）作业人员（导线、工器具）在邻近或交叉 1000kV 线路作业时，与带电线路的安全距离未满足 10.5m 要求。	**表 24　邻近或交叉其他电力线作业的安全距离** {{TABLE24}} 注：±400kV 数据按海拔 3000m 校正；750kV 数据按海拔 2000m 校正；其他电压等级数据按海拔 1000m 校正	《国家电网公司电力安全工作规程（电网建设部分）（试行）》

表 23　在带电线路杆塔上作业与带电导线最小安全距离

电压等级	安全距离	电压等级	安全距离
kV	m	kV	m
交流			
10 及以下	0.7	330	4
20、35	1	500	5
66、110	1.5	750	8
220	3	1000	9.5
直流			
±400	7.2	±660	9
±500	6.8	±800	10.1

表 24　邻近或交叉其他电力线作业的安全距离

电压等级	安全距离	电压等级	安全距离
kV	m	kV	m
交流			
10 及以下	1.0	330	5.0
20、35	2.5	500	6.0
66、110	3.0	750	9.0
220	4.0	1000	10.5
直流			
±400	8.2	±660	10.0
±500	7.8	±800	11.1

违章表现	规程规定	规程依据
9）作业人员（导线、工器具）在邻近或交叉±400kV 线路作业时，与带电线路的安全距离未满足 8.2m 要求。 10）作业人员（导线、工器具）在邻近或交叉±500kV 线路作业时，与带电线路的安全距离未满足 7.8m 要求。 11）作业人员（导线、工器具）在邻近或交叉±660kV 线路作业时，与带电线路的安全距离未满足 10.0m 要求。 12）作业人员（导线、工器具）在邻近或交叉±800kV 线路作业时，与带电线路的安全距离未满足 11.1m 要求	**表 24 邻近或交叉其他电力线作业的安全距离** 见下表 注：±400kV 数据按海拔 3000m 校正；750kV 数据按海拔 2000m 校正；其他电压等级数据按海拔 1000m 校正	《国家电网公司电力安全工作规程（电网建设部分）（试行）》

表 24 的内容：

电压等级 kV	安全距离 m	电压等级 kV	安全距离 m
交流			
10 及以下	1.0	330	5.0
20、35	2.5	500	6.0
66、110	3.0	750	9.0
220	4.0	1000	10.5
直流			
±400	8.2	±660	10.0
±500	7.8	±800	11.1

违章表现	规程规定	规程依据
1）起重机（吊件、牵引绳索和拉绳）在邻近或交叉≤10kV 线路作业时，与带电线路的垂直安全距离未满足 3m。 2）起重机（吊件、牵引绳索和拉绳）在邻近或交叉≤10kV 线路作业时，与带电线路的水平安全距离未满足 1.5m。 3）起重机（吊件、牵引绳索和拉绳）在邻近或交叉 20~35kV 线路作业时，与带电线路的垂直安全距离未满足 4m。 4）起重机（吊件、牵引绳索和拉绳）在邻近或交叉 20~35kV 线路作业时，与带电线路的水平安全距离未满足 2m。 5）起重机（吊件、牵引绳索和拉绳）在邻近或交叉 66~110kV 线路作业时，与带电线路的垂直安全距离未满足 5m。 6）起重机（吊件、牵引绳索和拉绳）在邻近或交叉 66~110kV 线路作业时，与带电线路的水平安全距离未满足 4m。 7）起重机（吊件、牵引绳索和拉绳）在邻近或交叉 220kV 线路作业时，与带电线路的垂直安全距离未满足 6m。 8）起重机（吊件、牵引绳索和拉绳）在邻近或交叉 220kV 线路作业时，与带电线路的水平安全距离未满足 5.5m。 9）起重机（吊件、牵引绳索和拉绳）在邻近或交叉 330kV 线路作业时，与带电线路的垂直安全距离未满足 7m。 10）起重机（吊件、牵引绳索和拉绳）在邻近或交叉 330kV 线路作业时，与带电线路的水平安全距离未满足 6.5m。	**表 19 起重机及吊件与带电体的安全距离** 见下表 注 1：750kV 数据是按海拔 2000m 校正的，其他等级数据按海拔 1000m 校正。 注 2：表中未列电压等级按高一档电压等级的安全距离执行	《国家电网公司电力安全工作规程（电网建设部分）（试行）》

表 19 的内容：

电压等级 kV	安全距离 m	
	沿垂直方向	沿水平方向
≤10	3	1.5
20~35	4	2
66~110	5	4
220	6	5.5
330	7	6.5
500	8.5	8
750	11	11
1000	13	13
±50 及以下	5	4
±400	8.5	8
±500	10	10
±660	12	12
±800	13	13

违章表现	规程规定	规程依据
11）起重机（吊件、牵引绳索和拉绳）在邻近或交叉 500kV 线路作业时，与带电线路的垂直安全距离未满足 8.5m。 12）起重机（吊件、牵引绳索和拉绳）在邻近或交叉 500kV 线路作业时，与带电线路的水平安全距离未满足 8m。 13）起重机（吊件、牵引绳索和拉绳）在邻近或交叉 750kV 线路作业时，与带电线路的垂直安全距离未满足 11m。 14）起重机（吊件、牵引绳索和拉绳）在邻近或交叉 750kV 线路作业时，与带电线路的水平安全距离未满足 11m。 15）起重机（吊件、牵引绳索和拉绳）在邻近或交叉 1000kV 线路作业时，与带电线路的垂直安全距离未满足 13m。 16）起重机（吊件、牵引绳索和拉绳）在邻近或交叉 1000kV 线路作业时，与带电线路的水平安全距离未满足 13m。 17）起重机（吊件、牵引绳索和拉绳）在邻近或交叉±50kV 及以下线路作业时，与带电线路的垂直安全距离未满足 5m。 18）起重机（吊件、牵引绳索和拉绳）在邻近或交叉±50kV 及以下线路作业时，与带电线路的水平安全距离未满足 4m。 19）起重机（吊件、牵引绳索和拉绳）在邻近或交叉±400kV 线路作业时，与带电线路的垂直安全距离未满足 8.5m。 20）起重机（吊件、牵引绳索和拉绳）在邻近或交叉±400kV 线路作业时，与带电线路的水平安全距离未满足 8m。 21）起重机（吊件、牵引绳索和拉绳）在邻近或交叉±500kV 线路作业时，与带电线路的垂直安全距离未满足 10m。 22）起重机（吊件、牵引绳索和拉绳）在邻近或交叉±500kV 线路作业时，与带电线路的水平安全距离未满足 10m。 23）起重机（吊件、牵引绳索和拉绳）在邻近或交叉±660kV 线路作业时，与带电线路的垂直安全距离未满足 12m。 24）起重机（吊件、牵引绳索和拉绳）在邻近或交叉±660kV 线路作业时，与带电线路的水平安全距离未满足 12m。	**表 19　起重机及吊件与带电体的安全距离** 表见下方 注 1：750kV 数据是按海拔 2000m 校正的，其他等级数据按海拔 1000m 校正。 注 2：表中未列电压等级按高一档电压等级的安全距离执行	《国家电网公司电力安全工作规程（电网建设部分）（试行）》

表 19　起重机及吊件与带电体的安全距离

电压等级 kV	安全距离 m	
	沿垂直方向	沿水平方向
≤10	3	1.5
20～35	4	2
66～110	5	4
220	6	5.5
330	7	6.5
500	8.5	8
750	11	11
1000	13	13
±50 及以下	5	4
±400	8.5	8
±500	10	10
±660	12	12
±800	13	13

违章表现	规程规定	规程依据
25）起重机（吊件、牵引绳索和拉绳）在邻近或交叉±800kV线路作业时，与带电线路的垂直安全距离未满足13m。 26）起重机（吊件、牵引绳索和拉绳）在邻近或交叉±800kV线路作业时，与带电线路的水平安全距离未满足13m		《国家电网公司电力安全工作规程（电网建设部分）（试行）》

25.4 一般规定（作业过程）

违章表现	规程规定	规程依据
1）在邻近或交叉带电线路作业时，作业地点的导线、地线未接地。 2）在邻近或交叉带电线路作业时，绞磨等牵引工具未接地	作业的导线、地线应在作业地点接地。绞磨等牵引工具应接地	《国家电网公司电力安全工作规程（电网建设部分）（试行）》
1）作业人员临近带电体作业时，上下传递物件未使用绝缘绳索。 2）施工项目部未设专人对临近带电体作业进行全过程监护	邻近带电体作业时，上下传递物件应用绝缘绳索，作业全过程应设专人监护	《国家电网公司电力安全工作规程（电网建设部分）（试行）》
施工项目部未在跨越施工前按线路施工图中交叉跨越点断面图，对跨越点交叉角度、被跨越不停电电力线路架空地线在交叉点的对地高度、下导线在交叉点的对地高度、导线边线间宽度、地形等情况进行复测	跨越施工前应按线路施工图中交叉跨越点断面图，对跨越点交叉角度、被跨越不停电电力线路架空地线在交叉点的对地高度、导线在交叉点的对地高度、导线边线间宽度、地形等情况进行复测	《国家电网公司电力安全工作规程（电网建设部分）（试行）》
复测跨越点断面图时，未考虑复测季节与施工季节环境温度的变化	复测跨越点断面图时，应考虑复测季节与施工季节环境温度的变化	《国家电网公司电力安全工作规程（电网建设部分）（试行）》
1）跨越档两端铁塔上的放线滑轮未采用接地保护措施。 2）放线前铁塔接地装置未安装或不可靠。 3）人力牵引跨越放线时，跨越档相邻两侧的施工导、地线未安装接地	跨越档两端铁塔上的放线滑轮均应采取接地保护措施，放线前所有铁塔接地装置应安装完毕并应接地可靠。人力牵引跨越放线时，跨越档相邻两侧的施工导、地线应接地	《国家电网公司电力安全工作规程（电网建设部分）（试行）》
1）停电/不停电作业现场的起重工具安全系数未按要求提高20%～40%。 2）停电/不停电作业现场的临时地锚安全系数未按要求提高20%～40%	起重工具和临时地锚应根据其重要程度将安全系数提高20%～40%	《国家电网公司电力安全工作规程（电网建设部分）（试行）》

违章表现	规程规定	规程依据
1）停电/不停电作业现场使用的绝缘绳、网未在使用前进行检查。 2）停电/不停电作业现场使用的绝缘绳、网存在严重磨损、断股、污秽及受潮现象	绝缘绳、网每次使用前，应进行检查，有严重磨损、断股、污秽及受潮时禁止使用	《国家电网公司电力安全工作规程（电网建设部分）（试行）》
1）停电/不停电作业现场使用的绝缘绳、网未按规格、类别及用途整齐摆放。 2）停电/不停电作业现场使用的绝缘绳、网未采取防潮、防水措施	绝缘绳、网在现场应按规格、类别及用途整齐摆放，并采取有效的防潮、防水措施	《国家电网公司电力安全工作规程（电网建设部分）（试行）》

25.5 一般规定（个体防护装备试验项目、周期和要求）

违章表现	规程规定	规程依据
1）作业现场，人员使用的安全帽帽壳存在有碎片脱落现象。 2）作业现场，人员使用的安全帽未经冲击性能试验和耐穿刺性能试验。 3）作业现场，安全帽（塑料）使用周期超过规定期限≤2.5年。 4）作业现场，安全帽（玻璃钢）使用周期超过规定期限玻璃钢帽≤3.5年。 5）作业现场，人员使用的围杆作业安全带未经整体静负荷试验。 6）停电/不停电作业现场，人员使用的区域限制安全带未经整体静负荷试验。 7）停电/不停电作业现场，人员使用的坠落悬挂安全带未经整体静负荷试验。 8）停电/不停电作业现场，安全带（围杆作业安全带、区域限制安全带、坠落悬挂安全带）使用周期超过规定期限。 9）停电/不停电作业现场，人员使用的安全绳未经静负荷试验。 10）停电/不停电作业现场，安全绳使用周期超过规定期限。 11）停电/不停电作业现场，人员使用的连接器未经静负荷试验。 12）停电/不停电作业现场，连接器使用周期超过规定期限。 13）停电/不停电作业现场，人员使用的速差自控器未经静负荷试验。 14）停电/不停电作业现场，人员使用的速差自控器未经冲击试验。	表 D.2 个体防护装备试验项目、周期和要求	《国家电网公司电力安全工作规程（电网建设部分）（试行）》

违章表现	规程规定	规程依据
15）停电/不停电作业现场，速差自控器使用周期超过规定期限。 16）停电/不停电作业现场，人员使用的防坠自锁器未经静负荷试验。 17）停电/不停电作业现场，人员使用的防坠自锁器未经冲击试验。 18）停电/不停电作业现场，防坠自锁器使用周期超过规定期限。 19）停电/不停电作业现场，人员使用的缓冲器未经静负荷试验。 20）停电/不停电作业现场，缓冲器使用周期超过规定期限。 21）停电/不停电作业现场，人员使用的安全网网体、边绳、系绳、筋绳存在灼伤、断纱、破洞、变形及有碍使用的编织缺陷现象。 22）停电/不停电作业现场，人员使用的安全网平网和立网的网目边长超出0.08m，系绳与网体连接松动，分布错乱，相邻两系绳间距超出 0.75m，系绳长度未满足 0.8m；平网相邻两筋绳间距超出0.3m。 23）停电/不停电作业现场，人员使用的安全网未在使用前检验。 24）停电/不停电作业现场，人员使用的静电防护服未经屏蔽效率试验。 25）停电/不停电作业现场，静电防护服使用周期超过规定期限。 26）停电/不停电作业现场，人员使用的个人保安线未经成组直流电阻试验。 27）停电/不停电作业现场，个人保安线周期超过规定期限。 28）停电/不停电作业现场，人员使用的脚扣未经静负荷试验。 29）停电/不停电作业现场，脚扣使用周期超过规定期限	表 D.2　个体防护装备试验项目、周期和要求	《国家电网公司电力安全工作规程（电网建设部分）（试行）》

25.6 一般规定（绝缘安全工器具）

违章表现	规程规定	规程依据
1）停电作业现场使用的携带型短路接地线未经成组直流电阻试验。 2）10kV 额定电压时使用的携带型短路接地线绝缘杆工频耐压试验长度未满足 0.4m，工频电压 45kV 未满足 1min。 3）20kV 额定电压时使用的携带型短路接地线绝缘杆工频耐压试验长度未满足 0.5m，工频电压 70kV 未满足 1min。 4）35kV 额定电压时使用的携带型短路接地线绝缘杆工频耐压试验长度未满足 0.6m，工频电压 95kV 未满足 1min。 5）66kV 额定电压时使用的携带型短路接地线绝缘杆工频耐压试验长度未满足 0.7m，工频电压 175kV 未满足 1min。 6）110kV 额定电压时使用的携带型短路接地线绝缘杆工频耐压试验长度未满足 1m，工频电压 220kV 未满足 1min。 7）220kV 额定电压时使用的携带型短路接地线绝缘杆工频耐压试验长度未满足 1.8m，工频电压 440kV 未满足 1min。 8）330kV 额定电压时使用的携带型短路接地线绝缘杆工频耐压试验长度未满足 2.8m，工频电压 380kV 未满足 5min。 9）500kV 额定电压时使用的携带型短路接地线绝缘杆工频耐压试验长度未满足 3.7m，工频电压 580kV 未满足 5min。 10）750kV 额定电压时使用的携带型短路接地线绝缘杆工频耐压试验长度未满足 4.7m，工频电压 780kV 未满足 5min。 11）1000kV 额定电压时使用的携带型短路接地线绝缘杆工频耐压试验长度未满足 6.3m，工频电压 1150kV 未满足 5min。 12）±500kV 额定电压时使用的携带型短路接地线绝缘杆工频耐压试验长度未满足 3.2m，工频电压 565kV（直流耐压试验的加压值）未满足 5min。 13）±800kV 额定电压时使用的携带型短路接地线绝缘杆工频耐压试验长度未满足 6.6m，工频电压 895kV（直流耐压试验的加压值）未满足 5min。 14）停电作业现场使用的携带型短路接地线使用周期超过规定期限。	按《国家电网公司电力安全工作规程（电网建设部分）（试行）》表 D.3 绝缘安全工器具预防性试验项目、周期和要求执行	《国家电网公司电力安全工作规程（电网建设部分）（试行）》

违章表现	规程规定	规程依据
15）10kV 额定电压时使用的绝缘杆工频耐压试验长度未满足 0.4m，工频电压45kV 未满足 1min。 16）20kV 额定电压时使用的绝缘杆工频耐压试验长度未满足 0.5m，工频电压70kV 未满足 1min。 17）35kV 额定电压时使用的绝缘杆工频耐压试验长度未满足 0.6m，工频电压95kV 未满足 1min。 18）66kV 额定电压时使用的绝缘杆工频耐压试验长度未满足 0.7m，工频电压175kV 未满足 1min。 19）110kV 额定电压时的绝缘杆工频耐压试验长度未满足 1m，工频电压220kV未满足 1min。 20）220kV 额定电压时使用的绝缘杆工频耐压试验长度未满足 1.8m，工频电压440kV 未满足 1min。 21）330kV 额定电压时使用的绝缘杆工频耐压试验长度未满足 2.8m，工频电压380kV 未满足 3min。 22）330kV 额定电压时使用的绝缘杆工频耐压试验长度未满足 3.2m，工频电压380kV 未满足 5min。 23）500kV 额定电压时使用的绝缘杆工频耐压试验长度未满足 3.7m，工频电压580kV 未满足 3min。 24）500kV 额定电压时使用的绝缘杆工频耐压试验长度未满足 4.1m，工频电压580kV 未满足 5min。 25）750kV 额定电压时使用的绝缘杆工频耐压试验长度未满足 4.7m，工频电压780kV 未满足 3min。 26）1000kV 额定电压时使用的绝缘杆工频耐压试验长度未满足 6.3m，工频电压1150kV 未满足 3min。 27）±500kV 额定电压时使用的绝缘杆工频耐压试验长度未满足 3.2m，工频电压 565kV（直流耐压试验的加压值）未满足 3min。 28）±800kV 额定电压时使用的绝缘杆工频耐压试验长度未满足 6.6m，工频电压 895kV（直流耐压试验的加压值）未满足 3min。	按《国家电网公司电力安全工作规程（电网建设部分）（试行）》表 D.3 绝缘安全工器具预防性试验项目、周期和要求执行	《国家电网公司电力安全工作规程（电网建设部分）（试行）》

违章表现	规程规定	规程依据
29）不停电作业现场，绝缘杆使用周期超过规定期限。 30）6～35kV 额定电压时使用的绝缘隔板表面工频耐压 60kV 下持续时间未满足 1min，电极间距未满足 300mm。 31）6～35kV 额定电压时使用的绝缘隔板工频耐压 30kV 下持续时间未满足 1min。 32）20kV 额定电压时使用的绝缘隔板工频耐压 50kV 下持续时间未满足 1min。 33）35kV 额定电压时使用的绝缘隔板工频耐压 80kV 下持续时间未满足 1min。 34）不停电作业现场，绝缘隔板使用周期超过规定期限。 35）不停电作业现场使用的绝缘绳未经工频干闪试验。 36）不停电作业现场，绝缘绳使用周期超过规定期限。 37）10kV 额定电压时使用的绝缘夹钳工频耐压试验长度未满足 0.7m，工频电压 45kV 持续时间未满足 1min。 38）35kV 额定电压时使用的绝缘夹钳工频耐压试验长度未满足 0.9m，工频电压 95kV 持续时间未满足 1min。 39）不停电作业现场，绝缘夹使用周期超过规定期限。 40）在低电压时辅助型绝缘手套工频耐压 2.5kV 试验持续时间未满足 1min，泄漏电流未满足 2.5mA。 41）在高电压时辅助型绝缘手套工频耐压 8kV 试验持续时间未满足 1min，泄漏电流未满足 9mA。 42）不停电作业现场，辅助型绝缘手套使用周期超过规定期限。 43）在 6kV 额定电压时辅助型绝缘靴（皮鞋）工频耐压 5kV 试验持续时间未满足 1min，泄漏电流未满足 1.5mA。 44）在 5kV 额定电压时辅助型绝缘靴（布面底胶鞋）工频耐压 3.5kV 试验持续时间未满足 1min，泄漏电流未满足 1.1mA。 45）在 15kV 额定电压时辅助型绝缘靴（布面底胶鞋）工频耐压 12kV 试验持续时间未满足 1min，泄漏电流未满足 3.6mA。	按《国家电网公司电力安全工作规程（电网建设部分）（试行）》表 D.3 绝缘安全工器具预防性试验项目、周期和要求执行	《国家电网公司电力安全工作规程（电网建设部分）（试行）》

违章表现	规程规定	规程依据
46）在 6kV 额定电压时辅助型绝缘靴（绝缘靴）工频耐压 4.5kV 试验持续时间未满足 1min，泄漏电流未满足 1.8mA。 47）在 10kV 额定电压时辅助型绝缘靴（绝缘靴）工频耐压 8kV 试验持续时间未满足 1min，泄漏电流未满足 3.2mA。 48）在 15kV 额定电压时辅助型绝缘靴（绝缘靴）工频耐压 12kV 试验持续时间未满足 1min，泄漏电流未满足 4.9mA。 49）在 20kV 额定电压时辅助型绝缘靴（绝缘靴）工频耐压 15kV 试验持续时间未满足 1min，泄漏电流未满足 6mA。 50）在 25kV 额定电压时辅助型绝缘靴（绝缘靴）工频耐压 20kV 试验持续时间未满足 1min，泄漏电流未满足 8mA。 51）在 30kV 额定电压时辅助型绝缘靴（绝缘靴）工频耐压 25kV 试验持续时间未满足 1min，泄漏电流未满足 10mA。 52）不停电作业现场，辅助型绝缘靴使用周期超过规定期限。 53）不停电作业现场使用的辅助型绝缘胶垫未经工频耐压试验。 54）不停电作业现场，辅助型绝缘胶垫使用周期超过规定期限	按《国家电网公司电力安全工作规程（电网建设部分）（试行）》表 D.3 绝缘安全工器具预防性试验项目、周期和要求执行	《国家电网公司电力安全工作规程（电网建设部分）（试行）》

25.7 一般规定（绝缘安全工具最小有效绝缘长度）

违章表现	规程规定	规程依据
1）绝缘支、拉、吊杆在 10kV 线路上作业时，最短有效绝缘长度未满足 0.4m，固定部分长度（支杆未满足 0.6m）拉（吊）杆未满足 0.2m，支杆活动部分长度未满足 0.5m。 2）绝缘支、拉、吊杆在 20kV 线路上作业时，最短有效绝缘长度未满足 0.5m，固定部分长度（支杆未满足 0.6m）拉（吊）杆未满足 0.2m，支杆活动部分长度未满足 0.5m。 3）绝缘支、拉、吊杆在 35kV 线路上作业时，最短有效绝缘长度未满足 0.6m，固定部分长度（支杆未满足 0.6m）拉（吊）杆未满足 0.2m，支杆活动部分长度未满足 0.6m。	按《国家电网公司电力安全工作规程（电网建设部分）（试行）》表 D.1 绝缘安全工器具最小有效绝缘长度和要求执行	《国家电网公司电力安全工作规程（电网建设部分）（试行）》

违章表现	规程规定	规程依据
4）绝缘支、拉、吊杆在 66kV 线路上作业时，最短有效绝缘长度未满足 0.7m，固定部分长度（支杆未满足 0.7m）拉（吊）杆未满足 0.2m，支杆活动部分长度未满足 0.6m。 5）绝缘支、拉、吊杆在 110kV 线路上作业时，最短有效绝缘长度未满足 1m，固定部分长度（支杆未满足 0.7m）拉（吊）杆未满足 0.2m，支杆活动部分长度未满足 0.6m。 6）绝缘支、拉、吊杆在 220kV 线路上作业时，最短有效绝缘长度未满足 1.8m，固定部分长度（支杆未满足 0.8m）拉（吊）杆未满足 0.2m，支杆活动部分长度未满足 0.6m。 7）绝缘支、拉、吊杆在 330kV 线路上作业时，最短有效绝缘长度未满足 2.8m，固定部分长度（支杆未满足 0.8m）拉（吊）杆未满足 0.2m，支杆活动部分长度未满足 0.6m。 8）绝缘支、拉、吊杆在 500kV 线路上作业时，最短有效绝缘长度未满足 3.7m，固定部分长度（支杆未满足 0.8m）拉（吊）杆未满足 0.2m，支杆活动部分长度未满足 0.6m。 9）绝缘支、拉、吊杆在 750kV 线路上作业时，最短有效绝缘长度未满足 4.7m，固定部分长度（支杆未满足 0.8m）拉（吊）杆未满足 0.2m，支杆活动部分长度未满足 0.6m。 10）绝缘支、拉、吊杆在 1000kV 线路上作业时，最短有效绝缘长度未满足 6.3m，固定部分长度（支杆未满足 0.8m）拉（吊）杆满足 0.2m，支杆活动部分长度未满足 0.6m。 11）绝缘支、拉、吊杆在 ±500kV 线路上作业时，最短有效绝缘长度未满足 3.2m，固定部分长度（支杆未满足 0.8m）拉（吊）杆未满足 0.2m，支杆活动部分长度未满足 0.6m。 12）绝缘支、拉、吊杆在 ±800kV 线路上作业时，最短有效绝缘长度未满足 6.6m，固定部分长度（支杆未满足 0.8m）拉（吊）杆未满足 0.2m，支杆活动部分长度未满足 0.6m	按《国家电网公司电力安全工作规程（电网建设部分）（试行）》表 D.1 绝缘安全工器具最小有效绝缘长度和要求执行	《国家电网公司电力安全工作规程（电网建设部分）（试行）》

228

违章表现	规程规定	规程依据
1）绝缘操作杆在 10kV 线路上作业时，最短有效绝缘长度未满足 0.7m，端部金属接头长度不超过 0.1m，手持部分长度未满足 0.6m。 2）绝缘操作杆在 20kV 线路上作业时，最短有效绝缘长度未满足 0.8m，端部金属接头长度不超过 0.1m，手持部分长度未满足 0.6m。 3）绝缘操作杆在 35kV 线路上作业时，最短有效绝缘长度未满足 0.9m，端部金属接头长度不超过 0.1m，手持部分长度未满足 0.6m。 4）绝缘操作杆在 66kV 线路上作业时，最短有效绝缘长度未满足 1m，端部金属接头长度不超过 0.1m，手持部分长度未满足 0.6m。 5）绝缘操作杆在 110kV 线路上作业时，最短有效绝缘长度未满足 1.3m，端部金属接头长度不超过 0.1m，手持部分长度未满足 0.7m。 6）绝缘操作杆在 220kV 线路上作业时，最短有效绝缘长度未满足 2.1m，端部金属接头长度不超过 0.1m，手持部分长度未满足 0.9m。 7）绝缘操作杆在 330kV 线路上作业时，最短有效绝缘长度未满足 3.1m，端部金属接头长度不超过 0.1m，手持部分长度未满足 1m。 8）绝缘操作杆在 500kV 线路上作业时，最短有效绝缘长度未满足 4m，端部金属接头长度不超过 0.1m，手持部分长度未满足 1m。 9）绝缘操作杆在 750kV 线路上作业时，最短有效绝缘长度未满足 5m，端部金属接头长度不超过 0.1m，手持部分长度未满足 1m。 10）绝缘操作杆在 1000kV 线路上作业时，最短有效绝缘长度未满足 6m，端部金属接头长度不超过 0.1m，手持部分长度未满足 1m。 11）绝缘操作杆在 ±500kV 线路上作业时，最短有效绝缘长度未满足 3.5m，端部金属接头长度不超过 0.1m，手持部分长度未满足 1m。	按《国家电网公司电力安全工作规程（电网建设部分）（试行）》表 D.1　绝缘安全工器具最小有效绝缘长度和要求执行	《国家电网公司电力安全工作规程（电网建设部分）（试行）》

违章表现	规程规定	规程依据
12）绝缘操作杆在±800kV 线路上作业时，最短有效绝缘长度未满足 6.9m，端部金属接头长度不超过 0.1m，手持部分长度未满足 1m	按《国家电网公司电力安全工作规程（电网建设部分）（试行）》表 D.1 绝缘安全工器具最小有效绝缘长度和要求执行	《国家电网公司电力安全工作规程（电网建设部分）（试行）》
1）绝缘夹钳在 10kV 线路作业时，绝缘最短有效绝缘长度未满足 0.7m。 2）绝缘夹钳在 35kV 线路作业时，绝缘最短有效绝缘长度未满足 0.9m	按《国家电网公司电力安全工作规程（电网建设部分）（试行）》表 D.1 绝缘安全工器具最小有效绝缘长度和要求执行	《国家电网公司电力安全工作规程（电网建设部分）（试行）》

25.8 停电跨越作业施工方案

违章表现	规程规定	规程依据
施工项目部未进行停电跨越作业现场勘察工作	停电作业前，施工单位应根据停电作业内容按照 Q/GDW 1799.2—2013,《国家电网公司电力安全工作规程 线路部分》执行现场勘察制度	《国家电网公司电力安全工作规程（电网建设部分）（试行）》
1）施工项目部未编制停电跨越施工方案。 2）方案编审批手续、签字不规范，内容针对性不强	根据现场勘察的结果，制定停电作业跨越施工方案	《国家电网公司电力安全工作规程（电网建设部分）（试行）》
1）施工项目部未建立停电跨越作业项目风险初勘台账。 2）施工项目部建立的停电跨越作业安全风险初勘台账风险因素与现场实际不相符	开展现场初勘，建立本工程项目风险初勘台账	《国家电网公司输变电工程施工安全风险识别、评估及预控措施管理办法》[国网（基建/3）176—2015]
施工安全风险识别、评估及控制措施未录入基建管理信息系统	通过基建管理信息系统，建立输变电工程施工安全风险识别、评估及控制措施记录及台账	《国家电网公司输变电工程施工安全风险识别、评估及预控措施管理办法》[国网（基建/3）176—2015]
1）三级及以上固有风险工序作业前，施工项目部未组织现场复测。 2）施工项目部未填写"施工作业风险现场复测单"	三级及以上固有风险工序作业前，施工项目部要组织实地复测，填写"施工作业风险现场复测单"，评估计算动态风险等级，分析不利因素	《国家电网公司输变电工程施工安全风险识别、评估及预控措施管理办法》[国网（基建/3）176—2015]

违章表现	规程规定	规程依据
1）停电跨越作业工作票上的工作负责人与现场实际负责人员不符。 2）停电跨越作业工作票上的施工人员数量与现场实际人员数量不符。 3）停电跨越作业工作票上的任务与现场工作内容不相符。 4）停电跨越作业工作票签字不全。 5）停电跨越作业工作票施工人员签字栏内，有代签字现象。 6）未使用新版工作票	二级及以下固有风险工序作业前，施工项目部要复核各工序动态因素风险值，仍属二级风险的，要办理"输变电工程安全施工作业票 A"，明确风险预控措施，并由施工队长签发	《国家电网公司输变电工程施工安全风险识别、评估及预控措施管理办法》[国网（基建/3）176—2015]
1）施工项目部未张挂"施工风险管控动态公示牌"。 2）停电跨越作业现场的风险管控动态公示牌上的作业地点、作业内容、风险等级、工作负责人、现场监理人员、计划作业时间等未根据实际情况及时更新	施工项目部应张挂"施工现场风险管控公示牌"，将三级及以上风险作业地点、作业内容、风险等级、工作负责人、现场监理人员、计划作业时间进行公示，并根据实际情况及时更新，确保各级人员对作业风险心中有数	《国家电网公司输变电工程施工安全风险识别、评估及预控措施管理办法》[国网（基建/3）176—2015]

25.9 停电跨越作业施工人员

违章表现	规程规定	规程依据
停电跨越作业人员无相关体检证明	作业人员应身体健康，无妨碍工作的病症，体格检查至少两年一次	《国家电网公司电力安全工作规程（电网建设部分）（试行）》
项目部管理人员未对施工人员进行安全生产教育培训及安全考试	应经相应的安全生产教育和岗位技能培训、考试合格，掌握本岗位所需的安全生产知识、安全作业技能和紧急救护法	《国家电网公司电力安全工作规程（电网建设部分）（试行）》
1）停电跨越作业个别特种作业人员未取得国家规定的相应资格。 2）停电跨越作业个别特种作业人员的证件未进行复审。 3）停电跨越作业特种作业人员证件有效期限过期	特种作业人员、特种设备作业人员应按照国家有关规定，取得相应资格，并按期复审，定期体检	《国家电网公司电力安全工作规程（电网建设部分）（试行）》
施工项目部管理技术人员未对施工作业人员进行安全技术交底	现场施工应符合作业指导书的规定，未经审批人同意，不得擅自变更，并在施工前进行安全技术交底	《国家电网公司电力安全工作规程（电网建设部分）（试行）》

25.10 停电跨越作业施工流程

违章表现	规程规定	规程依据
1）施工单位未向运维单位提交书面停电申请和跨越施工方案。 2）施工单位未办理停电作业工作票。 3）运维单位未审查施工单位提交的书面停电申请和跨越施工方案。 4）运维单位未按规定签发电力线路第一种工作票。 5）运维单位的工作票签发人不具备签发资格。 6）运维单位未按规定履行工作许可手续	施工单位应向运维单位提交书面停电申请和跨越施工方案，经运维单位审查同意后，应由运维单位按《国家电网公司安全工作规程》规定签发电力线路第一种工作票，并履行工作许可手续	《国家电网公司电力安全工作规程（电网建设部分）（试行）》
1）设备运维单位未签发停电跨越作业工作票。 2）停电跨越作业工作票未实行双签发。 3）停电跨越作业施工单位未完全履行安全协议要求	工作票由设备运维单位签发，也可由设备运维单位和施工单位签发人实行双签发，具体签发程序按照安全协议要求执行	《国家电网公司电力安全工作规程（电网建设部分）（试行）》
1）停电跨越作业现场验电器与被测电压等级不相符。 2）停电跨越作业现场验电器失效。 3）停电跨越作业现场验电器未在检验有效期内。 4）停电跨越作业现场作业人员未佩戴绝缘手套就用验电器进行验电 5）停电跨越现场作业负责人未接到已停电许可作业命令即安排人员进行验电。 6）停电跨越现场作业人员未经许可擅自登塔作业。 7）停电跨越现场验电时未设专人监护。 8）停电跨越现场作业人员验电顺序错误	现场作业负责人在接到已停电许可作业命令后，应首先安排人员进行验电，验电应使用相应电压等级的合格的验电器。验电时应戴绝缘手套并逐相进行。验电应设专人监护。同杆塔架设多层电力线时，应先验低压、后验高压、先验下层、后验上层	《国家电网公司电力安全工作规程（电网建设部分）（试行）》
1）停电跨越现场作业人员着装不符合工作要求。 2）停电跨越现场作业人员未正确佩戴安全防护用品。 3）停电跨越现场作业人员未验明电压即挂接地线。 4）停电跨越现场作业人员未按照工作票上的布置要求挂接工作接地线。	1）验明线路确无电压后，作业人员应按照工作票上接地线布置的要求，立即挂工作接地线。凡有可能送电到作业地段内线路的分支线也应挂工作接地线。 2）同杆塔架设有多层电力线时，应先挂低压、后挂高压、先挂下层、后挂上层。工作接地线挂完后，应经现场作业负责人检查确认后方可开始作业。	《国家电网公司电力安全工作规程（电网建设部分）（试行）》

232

违章表现	规程规定	规程依据
5） 停电跨越作业现场凡有可能送电到作业地段内线路的分支线未挂工作接地线。 6） 停电跨越作业现场同杆塔架设有多层电力线时，工作接地线挂接顺序错误。 7） 停电跨越作业现场工作接地线挂完后，作业人员未经现场作业负责人检查确认擅自进行作业。 8） 停电跨越作业现场有感应电压反映在停电线路上时，未在作业范围内加挂工作接地线。 9） 停电跨越现场作业人员在拆除工作接地线时，未采取防止感应电触电的安全措施。 10） 停电跨越现场作业人员在绝缘架空地线上作业时，未先将该架空地线接地。 11） 停电跨越作业现场挂、拆工作接地线顺序错误。 12） 停电跨越作业现场挂、拆工作接地线时，存在接地线缠绕现象。 13） 停电跨越作业现场装、拆工作接地线时，作业人员未使用绝缘棒或绝缘绳	3） 若有感应电压反映在停电线路上时，应在作业范围内加挂工作接地线。在拆除工作接地线时，应防止感应电触电。 4） 在绝缘架空地线上作业时，应先将该架空地线接地。 5） 挂工作接地线时，应先接接地端，后接导线或地线端。接地线连接应可靠，不得缠绕。拆除时的顺序与此相反。 6） 装、拆工作接地线时，作业人员应使用绝缘棒或绝缘绳，人体不得碰触接地线	《国家电网公司电力安全工作规程（电网建设部分）（试行）》
1） 停电跨越作业间断或过夜时，作业段内的工作接地线未全部保留。 2） 停电跨越恢复作业前，作业人员未检查接地线	作业间断或过夜时，作业段内的全部工作接地线应保留。恢复作业前，应检查接地线是否完整、可靠	《国家电网公司电力安全工作规程（电网建设部分）（试行）》
1） 停电跨越作业结束后，作业负责人未对现场进行全面检查。 2） 停电跨越作业结束后，作业负责人未对施工人员、材料、工器具清点就擅自拆除工作接地线。 3） 作业负责人汇报工作许可人工作完结时存在未拆除接地现象。 4） 停电跨越作业结束后，作业负责人未报告工作许可人	作业结束，作业负责人应对现场进行全面检查，待全部作业人员和所用的工具、材料撤离杆塔后方可命令拆除停电线路上的工作接地线。作业结束后，作业负责人应报告工作许可人，报告的内容如下：作业负责人姓名，该线路某处（说明起止杆塔号、分支线名称等）作业已经完工，线路改动情况，作业地点所挂的工作接地线已全部拆除，杆塔和线路上已无遗留物，作业人员已全部撤离	《国家电网公司电力安全工作规程（电网建设部分）（试行）》
1） 施工项目部在停电跨越作业现场停电、送电作业时未指定专人负责。 2） 停电跨越作业现场存在口头或约时停电、送电现象	停电、送电作业应指定专人负责。禁止采用口头或约时停电、送电	《国家电网公司电力安全工作规程（电网建设部分）（试行）》

违章表现	规程规定	规程依据
作业人员未接到停电许可命令临近带电体作业	在未接到停电许可作业命令前，禁止任何人接近带电体	《国家电网公司电力安全工作规程（电网建设部分）（试行）》
作业人员在已拆除接地线的停电线路上再次登塔	工作接地线一经拆除，该线路即视为带电，禁止任何人再登杆塔进行任何作业	《国家电网公司电力安全工作规程（电网建设部分）（试行）》
项目总工未组织编制不停电跨越专项施工方案	项目总工组织编写专项施工方案	《国网电网公司基建安全管理规定》[国网（基建/2）173—2015]
1）不停电跨越专项施工方案中缺少安全技术措施专篇。 2）施工项目部技术人员未在不停电跨越专项施工方案中准确、全面辨识风险	专项施工方案中的安全技术措施部分应有独立的章节	《国网电网公司基建安全管理规定》[国网（基建/2）173—2015]
1）不停电跨越专项施工方案的部分引用标准过期。 2）不停电跨越专项施工方案未根据现场实际情况编制，存在套用现象，没有针对性	施工方案（措施、作业指导书）制定的施工方法应得当且先进。有利于保证工程质量、安全、进度	《国家电网公司施工项目部标准化工作手册》（2014版）
1）企业技术、质量、安全等职能部门未在不停电跨越专项施工方案审核栏签字。 2）不停电跨越专项施工方案审核栏存在他人代签字现象。 3）不停电跨越专项施工方案审查人未填写审核意见	施工企业技术、质量、安全等职能部门审核	《国网电网公司基建安全管理规定》[国网（基建/2）173—2015]
1）施工企业技术负责人未在不停电跨越专项施工方案批准栏签字。 2）不停电跨越专项施工方案审批栏存在他人代签字现象	施工企业技术负责人审批	《国网电网公司基建安全管理规定》[国网（基建/2）173—2015]
1）施工项目部未开展不停电跨越作业现场初勘。 2）施工项目部未建立不停电跨越作业项目风险初勘台账。 3）施工项目部建立的不停电跨越作业安全风险初勘台账风险因素与现场实际不符	开展现场初勘，建立本工程项目风险初勘台账	《国家电网公司输变电工程施工安全风险识别、评估及预控措施管理办法》[国网（基建/3）176—2015]

违章表现	规程规定	规程依据
1）施工项目部未建立三级及以上施工安全固有风险识别、评估和预控措施清册。 2）施工项目部建立的三级及以上施工安全固有风险识别、评估和预控措施清册中预控措施未填写。 3）施工项目部建立的三级及以上施工安全固有风险识别、评估和预控措施清册未报监理项目部审查。 4）施工项目部建立的三级及以上施工安全固有风险识别、评估和预控措施清册未报业主项目部批准。 5）施工项目部建立的三级及以上施工安全固有风险识别、评估和预控措施清册未报施工单位备案。 6）施工项目部建立的三级及以上施工安全固有风险识别、评估和预控措施清册涵盖的风险不全，存在漏项	施工项目部筛选本工程三级及以上固有风险工序，建立"三级及以上施工安全固有风险识别、评估和预控措施清册"	《国家电网公司输变电工程施工安全风险识别、评估及预控措施管理办法》[国网（基建/3）176—2015]
施工单位未通过基建管理信息系统建立输变电工程施工安全风险识别、评估及控制措施记录及台账	通过基建管理信息系统，建立输变电工程施工安全风险识别、评估及控制措施记录及台账	《国家电网公司输变电工程施工安全风险识别、评估及预控措施管理办法》[国网（基建/3）176—2015]
1）施工项目部未组织三级及以上固有风险工序作业前实地复测。 2）施工项目部未填写"施工作业风险现场复测单"	三级及以上固有风险工序作业前，施工项目部要组织实地复测，填写"施工作业风险现场复测单"，评估计算动态风险等级，分析不利因素	《国家电网公司输变电工程施工安全风险识别、评估及预控措施管理办法》[国网（基建/3）176—2015]
1）不停电跨越作业未办理输变电工程安全施工作业票B。 2）不停电跨越施工作业票签发人与工作负责人为同一人。 3）不停电跨越施工作业票有涂改、漏签、代签现象。 4）不停电跨越施工作业票签发人不具备签发资格	采取措施后仍为三级及以上风险的，要办理"输变电工程安全施工作业票B"，制定"输变电工程施工作业风险控制卡"，补充风险控制措施，并由施工项目经理签发	《国家电网公司输变电工程施工安全风险识别、评估及预控措施管理办法》[国网（基建/3）176—2015]

违章表现	规程规定	规程依据
1）施工项目部未制定"输变电工程施工作业风险控制卡"。 2）监理未在"输变电工程施工作业风险控制卡"履行签字手续。 3）业主未在"输变电工程施工作业风险控制卡"履行签字手续。 4）施工项目部制定的"输变电工程施工作业风险控制卡"上的补充安全措施未填写	采取措施后仍为三级及以上风险的，要办理"输变电工程安全施工作业票B"，制定"输变电工程施工作业风险控制卡"，补充风险控制措施，并由施工项目经理签发	《国家电网公司输变电工程施工安全风险识别、评估及预控措施管理办法》[国网（基建/3）176—2015]
1）设计、监理、施工项目部未按输变电工程三级及以上施工安全风险管理要求到岗到位。 2）省公司级单位、建设单位、设计、监理、施工项目部未按输变电工程四级施工安全风险管理要求到岗到位	全面掌握承揽项目所有四级作业风险和重要的三级作业风险，执行输变电工程三级及以上施工安全风险管理人员到岗到位要求	《国家电网公司输变电工程施工安全风险识别、评估及预控措施管理办法》[国网（基建/3）176—2015]
1）施工项目部未张挂"施工风险管控动态公示牌"。 2）不停电跨越作业现场的施工风险管控动态公示牌上的作业地点、作业内容、风险等级、工作负责人、现场监理人员、计划作业时间等未根据实际情况及时更新	施工项目部应张挂"施工现场风险管控公示牌"，将三级及以上风险作业地点、作业内容、风险等级、工作负责人、现场监理人员、计划作业时间进行公示，并根据实际情况及时更新，确保各级人员对作业风险心中有数	《国家电网公司输变电工程施工安全风险识别、评估及预控措施管理办法》[国网（基建/3）176—2015]
1）不停电跨越作业施工前，施工项目经理、项目总工程师、技术员、安全员、施工负责人、作业负责人、监理人员、特种作业人员、特种设备作业人员及其他作业人员未经安全培训合格。 2）不停电跨越作业施工前，施工项目经理、项目总工程师、技术员、安全员、施工负责人、作业负责人、监理人员、特种作业人员、特种设备作业人员及其他作业人员未到岗到位	相关的施工项目经理、项目总工程师、技术员、安全员、施工负责人、作业负责人、监理人员、特种作业人员、特种设备作业人员及其他作业人员应经安全培训合格并到岗到位	《国家电网公司电力安全工作规程（电网建设部分）（试行）》

违章表现	规程规定	规程依据
1）不停电跨越作业时，导引绳、牵引绳安全系数小于3.5。 2）不停电跨越作业的导引绳、牵引绳的端头连接部位在使用前施工项目部未设专人检查并签名记录。 3）不停电跨越作业的导引绳、牵引绳及钢丝绳有损伤。 4）不停电跨越作业导线的尾线或牵引绳的尾绳在线盘或绳盘上的盘绕圈数少于6圈。 5）不停电跨越作业导线或牵引绳带张力过夜时未采取临锚安全措施。 6）不停电跨越作业导引绳、牵引绳或导线临锚时，其临锚张力小于对地距离为5m时的张力，同时未满足对被跨越距离的要求	架线前对导引绳、牵引绳及承力工器具应进行逐盘（件）检查，不合格的工器具禁止使用。特殊跨越架线的导引绳、牵引绳安全系数不得小于3.5。导引绳、牵引绳的端头连接部位在使用前应由专人检查，有钢丝绳损伤等情况不得使用。导线的尾线或牵引绳的尾绳在线盘或绳盘上的盘绕圈数均不得少于6圈。导线或牵引绳带张力过夜应采取临锚安全措施。导引绳、牵引绳或导线临锚时，其临锚张力不得小于对地距离为5m时的张力，同时应满足对被跨越物距离的要求	《国家电网公司电力安全工作规程（电网建设部分）（试行）》
1）不停电跨越作业放线滑车悬挂时未根据计算对导引绳、牵引绳的上扬严重程度正确选择悬挂方法及挂具规格。 2）不停电跨越作业放线滑车允许荷载未满足放线的强度要求，安全系数小于3。 3）不停电跨越作业转角塔（包括直线转角塔）的预倾滑车及上扬处的压线滑车未设专人监护	放线滑车允许荷载应满足放线的强度要求，安全系数不得小于3。放线滑车悬挂应根据计算对导引绳、牵引绳的上扬严重程度，选择悬挂方法及挂具规格。转角塔（包括直线转角塔）的预倾滑车及上扬处的压线滑车应设专人监护	《国家电网公司电力安全工作规程（电网建设部分）（试行）》
1）不停电跨越作业导线、地线连接网套的使用未与所夹持的导线、地线规格相匹配。 2）不停电跨越作业的网套末端未用铁丝绑扎。 3）不停电跨越作业的网套末端铁丝绑扎少于20圈。 4）不停电跨越作业的导线、地线连接网套有断丝。 5）不停电跨越作业较大截面的导线穿入网套前，其端头未做坡面梯节处理	导线、地线连接网套的使用应与所夹持的导线、地线规格相匹配。网套末端应用铁丝绑扎，绑扎不得少于20圈。导线、地线连接网套每次使用前，应逐一检查，发现有断丝者不得使用。较大截面的导线穿入网套前，其端头应做坡面梯节处理；施工过程中需要导线对接时宜使用双头网套	《国家电网公司电力安全工作规程（电网建设部分）（试行）》
1）不停电跨越作业使用的卡线器与所夹持的线（绳）规格不相匹配。 2）不停电跨越作业的卡线器有裂纹、弯曲、转轴不灵活和钳口斜纹磨平等缺陷	卡线器的使用应与所夹持的线（绳）规格相匹配。卡线器有裂纹、弯曲、转轴不灵活或钳口斜纹磨平等缺陷的禁止使用	《国家电网公司电力安全工作规程（电网建设部分）（试行）》

违章表现	规程规定	规程依据
1）不停电跨越作业的抗弯连接器与连接的绳套不匹配。 2）不停电跨越作业的抗弯连接器有裂纹、变形、磨损严重和连接件拆卸不灵活等现象	抗弯连接器表面应平滑，与连接的绳套相匹配。抗弯连接器有裂纹、变形、磨损严重或连接件拆卸不灵活时禁止使用	《国家电网公司电力安全工作规程（电网建设部分）（试行）》
1）不停电跨越作业的旋转连接器使用前，未检查外观完好无损，转动有卡阻现象。 2）不停电跨越作业的旋转连接器使用时有裂纹、变形、磨损严重和连接件拆卸不灵活等现象。 3）不停电跨越作业的旋转连接器的横销未拧紧到位。 4）不停电跨越作业的旋转连接器与钢丝绳或网套连接时未安装滚轮并拧紧横销。 5）不停电跨越作业的旋转连接器直接进入牵引轮或卷筒	旋转连接器使用前，检查外观应完好无损，转动灵活无卡阻现象。禁止超负荷使用。发现有裂纹、变形、磨损严重或连接件拆卸不灵活时禁止使用。旋转连接器的横销应拧紧到位。与钢丝绳或网套连接时应安装滚轮并拧紧横销。旋转连接器不应直接进入牵引轮或卷筒	《国家电网公司电力安全工作规程（电网建设部分）（试行）》
不停电跨越的作业人员无相关单位认可的体检证明	作业人员应身体健康，无妨碍工作的病症，体格检查至少两年一次	《国家电网公司电力安全工作规程（电网建设部分）（试行）》

25.11 不停电跨越作业施工人员

违章表现	规程规定	规程依据
上次体检时间超过两年	作业人员应身体健康，无妨碍工作的病症，体格检查至少两年一次	《国家电网公司电力安全工作规程（电网建设部分）（试行）》
施工项目部管理人员未对作业人员进行安全生产教育培训及安全考试	应经相应的安全生产教育和岗位技能培训、考试合格，掌握本岗位所需的安全生产知识、安全作业技能和紧急救护法	《国家电网公司电力安全工作规程（电网建设部分）（试行）》
1）不停电跨越作业的个别特种作业人员未取得国家规定的相应资格。 2）不停电跨越作业的个别特种作业证件未进行复审。 3）不停电跨越作业的特种作业人员证件有效期限过期。 4）不停电跨越作业的特种作业人员未进行定期体检	特种作业人员、特种设备作业人员应按照国家有关规定，取得相应资格，并按期复审，定期体检	《国家电网公司电力安全工作规程（电网建设部分）（试行）》

违章表现	规程规定	规程依据
1）施工项目部管理人员未对施工人员进行安全教育培训和技术交底。 2）不停电跨越作业的施工人员未经考试合格	施工人员必须进行入场安全教育，经考试合格后方可进场	《国家电网公司电力安全工作规程（电网建设部分）（试行）》
不停电跨越作业的工作票负责人未经培训	跨越不停电电力线路施工，应按Q/GDW 1799.2规定的"电力线路第二种工作票"制度执行	《国家电网公司电力安全工作规程（电网建设部分）（试行）》
1）不停电跨越作业的工作票负责人未报线路运维单位审核备案。 2）不停电跨越作业的工作票工作任务不明确，分工不清。 3）不停电跨越作业的工作票施工安全风险识别、评估及控制措施不完善。 4）不停电跨越作业的工作票签发人或作业负责人未组织，安全、技术等相关人员现场勘察。 5）不停电跨越作业的作业人员与工作票上的人员数量不符，签名有代签现象。 6）不停电跨越作业的实际施工时间与工作票填写时间不符	跨越不停电电力线路施工，应按Q/GDW 1799.2规定的"电力线路第二种工作票"制度执行	《国家电网公司电力安全工作规程（电网建设部分）（试行）》
1）不停电跨越作业的木质跨越架所使用的立杆有效部分的小头直径小于70mm。 2）不停电跨越作业的木质跨越架所使用的横杆有效部分的小头直径小于80mm。 3）不停电跨越作业的木质跨越架所使用的杉木杆存在木质腐朽、损伤严重等现象。 4）不停电跨越作业的木质跨越架所使用的杉木杆弯曲过大	木质跨越架所使用的立杆有效部分的小头直径不得小于70mm，60mm～70mm的可双杆合并或单杆加密使用。横杆有效部分的小头直径不得小于80mm。木质跨越架所使用的杉木杆，出现木质腐朽、损伤严重或弯曲过大等情况的不得使用	《国家电网公司电力安全工作规程（电网建设部分）（试行）》
1）不停电跨越作业的毛竹跨越架的立杆、大横杆、剪刀撑和支杆有效部分的小头直径小于75mm。 2）不停电跨越作业的毛竹跨越架的小横杆有效部分的小头直径小于50mm。 3）不停电跨越作业的毛竹跨越架所使用的毛竹，有青嫩、枯黄、麻斑、虫蛀以及裂纹等情况	毛竹跨越架的立杆、大横杆、剪刀撑和支杆有效部分的小头直径不得小于75mm，50mm～75mm的可双杆合并或单杆加密使用。小横杆有效部分的小头直径不得小于50mm。毛竹跨越架所使用的毛竹，如有青嫩、枯黄、麻斑、虫蛀以及裂纹长度超过一节以上等情况的不得使用	《国家电网公司电力安全工作规程（电网建设部分）（试行）》

违章表现	规程规定	规程依据
1）不停电跨越作业的钢管跨越架未用外径 48mm～51mm 的钢管，立杆和大横杆未错开搭接。 2）不停电跨越作业的钢管跨越架立杆和大横杆错开搭接时搭接长度为 0.35m。 3）不停电跨越作业的钢管跨越架所使用的钢管，有弯曲严重、磕瘪变形、表面有严重腐蚀、裂纹或脱焊等情况。 4）不停电跨越作业的钢管跨越架，立杆底部未设置金属底座或垫木。 5）不停电跨越作业的钢管跨越架立杆底部未设置扫地杆。 6）钢管跨越架应有可靠接地措施	钢管跨越架宜用外径 48mm～51mm 的钢管，立杆和大横杆应错开搭接，搭接长度不得小于 0.5m。钢管跨越架所使用的钢管，如有弯曲严重、磕瘪变形、表面有严重腐蚀、裂纹或脱焊等情况的不得使用。钢管立杆底部应设置金属底座或垫木，并设置扫地杆	《国家电网公司电力安全工作规程（电网建设部分）（试行）》
1）不停电跨越作业的跨越架两端及每隔 6～7 根立杆未设置剪刀撑、支杆、拉线。 2）不停电跨越作业的拉线的挂点或支杆或剪刀撑的绑扎点未设在立杆与横杆的交接处，且与地面的夹角大于 60°。 3）不停电跨越作业的跨越架支杆埋入地下的深度为 0.25m	跨越架两端及每隔 6～7 根立杆应设置剪刀撑、支杆或拉线。拉线的挂点或支杆或剪刀撑的绑扎点应设在立杆与横杆的交接处，且与地面的夹角不得大于 60°。支杆埋入地下的深度不得小于 0.3m	《国家电网公司电力安全工作规程（电网建设部分）（试行）》
1）不停电跨越作业时，作业人员违章在跨越架内侧攀登、作业、从封顶架上通过。 2）不停电跨越作业的导线、地线、钢丝绳等通过跨越架时，未使用绝缘绳作引渡。 3）不停电跨越作业的引渡或牵引过程中，跨越架上有人	跨越不停电线路时，禁止作业人员在跨越架内侧攀登、作业，禁止从封顶架上通过。导线、地线、钢丝绳等通过跨越架时，应用绝缘绳作引渡。引渡或牵引过程中，跨越架上不得有人	《国家电网公司电力安全工作规程（电网建设部分）（试行）》
1）不停电跨越作业的悬索跨越架的承载索未用纤维编织绳，其综合安全系数在事故状态下小于 6，钢丝绳小于 5。 2）不停电跨越作业的牵引绳的安全系数小于 4.5。 3）不停电跨越作业的拉网（杆）绳的安全系数小于 4.5。 4）不停电跨越作业的网撑杆的强度和抗弯能力未根据实际荷载要求选用，安全系数小于 3。 5）不停电跨越作业的承载索悬吊绳安全系数小于 5。 6）不停电跨越作业的承载索、循环绳、牵网绳、支承索、悬吊绳、临时拉线的抗拉强度未满足施工设计要求。	悬索跨越架的承载索应用纤维编织绳，其综合安全系数在事故状态下应不小于 6，钢丝绳应不小于 5。拉网（杆）绳、牵引绳的安全系数应不小于 4.5。网撑杆的强度和抗弯能力应根据实际荷载要求，安全系数应不小于 3。承载索悬吊绳安全系数应不小于 5。承载索、循环绳、牵网绳、支承索、悬吊绳、临时拉线等的抗拉强度应满足施工设计要求。绝缘绳、网使用前	《国家电网公司电力安全工作规程（电网建设部分）（试行）》

违章表现	规程规定	规程依据
7）不停电跨越作业的绝缘绳、网有严重磨损、断股、污秽及受潮等现象。 8）不停电跨越作业可能接触带电体的绳索，使用前未经绝缘测试合格。 9）不停电跨越作业的绝缘网宽度未满足导线风偏后的保护范围。 10）不停电跨越作业的绝缘网伸出被保护的电力线外长度小于10m	应进行外观检查，绳、网有严重磨损、断股、污秽及受潮时不得使用。可能接触带电体的绳索，使用前均应经绝缘测试并合格。绝缘网宽度应满足导线风偏后的保护范围。绝缘网伸出被保护的电力线外长度不得小于10m	《国家电网公司电力安全工作规程（电网建设部分）（试行）》
1）不停电跨越10kV及以下线路时，10kV及以下线路与跨越架（面）导线的水平距离小于1.5m。 2）不停电跨越10kV及以下线路无地线时，封顶网与导线的垂直距离小于1.5m。 3）不停电跨越10kV及以下线路有地线时，封顶网与地线的垂直距离小于0.5m。 4）不停电跨越35kV线路时，35kV线路与跨越架（面）导线的水平距离小于1.5m。 5）不停电跨越35kV线路无地线时，封顶网与导线的垂直距离小于1.5m。 6）不停电跨越35kV线路有地线时，封顶网与地线的垂直距离小于0.5m。 7）不停电跨越66～110kV线路时，66～110kV线路与跨越架（面）导线的水平距离小于2m。 8）不停电跨越66～110kV线路无地线时，封顶网与导线的垂直距离小于2m。 9）不停电跨越66～110kV线路有地线时，封顶网与地线的垂直距离小于1.0m。 10）不停电跨越220kV线路时，220kV线路与跨越架（面）导线的水平距离小于2.5m。 11）不停电跨越220kV线路无地线时，封顶网与导线的垂直距离小于2.5m。 12）不停电跨越220kV线路有地线时，封顶网与地线的垂直距离小于1.5m。 13）不停电跨越330kV线路时，330kV线路与跨越架（面）导线的水平距离小于5m。 14）不停电跨越330kV线路无地线时，封顶网与导线的垂直距离小于4m。	在跨越电气化铁路和10kV及以上电力线的跨越架上使用绝缘绳、绝缘网封顶时，应满足下列规定： 1）10kV及以下线路与跨越架（面）水平距离1.5m，无地线时，封顶网与导线的垂直距离1.5m，有地线时，封顶网与地线的垂直距离0.5m。 2）35kV线路与跨越架水平距离1.5m，无地线，封顶网与导线的垂直距离1.5m，有地线时，封顶网与地线的垂直距离0.5m。 3）66～110kV线路与跨越架水平距离2m，无地线，封顶网与导线的垂直距离2m，有地线时，封顶网与地线的垂直距离1m。 4）220kV线路与跨越架水平距离2.5m，无地线，封顶网与导线的垂直距离2.5m，有地线时，封顶网与地线的垂直距离1.5m。	《国家电网公司电力安全工作规程（电网建设部分）（试行）》

违章表现	规程规定	规程依据
15）不停电跨越 330kV 线路有地线时，封顶网与地线的垂直距离小于 2.6m。 16）不停电跨越 500kV 线路时，500kV 线路与跨越架（面）导线的水平距离小于 6m。 17）不停电跨越 500kV 线路无地线时，封顶网与导线的垂直距离小于 5m。 18）不停电跨越 500kV 线路有地线时，封顶网与地线的垂直距离小于 3.6m	5）330kV 线路与跨越架水平距离 5m，无地线，封顶网与导线的垂直距离 4m，有地线时，封顶网与地线的垂直距离 2.6m。 6）500kV 线路与跨越架水平距离 6m，无地线，封顶网与导线的垂直距离 5m，有地线时，封顶网与地线的垂直距离 3.6m	《国家电网公司电力安全工作规程（电网建设部分）（试行）》
1）不停电跨越作业跨越档两端铁塔上的放线滑轮未采取接地保护措施。 2）不停电跨越作业放线前铁塔接地装置未安装完毕，接地不可靠。 3）不停电跨越作业人力牵引跨越放线时，跨越档相邻两侧的施工导、地线未接地	跨越档两端铁塔上的放线滑轮均应采取接地保护措施，放线前所有铁塔接地装置应安装完毕并应接地可靠。人力牵引跨越放线时，跨越档相邻两侧的施工导、地线应接地	《国家电网公司电力安全工作规程（电网建设部分）（试行）》
1）不停电跨越作业时施工人员在雷电、雨、雪、霜、雾，相对湿度大于 85%或 5 级以上大风天气下违章作业。 2）不停电跨越作业施工中遇雷电、雨、雪、霜、雾，相对湿度大于 85%或 5 级以上大风天气时，未将已展放好的网、绳加以安全保护	跨越不停电线路架线施工应在良好天气下进行，遇雷电、雨、雪、霜、雾，相对湿度大于 85%或 5 级以上大风天气时，应停止作业。如施工中遇到上述情况，则应将已展放好的网、绳加以安全保护	《国家电网公司电力安全工作规程（电网建设部分）（试行）》
不停电跨越作业的跨越架上最后通过的导线、地线、引绳或封网绳等，未留有绝缘绳做控制尾绳	跨越架上最后通过的导线、地线、引绳或封网绳等，应留有绝缘绳做控制尾绳，防止滑落至带电体上	《国家电网公司电力安全工作规程（电网建设部分）（试行）》
不停电跨越施工完毕后，作业人员未及时将带电线路上方的绳、网拆除并回收	跨越施工完毕后，应尽快将带电线路上方的绳、网拆除并回收	《国家电网公司电力安全工作规程（电网建设部分）（试行）》
不停电跨越作业跨越档两端铁塔的附件安装时作业人员未进行二道防护	跨越档两端铁塔的附件安装应进行二道防护，即采用包胶钢丝绳将导线圈住并挂于横担上	《国家电网公司电力安全工作规程（电网建设部分）（试行）》
1）不停电跨越作业架线附件安装时，作业人员未在作业区间两端装设保安接地线。 2）不停电跨越作业施工线路有高压感应电时，作业人员未在作业点两侧加装接地线。 3）不停电跨越作业地线有放电间隙的情况下，作业人员在地线附件安装前未采取接地措施	架线附件安装时，作业区间两端应装设保安接地线。施工线路有高压感应电时，应在作业点两侧加装接地线。地线有放电间隙的情况下，地线附件安装前应采取接地措施	《国家电网公司电力安全工作规程（电网建设部分）（试行）》

26 杆 塔 工 程

26.1 一般规定

违章表现	规程规定	规程依据
1）作业前未进行风险勘测，未进行站班会。 2）现场未设立专职监护人，作业区域未设置遮拦和安全警示标志或警示牌掉落，存在非作业人员进入作业区域的现象。 3）组立 220kV 以上电压等级线路的杆塔时，存在使用木抱杆现象	作业人员应熟悉施工区域的环境；组立或者拆、换杆塔时应设专责监护人，施工过程中应有专人指挥，信号统一，口令清晰，统一行动；组塔作业区域应设置提示遮拦等明显安全警示标志，非作业人员不得进入作业区；组立 220kV 以上电压等级线路的杆塔时，不得使用木抱杆	《国网电网公司电力安全工作规程（电网建设部分）（试行）》
1）未编写专项施工方案。 2）未填写《安全施工作业票 B》	杆塔施工前应编制专项施工方案	《国家电网公司输变电工程施工安全风险识别、评估及预控措施管理办法》[国网（基建/3）176—2015]
组塔的临时拉线未使用用钢丝绳。组塔用钢丝绳未进行荷载试验，或安全系数不满足施工要求	用于组塔或抱杆的临时拉线均应用钢丝绳。组塔用钢丝绳安全系数 K，动荷系数 K_1，及不均衡系数 K_2，满足规程要求	《国网电网公司电力安全工作规程（电网建设部分）（试行）》
1）组塔未设置临时地锚（含桩锚），或者使用不符合规定的地锚（桩锚）。 2）钢锚未经过鉴定报审。 3）木质锚体强度、质地不符合要求。 4）地锚开挖深度、马道不符合要求。 5）地锚未覆盖彩条布防雨水冲刷浸泡。 6）角铁桩或钢管桩一个桩上连接多根拉绳。 7）使用树木，岩石等代替地锚。 8）工程施工金具不准代替施工工具使用。 9）机械绞磨转动滚筒，钢丝绳绕圈不得小于 5 圈。 10）机械绞磨尾绳应指派专人操作	组塔应设置临时地锚（含桩锚），锚体强度应满足相连接的绳索的受力要求，钢制锚体的加强筋或拉环等焊接有裂缝或变形时应重新焊接，木质锚体应使用质地坚硬的木料，发现有虫蛀、腐烂变质者禁止使用。采用埋土地锚时，地锚绳套引出位置应开挖马道，马道与受力方向应一致。采用角铁桩或钢管桩时，一组桩的主桩上应控制一根拉绳。临时地锚应采取避免被雨水浸泡的措施。不得利用树木或外露岩石等承力大小不明物体作为主要受力钢丝绳地锚。地锚埋设应设专人检查验收，回填土层应逐层夯实	《国网电网公司电力安全工作规程（电网建设部分）（试行）》

违章表现	规程规定	规程依据
1）组塔作业前未对现场进行清理平整。 2）组塔所使用抱杆未经过鉴定报审。 3）存在抱杆连接不稳固或螺栓紧固不到位、焊接点开裂等现象。 4）抱杆系统所使用钢丝绳，吊点绳、承托绳、控制绳及拉线未使用U型环、链条葫芦等连接。 5）存在雨雪、大风等天气进行高空作业的现象	组塔作业前应遵守下列规定：应清除影响组塔的障碍物，如无法清除时应采取其他安全措施。应检查抱杆正直、焊接、铆固、连接螺栓紧固情况，判定合格后方可使用。吊件螺栓应全部紧固，吊点绳、承托绳、控制绳及内拉线等绑扎处受力部位，不得缺少构件。高度为80m以上铁塔组立前，应了解铁塔组立期间的当地气象条件，避开恶劣天气	《国网电网公司电力安全工作规程（电网建设部分）（试行）》
存在吊件垂直下方、受力钢丝绳的内角侧有人活动的现象	组塔过程中应遵守下列规定：吊件垂直下方不得有人；在受力钢丝绳的内角侧不得有人	《国网电网公司电力安全工作规程（电网建设部分）（试行）》
1）存在杆塔上有人时，通过调整临时拉线来校正杆塔倾斜或弯曲的现象。 2）组塔过程中，塔上塔下人员通信联络未保证畅通。 3）钢丝绳直接绑扎于塔材上，未设置衬垫软物	禁止在杆塔上有人时，通过调整临时拉线来校正杆塔倾斜或弯曲；分解组塔过程中，塔上塔下人员通信联络应畅通；钢丝绳与金属构件绑扎处，应衬垫软物	《国网电网公司电力安全工作规程（电网建设部分）（试行）》
1）组塔过程中将工器具及塔材临时浮搁放置在塔身或横担上。 2）杆塔组立过程中未对过夜的临时拉线采取安全措施	组装杆塔的材料及工器具禁止浮搁在已立的杆塔和抱杆上；组立的杆塔不得用临时拉线固定过夜，需要过夜时，应对临时拉线采取安全措施	《国网电网公司电力安全工作规程（电网建设部分）（试行）》
1）攀登高度80m以上铁塔无爬梯护笼时，未使用绳索式安全自锁器。 2）铁塔高度大于100m时，抱杆顶端未设置航空警示灯或红色旗号。 3）高空作业存在高空抛物现象	攀登高度80m以上铁塔宜沿有护笼的爬梯上下，如无爬梯护笼时，应采用绳索式安全自锁器沿脚钉上下，铁塔高度大于100m时，组立过程中抱杆顶端应设置航空警示灯或红色旗号	《国网电网公司电力安全工作规程（电网建设部分）（试行）》
铁塔组立过程中及电杆组立后，没有及时连接接地装置	铁塔组立过程中及电杆组立后，应及时与接地装置连接	《国网电网公司电力安全工作规程（电网建设部分）（试行）》
1）杆塔的临时拉线在永久拉线没有安装完毕前拆除，拆除时现场未设置专人统一指挥。 2）安装一根永久拉线随即拆除一根临时拉线。 3）铁塔组立后，存在地脚螺栓未拧紧、螺杆丝扣打毛丝扣的现象。 4）制作拉线未使用双沟紧线器	杆塔的临时拉线应在永久拉线全部安装完毕后方可拆除，拆除时应由现场指挥人统一指挥，禁止安装一根永久拉线随即拆除一根临时拉线。铁塔组立后，地脚螺栓应随时加垫板并拧紧螺帽及打毛丝扣	《国网电网公司电力安全工作规程（电网建设部分）（试行）》

违章表现	规程规定	规程依据
1) 拆除抱杆未采取防止拆除段自由倾倒的措施，且未采取分段拆除的措施。 2) 提前拧松或拆除部分抱杆分段连接螺栓	拆除抱杆应采取防止拆除段自由倾倒的措施，且宜分段拆除，不得提前拧松或拆除部分抱杆分段连接螺栓	《国网电网公司电力安全工作规程（电网建设部分）（试行）》
1) 索道架设未经方案报审。 2) 索道所使用的工器具不符合相关规定。 3) 索道在使用过程中存在超荷载使用的现象	线路专用货运索道；索道的设计、按照、检验、运行、拆卸应严格遵守 GB 12141《货运架空索道安全规范》、GB 50127《架空索道工程技术规范》、DL 5009.2《电力建设安全工作规程　第二部分：电力线路》及有关技术规定	《国网电网公司电力安全工作规程（电网建设部分）（试行）》
1) 索道所使用的设备未进行相关鉴定。 2) 索道架设方案有关受力计算不准确	索道设备出厂时应按有关标准进行有关检验，并出具合格证书。索道架设应按索道设计运输能力、选用的承力索规格、支撑点高度和高差、跨越物高度、索道档距精确计算索道架设弛度，架设时严格控制弛度误差范围	《国网电网公司电力安全工作规程（电网建设部分）（试行）》
1) 索道料场支架处未设置限位装置。 2) 低处料场及坡度较严重的支架处未设置档止装置	索道料场支架处应设置限位装置，低处料场及坡度较严重的支架处宜设立档止装置	《国网电网公司电力安全工作规程（电网建设部分）（试行）》
1) 索道架设完成后，未经过使用单位和监理单位安全检查验收合格就投入试运行。 2) 索道使用记录未体现试运痕迹。 3) 索道各支架及牵引设备处未采取临时接地措施	索道架设完成后，需经过使用单位和监理单位安全检查验收合格后才能投入试运行，索道试运行合格后，方可运行。索道架设后在各支架及牵引设备处安装临时接地装置	《国网电网公司电力安全工作规程（电网建设部分）（试行）》
1) 索道运行速度超过 10m/min。 2) 载重小车通过支架时未减速	索道运行速度应根据所运输物件的重量，调整发动机转速，最高运行速度不宜超过 10m/min，载重小车通过支架时，牵引速度应缓慢，通过支架后方可正常运行	《国网电网公司电力安全工作规程（电网建设部分）（试行）》
1) 索道运行时未按照操作规程进行操作。 2) 牵引设备卷筒上的钢索应缠绕圈数不符合要求。 3) 牵引设备的制动装置制动力不足	运行时发现有卡滞现象应停机检查，对于任一监护点发出的停机指令，均应立即停机，等查明原因且处理完毕后方可继续运行。牵引设备卷筒上的钢索至少应缠绕 5 圈，牵引设备的制动装置应经常检查，保持有效的制动力	《国网电网公司电力安全工作规程（电网建设部分）（试行）》
1) 索道运行过程中存在有人员在承重索下方停留的现象，下班后存在物件在空中悬挂。 2) 存在驱动装置未停机，装卸人员进入装卸区域作业的现象。 3) 索道有载人现象。在恶劣天气时未停止作业	索道运行过程中不得有人员在承重索下方停留，待驱动装置停机后，装卸人员方可进入装卸区域作业。索道禁止超载使用，禁止载人。遇有雷雨、五级及以上大风等恶劣天气时不得作业	《国网电网公司电力安全工作规程（电网建设部分）（试行）》

违章表现	规程规定	规程依据
1）施工单位未组织专家论证、审查，施工技术负责人负责人未在场指导。 2）未填写《安全施工作业票 B》。 3）承担运输任务的船舶缺少船舶检验合格证书、登记证书和必要的航行资料。 4）船舶载运存在超重、超长、超高、超宽的物体的现象。 5）遇有恶劣天气仍进行水上运输	1）船舶运输作业前编写专项施工方案。 2）填写《安全施工作业票 B》，运输前通知监理。 3）船舶运输应遵守水运管理部门和海事管理机构的有关规定。 4）承担运输任务的船舶必须具备船舶检验合格证书、登记证书和必要的航行资料，严禁租用无船名船号、无船舶证书、无船籍港"三无"船舶。 5）船舶运输前，应会同船舶管理人员制定运输路线、船舶安全、装卸作业以及捆绑固定等方案；船舶严禁超载、人员数量不得超过额定载客人数，并穿着救生衣。 6）船舶载运或者拖带超重、超长、超高、超宽的物体，应在装船或者拖带前24小时报海事管理机构，核定拟航行的航路、时间，并申报相应的安全措施，保障船舶载运或者拖带安全。船舶需要护航的，应当向海事管理机构申请护航。 7）遇有洪水或者大风、大雾、大雪等恶劣天气，应停止水上运输	《国家电网公司输变电工程施工安全风险识别、评估及预控措施管理办法》[国网（基建/3）176—2015]
1）施工单位未组织专家论证、审查，施工技术负责人未在场指导。 2）未填写《安全施工作业票 B》。 3）作业人员、施工、牵引绳索和拉线等不满足与带电体安全距离规定的要求。 4）车身应使用小于 16mm² 的铜线接地。起重机臂架、吊具、辅具、钢丝绳及吊物等不符合与带电体安全距离规定的要求。 5）作业过程风力大于 5 级	1）施工单位组织专家论证、审查，施工技术负责人在场指导。 2）填写《安全施工作业票 B》，作业通知监理旁站。 3）作业过程风力应不大于 5 级，并应有专人监护。 4）作业人员、施工、牵引绳索和拉线等必须满足与带电体安全距离规定的要求。如不能满足要求的安全距离时，应按照带电作业工作或停电进行。 5）使用起重机组塔时，车身应使用不小于 16mm² 的铜线可靠接地。起重机臂架、吊具、辅具、钢丝绳及吊物等应符合与带电体安全距离规定的要求	《国家电网公司输变电工程施工安全风险识别、评估及预控措施管理办法》[国网（基建/3）176—2015]
1）高处作业人员未进行年度体检或体检不满足从业要求+施工单位未组织进行高处作业人员进行年度体检或体检不满足从业要求。 2）安全员、质检员、高处作业人员、起重指挥、起重司索、起重司机、电焊工等特种作业人员上岗证不满足要求+安全员、质检员、高处作业人员、起重指挥、起重司索、起重司机、电焊工等特种作业人员上岗证不满足要求或无证上岗	1）凡参加高处作业的人员，每年一次体检。患有精神病、癫痫病及经医师鉴定患有高血压、心脏病等从事高处作业病症的人员。 2）安全员、质检员、高处作业人员、起重指挥、起重司索、起重司机、电焊工等特种作业人员持证上岗	《国家电网公司输变电工程施工安全风险识别、评估及预控措施管理办法》[国网（基建/3）176—2015]

违章表现	规程规定	规程依据
1) 绞磨设置在塔高的 1.2 倍距离以内，存在绞磨机工作夹角过小。 2) 钢丝绳存在断丝、磨损、锈蚀超标现象，存在断股、绳芯损坏或绳股挤出、笼状畸形、严重扭结或弯折现象。 3) 钢丝绳绳卡的使用不符合规程要求。 4) 钢丝绳套插接长度不足	绞磨应设置在塔高的 1.2 倍安全距离外，排设位置应平整，绞磨应放置平稳	《国家电网公司输变电工程施工安全风险识别、评估及预控措施管理办法》[国网（基建/3）176—2015]
未按照要求留存照片	绞磨应设置在塔高的 1.2 倍安全距离外，排设位置应平整，绞磨应放置平稳	《输变电工程安全质量过程控制数码照片管理工作要求》[基建安质〔2016〕56号]

26.2 钢筋混凝土电杆排焊

违章表现	规程规定	规程依据
1) 滚动杆段时滚动前方有人。 2) 排杆处没有平整或支垫坚实。 3) 用棍、杠撬拨杆段时，未采取防止其滑脱伤人的措施。 4) 存在将铁撬棍插入预埋孔转动杆段	滚动杆段时滚动前方不应有人。杆段顺向移动时，应随时将支垫处应木楔掩牢；用棍、杠撬拨杆段时，应防止其滑脱伤人，不得应铁撬棍插入预埋孔转动杆段；排杆处地形不平或土质松软，应先平整或支垫坚实，必要时杆段应用绳索锚固；杆段应支垫两点，支垫处两侧应用木楔掩牢	《国网电网公司电力安全工作规程（电网建设部分）（试行）》
1) 作业点周围 5m 内的易燃易爆物未清除干净。 2) 对两端封闭的钢筋混凝土电杆，未采取在其一端凿排气孔措施，直接焊接	作业点周围 5m 内的易燃易爆物应清除干净；对两端封闭的钢筋混凝土电杆，应先在其一端凿排气孔，然后焊接，焊接结束应及时采取防腐措施	《国网电网公司电力安全工作规程（电网建设部分）（试行）》
1) 运输、储存和使用过程中，未采取避免气瓶剧烈震动和碰撞措施。运输、储存和使用过程中，未采取避免气瓶剧烈震动和碰撞措施或安全距离不满足规程规定。 2) 气瓶使用时未采取可靠的防倾倒措施。 3) 乙炔瓶、气瓶未采取避免阳光曝晒措施。 4) 使用气瓶时未装有减压阀和回火防止器	1) 应按规定每 3 年定期进行技术检查，使用期满和送检未合格气瓶均不准使用。 2) 在运输、储存和使用过程中，避免气瓶剧烈震动和碰撞，防止脆裂爆炸，氧气瓶要有瓶帽和防震圈。 3) 禁止敲击和碰撞，气瓶使用时应采取可靠的防倾倒措施。 4) 乙炔瓶、气瓶应避免阳光曝晒，须远离明火或热源，乙炔瓶与明火距离不小于 10m。乙炔瓶、气瓶应储存在通风良好的库房，必须直立放置；周围设立防火防爆标志。	《国家电网公司输变电工程施工安全风险识别、评估及预控措施管理办法》[国网（基建/3）176—2015]

违章表现	规程规定	规程依据
5）红色氧气与蓝色乙炔胶管互相混和和代用。 6）乙炔瓶、气瓶应储存周围未设立防火防爆标志。 7）乙炔瓶与明火距离小于10m。 8）存在使用期满和送检不合格的气瓶	5）使用气瓶时必须装有减压阀和回火防止器，开启时操作者应站在阀门的侧后方，动作要轻缓，不要超过一圈半。 6）氧气与乙炔胶管不得互相混用和代用，不得用氧气吹除乙炔管内的堵塞物，同时应随时检查和消除割、焊炬的漏气或堵塞等缺陷，防止在胶管内形成氧气与乙炔的混合气体	《国家电网公司输变电工程施工安全风险识别、评估及预控措施管理办法》[国网（基建/3）176—2015]

26.3 杆塔组装

违章表现	规程规定	规程依据
1）组装构件连接对孔时，存在将手指伸入螺孔找正的现象。 2）传递工具及材料时存在有抛扔现象	组装构件连接对孔时，禁止将手指伸入螺孔找正；传递工具及材料不得抛扔	《国网电网公司电力安全工作规程（电网建设部分）（试行）》
1）在竖立的构件未连接牢固前未采取临时固定措施。 2）吊片时所带辅材自由端朝上时未与相连构件临时捆绑固定	组装断面宽大的塔片，在竖立的构件未连接牢固前应采取临时固定措施；分片组装铁塔时，所带辅材应能自由活动，辅材挂点螺栓螺帽应露扣，辅材自由端朝上时应与相连构件临时捆绑固定	《国网电网公司电力安全工作规程（电网建设部分）（试行）》
1）使用不符合荷载计算的抱杆。 2）连接螺栓存在以小带大或缺失现象	抱杆使用应遵守下列规定：抱杆规格应根据荷载计算确定，不得超负荷使用，搬运、使用中不得抛掷和碰撞；抱杆连接螺栓应按规定使用，不得以小带大	《国网电网公司电力安全工作规程（电网建设部分）（试行）》
1）存在抱杆弯曲超标，表面有腐蚀、裂纹、脱焊等现象。 2）抱杆帽或承脱环表面有裂纹、螺纹变形或缺少螺栓	金属抱杆、整体弯曲不得超过杆长的1/600，局部弯曲严重、磕瘪变形、表面腐蚀、裂纹或脱焊不得使用；抱杆帽或承脱环表面有裂纹、螺纹变形或螺栓缺少不得使用	《国网电网公司电力安全工作规程（电网建设部分）（试行）》
1）塔材未采取定置堆放措施。 2）强行拽拉搬运塔材	山地铁塔地面组装时应遵守下列规定：塔材不得顺斜坡堆放；选料应由上往下搬运，不得强行拽拉	《国网电网公司电力安全工作规程（电网建设部分）（试行）》
未采取防滑动、滚落措施	山坡上的塔片垫物应稳固，且应有防止构件滑动的措施；组装管型构件时，构件间未连接前应采取防止滚动的措施	《国网电网公司电力安全工作规程（电网建设部分）（试行）》

违章表现	规程规定	规程依据
1）多人组装同一塔段（片）时，无专人负责指挥。 2）高处作业人员安全防护用具配置不齐全	塔上组装应遵守下列规定：多人组装同一塔段（片）时，应由一人负责指挥；高处作业人员应站在塔身内侧或其他安全位置，且安全防护用具已设置可靠后方准作业	《国网电网公司电力安全工作规程（电网建设部分）（试行）》
1）未按照现场指挥人员统一指挥施工。 2）存在人员在未连接牢固的塔材上作业的现象	需要地面人员协助操作时，应经现场指挥人下达操作命令；塔片就位时应先低侧后高侧，主材与侧面大斜材未全部连接牢固前，不得在吊件上作业	《国网电网公司电力安全工作规程（电网建设部分）（试行）》

26.4 倒落式人字抱杆整体组立杆塔

违章表现	规程规定	规程依据
1）杆塔起吊前指挥人员未对现场准备进行检查。 2）杆塔侧面未设置专人监视。 3）人字抱杆根部未用钢丝绳连接牢固。 4）松软或冰滑地面抱杆未采取防沉、防滑措施。 5）组塔作业未设专人指挥	杆塔起吊前，现场指挥人应检查现场布置情况，各岗位作业人员检查各自操作项目的布置情况；指挥人员应站在能够观察到各个岗位的位置，但不得站在总牵引地锚受力的前方；杆塔侧面应设专人监视，传递信号应清晰畅通；电杆根部监视人员应站在杆根侧面，下坑操作前应停止牵引；总牵引地锚出土点、制动系统中心、抱杆顶点及杆塔中心四点应在同一垂直面上，不得偏移；人字抱杆的根部应保持在同一水平面上，并用钢丝绳连接牢固；抱杆支立在松软土质处时，其根部应有防沉措施，抱杆支立在坚硬或冰雪冻结的地面上时，其根部应有防滑措施；抱杆受力后发生不均匀沉降时，应及时进行调整	《国网电网公司电力安全工作规程（电网建设部分）（试行）》
1）起立抱杆的制动绳未在抱杆离地时及时拆除。 2）杆塔离地 0.5m 后未进行冲击试验	起立抱杆用的制动绳锚在杆塔身上时，应在杆塔刚离地面后及时拆除；杆塔顶部离地面约 0.5m 时，应暂停牵引，进行冲击试验，全面检查各受力部位，确认无问题后方可继续起立	《国网电网公司电力安全工作规程（电网建设部分）（试行）》
1）立杆过程未设置专人控制脱帽。 2）脱帽时未及时采取反向临时拉线措施	抱杆脱帽绳应穿过脱帽环由专人控制其脱落，抱杆脱帽时，杆塔应及时带上反向临时拉线，并应随电杆起立适度放出；杆塔起立角约 70°时应减慢牵引速度，约 80°时应停止牵引，利用临时拉线将电杆调正、调直	《国网电网公司电力安全工作规程（电网建设部分）（试行）》
1）双杆起立前所设置两个马道深度、坡度不一致。 2）无叉梁或横梁的门型杆塔起立未对吊点采取补强措施	∏型电杆起立前应挖马道、两杆马道的深度和坡度一致；无叉梁或无横梁的门型杆塔起立时，应在吊点处进行补强	《国网电网公司电力安全工作规程（电网建设部分）（试行）》

违章表现	规程规定	规程依据
1) 带拉线的转角塔未在内角侧设置半永久拉线。 2) 整体组立时未设置塔脚铰链，或铰链转动不灵活。 3) 临近带电体作业时，安全距离不足	带拉线的转角杆塔起立后，在安装永久拉线的同时，应在内角侧设置半永久拉线，该拉线应在架线结束后拆除；整体组立铁塔时，其根部应安装塔脚铰链，铰链应转动灵活，强度应符合施工设计要求；用两套倒落式抱杆同时起立门型杆塔时，现场布置和工器具配备应基本相同，两套系统的牵引速度应基本一致；临近带电体整体组立杆塔的最小安全距离应大于倒杆距离，并采取防感应电的措施	《国网电网公司电力安全工作规程（电网建设部分）（试行）》

26.5 分解组立钢筋混凝土电杆

违章表现	规程规定	规程依据
1) 21m 以上电杆起吊时绑扎点少于 2 点。 2) 电杆临时拉线数量不满足要求（单杆不得少于 4 根，双杆不得少于 6 根）	分解组立钢筋混凝土电杆宜采取人字抱杆任意方向单扳法；采用通天抱杆起吊单杆时，电杆长度不宜超过 21m，电杆绑扎点不得少于 2 个；电杆的临时拉线数量，单杆不得少于 4 根，双杆不得少于 6 根	《国网电网公司电力安全工作规程（电网建设部分）（试行）》
1) 存在抱杆的临时拉线妨碍施工的现象。 2) 临时拉线绑扎及锚固未采取可靠措施	抱杆的临时拉线设置不得妨碍电杆及横担的吊装，若为门型杆时，先立一根电杆的拉线不得妨碍待立电杆和横担的吊装，抱杆及电杆的临时拉线绑扎及锚固应牢固可靠，起吊前应经指挥人或专责监护人检查	《国网电网公司电力安全工作规程（电网建设部分）（试行）》
1) 横担未就位前存在杆塔上有人作业的现象。 2) 电杆起立后，临时拉线未固定时存在有人登杆作业的现象	横担吊装未达到设计位置前，杆上不得有人；电杆起立后，临时拉线在地面未固定前，不得登杆作业	《国网电网公司电力安全工作规程（电网建设部分）（试行）》

26.6 附着式外拉线抱杆分解组塔

违章表现	规程规定	规程依据
1) 未按照作业指导书施工，施工措施执行不到位。 2) 在构件起吊和就位过程中，调整安全拉线	升抱杆过程中，四侧临时拉线应由拉线控制人员根据指挥人命令适时调整；抱杆达到预定位置后，应将抱杆根部与塔身主材绑扎牢固，抱杆倾斜角不宜超过 15°；起吊构件前，吊件外侧应设置控制绳，吊装构件过程中，应对抱杆的垂直度进行监测，吊件控制绳应随吊件的提升均匀松出；构件起吊和就位过程中，不得调整安全拉线	《国网电网公司电力安全工作规程（电网建设部分）（试行）》

26.7 内悬浮内（外）拉线抱杆分解组塔

违章表现	规程规定	规程依据
承托绳悬挂点位置不正确	承托绳的悬挂电应设置在有大水平材的塔架断面处，若无大水平材时应验算塔架强度，必要时应采取补强措施。承托绳应绑扎在主材节点的上方。承托绳与主材连接处宜设置专门夹具，夹具的握着力应满足承托绳的承载能力。承托绳与抱杆主线间夹角不应大于45°	《国网电网公司电力安全工作规程（电网建设部分）（试行）》
1）承托绳绑扎不正确,造成主材变形。 2）承托绳直接和主材连接造成塔材和钢丝绳磨损。 3）承托绳规格不满足要求，承载力不够	承托绳的悬挂电应设置在有大水平材的塔架断面处，若无大水平材时应验算塔架强度，必要时应采取补强措施。承托绳应绑扎在主材节点的上方。承托绳与主材连接处宜设置专门夹具，夹具的握着力应满足承托绳的承载能力。承托绳与抱杆主线间夹角不应大于45°	《国网电网公司电力安全工作规程（电网建设部分）（试行）》
内拉线绑扎节点不牢固，内拉线夹角不够	抱杆内拉线的下端应绑扎在靠近塔架上端的主材节点下方。提升抱杆宜设置两道腰环，且间距不得小于 5m，以保持抱杆的竖直状态。构件吊起过程中抱杆腰环不得受力	《国网电网公司电力安全工作规程（电网建设部分）（试行）》
提升抱杆时未设置两道腰环	抱杆内拉线的下端应绑扎在靠近塔架上端的主材节点下方。提升抱杆宜设置两道腰环，且间距不得小于 5m，以保持抱杆的竖直状态。构件吊起过程中抱杆腰环不得受力	《国网电网公司电力安全工作规程（电网建设部分）（试行）》
1）起吊构件重量超出起吊安全重量。 2）构件控制绳未采取专人控制措施	应视构件结构情况在其上、下部位绑扎控制绳，下控制绳（也称攀根绳）宜使用钢丝绳。构件起吊过程中，下控制绳应随吊件的上升随之松出，保持吊件与塔架间距不小于 100mm	《国网电网公司电力安全工作规程（电网建设部分）（试行）》
1）抱杆存在变形损伤、螺栓连接不上、以小带大、无法组装直立的现象+抱杆存在变形损伤、螺栓连接不上、以小带大、缺失、无法组装直立的现象。 2）未采取抱杆防下沉措施	抱杆组装应直立，连接螺栓的规格应符合规定，并应全部拧紧。抱杆应坐落在坚实稳固平整的地基或设计规定的基础上，若为软弱地基时应采取防止抱杆下沉的措施	《国网电网公司电力安全工作规程（电网建设部分）（试行）》
存在无腰环或腰环固定钢丝绳松弛提升抱杆的现象	提升（顶升）抱杆时，不得少于两道腰环，腰环固定钢丝绳应呈水平并收紧，同时应设专人指挥。摇臂的中部位置或非吊件滑车位置不得悬挂起吊滑车或其他临时拉线	《国网电网公司电力安全工作规程（电网建设部分）（试行）》

违章表现	规程规定	规程依据
存在起吊滑车组未固定牢固长时间留在高空的现象	停工或过夜时，应将起吊滑车组收紧地面固定。禁止悬吊构件在空中停留过夜	《国网电网公司电力安全工作规程（电网建设部分）（试行）》
1）抱杆起吊构件时，未采取反方向受力措施。 2）起吊构件超重	抱杆采取单侧摇臂起吊构件时，对侧摇臂及起吊滑车组应收紧作为平衡拉线。吊装构件前，抱杆顶部应向受力反侧适度预倾斜。构件吊装过程中，应对抱杆的垂直度进行监视，抱杆向吊件侧倾斜不宜超过100mm.无拉线摇臂抱杆不易双侧同时起吊构件。若双侧起吊构件应设置抱杆临时拉线	《国网电网公司电力安全工作规程（电网建设部分）（试行）》
1）腰环滚动不灵活、变形等，不满足使用要求。 2）提升抱杆未设置专人监视拉线及抱杆状态	抱杆提升过程中，应监视腰环与抱杆不得卡阻，抱杆提升时拉线应呈松弛状态。抱杆就位后，四侧拉线应收紧并固定，组塔过程中应有专人值守	《国网电网公司电力安全工作规程（电网建设部分）（试行）》
1）抱杆未采取可靠接地措施。 2）抱杆连接螺栓未紧固	抱杆各部件应连接牢固，并设置附着和配重。抱杆应用良好的接地装置，接地电阻不得大于 4Ω。构件应装在起重臂下方，且符合起重臂允许起重力矩要求	《国网电网公司电力安全工作规程（电网建设部分）（试行）》

26.8 流动式起重机组塔

违章表现	规程规定	规程依据
1）特殊场地施工，未根据现场实际情况采取补充措施。 2）起重机附近障碍物未清除	指挥人员看不清作业地点或操作人员看不清指挥信号时，均不得进行起吊作业。起重机作业位置的地基应稳固，附近的障碍物应清除	《国网电网公司电力安全工作规程（电网建设部分）（试行）》
1）已组装段塔材没有安装齐全或安装不正确的情况下吊装。 2）吊件离地 100mm 时未进行浮材检查。 3）吊件时控制绳应采取与吊件同步调整措施	吊装铁塔前，应对已组塔段（片）进行全面检查。吊件离开地面约 100mm 时应暂停起吊并进行检查，确认正常且吊件上无搁置物及人员后方可继续起吊，起吊速度应均匀。分段吊装铁塔时，上下段间有任何一处连接后，不得旋转起重臂的方法进行移位找正。分段分片吊装铁塔时，控制绳应随吊件同步调整	《国网电网公司电力安全工作规程（电网建设部分）（试行）》
1）未经过检测或检验不合格的起重机进入施工现场。 2）存在起重机在运转中进行调整的现象	起重机在作业中出现异常时，应采取措施放下吊件，停止运转后进行检修，不得在运转中进行调整或检修	《国网电网公司电力安全工作规程（电网建设部分）（试行）》

违章表现	规程规定	规程依据
1）靠近带电体施工时，未制定专项安全措施及施工方案。 2）在电力线附近组塔时，起重机未接地。	在电力线附近组塔时，起重机应接地良好。起重机及吊件、牵引绳索和拉绳与带电体的最小安全距离应符合表19的规定	《国网电网公司电力安全工作规程（电网建设部分）（试行）》
1）存在起重臂下和重物经过的地方有人通过或逗留的现象。 2）抬吊时两台起重器受力不均衡。 3）未编写专项施工方案。 4）未填写《安全施工作业票B》	使用两台起重机抬调同一构件时，起重机承担的构件重量应考虑不平衡系数后且不应超过单机额定起吊重量的80%。两台起重机应互相协调，起吊速度应基本一致。起重臂下和重物经过的地方禁止有人逗留或通过	《国网电网公司电力安全工作规程（电网建设部分）（试行）》

26.9 直升机作业

违章表现	规程规定	规程依据
1）地面指挥、控制观察、设备控制、救生人员组织机构不健全。 2）参与施工人员未经过相关安全知识培训。 3）参与施工人员未经过相关安全知识培训。 4）作业前未采取勘查现场、掌握气候情况熟悉飞行周边地形、地貌等措施。 5）作业前未采取勘查现场、掌握气候情况熟悉飞行周边地形、地貌等措施	根据任务性质不同应包括地面指挥、空中观察、设备控制、救生人员等，机组与作业人员之间应协同配合，地面人员应接受有关安全知识的培训。应根据作业环境、任务性质选择适合型号的直升机实施外载荷飞行，作业时机组应充分考虑机型升限、单发性能以及区域天气变化对直升机性能的影响。机组人员应事先到目的地区域进行实地考察，查看目的地周边障碍物（如山、高压线、栀状物、建筑物等）情况以及净空条件是否能满足直升机起降要求	《国网电网公司电力安全工作规程（电网建设部分）（试行）》
1）直升飞机起落标志不清晰，存在未经授权的人员进入标识区的现象。 2）现场施工记录未涵盖气候、海拔、温度等内容	直升机着落区及停机坪区应进行标识，应设立安全隔离区以限制未经授权的人员进入。起降点区域大小应满足直升机起降的尺寸要求，确保起降区域无易吹起的浮雪、扬尘及其他类似物体。确定降落场地的海拔高度、温度以及航线的最低安全高度以满足直升机的性能要求，准确掌握作业区域气象信息，确保飞行安全	《国网电网公司电力安全工作规程（电网建设部分）（试行）》
1）作业前未进行明确分工。 2）现场未采取警戒带隔离施工区域的措施，未进行标识警示及风险动态评估	实施作业前应明确分工，确定挂钩、脱钩等作业人员，确保参与作业人员清楚作业流程。应综合作业区域气象条件、直升机性能、紧急抛物处置时间、返场备份油料等因素，确定组塔外载荷最大重量并制定措施严格控制，避免超重。根据外载荷种类和所挂货物重量重新计算直升机重心，应确保重心不能超限。应在作业区域周边空旷地带，规划、选定抛物区，并设置隔离措施，满足直升机紧急情况时的抛物需求	《国网电网公司电力安全工作规程（电网建设部分）（试行）》

违章表现	规程规定	规程依据
作业实施过程中，没有人员在起降区域担任现场指挥	作业实施过程中，应有有经验的人员在起降区域担任现场指挥。在启动过程中，机外人员不得处于旋翼转面下，且应远离尾桨	《国网电网公司电力安全工作规程（电网建设部分）（试行）》
1）作业前未检查通信设备、措施。 2）未使用合适长度的钢索，作业时超速。 3）作业期间，地面作业人员未做好防静电措施	现场监控人员应配备无线电耳机，保证监控人员和机组人员的交流畅通。应充分领用机载设备，保持合适的作业高度，防止作业期间刮碰障碍物。应使用合适长度的钢索减少摆动，作业时禁止超速，影响到飞行操作乃至安全时应选择合适时机刨除载荷。作业期间，地面作业人员应做好防静电措施	《国网电网公司电力安全工作规程（电网建设部分）（试行）》
1）在直升机起吊过程中，导轨、限位装置不符合要求。 2）吊件对接就位过程中，对接面作业人员未采取安全防护措施	对接塔材时，导轨系统应准确，水平、垂直限位装置应牢固可靠。就位塔段安装固定后，直升机上升过程应缓慢，防止控制绳与杆塔发生缠绕。吊件对接就位过程中，对接面作业人员应采取安全防护措施	《国网电网公司电力安全工作规程（电网建设部分）（试行）》
1）夜间、恶劣天气未停止作业。 2）个人安保防护佩戴不齐全	依据起降区域作业期间可能出现的季节性天气应做好特殊的防护准备，若遇雷雨、大风、霜冻、降雪、冰雹等恶劣天气应停止作业，夜间禁止作业。因作业区域常在高原山区、丛林戈壁，参与作业人员应做好个人防护措施，应根据作业区域配备氧气设备、护目镜、有毒蚊虫防护服等	《国网电网公司电力安全工作规程（电网建设部分）（试行）》

26.10 杆塔拆除

违章表现	规程规定	规程依据
未制定拆除措施进行拆塔施工	不得随意整体拉倒杆塔或在塔上有导、地线的情况下整体拆除	《国网电网公司电力安全工作规程（电网建设部分）（试行）》
旧塔有损伤，塔材缺料时未采取补强措施	采用新塔拆除旧塔或用旧塔组立新塔时，应对旧塔进行检查，必要时应采取补强措施	《国网电网公司电力安全工作规程（电网建设部分）（试行）》
1）杆塔拆除未对现场施工进行勘查，未对危险点制定预防措施。 2）施工方案未进行审批程序，现场未对施工人员进行交底。	杆塔拆除应该根据现场地形、交跨情况确定拆塔方案，并应遵守下列规定。分解拆除铁塔时，应按照组塔的逆顺序操作，现将待拆构件受力后，方准拆除连接螺	《国网电网公司电力安全工作规程（电网建设部分）（试行）》

违章表现	规程规定	规程依据
3）施工前未对施工人员宣读工作票告知危险点和预防措施及注意事项。 4）施工区域未设置安全警示标志，存在无关人员进入现场的现象。 5）未将永久拉线换为临时拉线	栓。整体倒塔时应有专人指挥，设立 1.2 倍倒杆距离警戒区，由专人巡查监护，明确倒杆方向。拉线塔拆除时应先将原永久拉线更换为临时拉线在进行拆除作业	《国网电网公司电力安全工作规程（电网建设部分）（试行)》
拆除受力构件时未采取补强措施	拆除杆塔的受力构件前应转换构件承力方式或对其进行补强	《国网电网公司电力安全工作规程（电网建设部分）（试行)》
1）无证人员违规进行操作施工。 2）现场未采取安保和防火、防爆措施	拆塔采用气（焊）割作业时，应遵守本规程 4.6 的有关规定	《国网电网公司电力安全工作规程（电网建设部分）（试行)》

27 架 线 工 程

27.1 施工方案

违章表现	规程规定	规程依据
1) 未编制搭设方案或施工作业指导书。 2) 未经过审批，或未办理相关手续。 3) 跨越架搭设前未进行安全技术交底	跨越架的搭设应有搭设方案或施工作业指导书，并经审批后办理相关手续。跨越架搭设前应进行安全技术交底	《国网电网公司电力安全工作规程（电网建设部分）（试行）》
搭设或拆除跨越架未设专责监护人	搭设或拆除跨越架应设专责监护人，核查专责监护人与施工作业票中专责监护人是否一致	《国网电网公司电力安全工作规程（电网建设部分）（试行）》
现场实际状况与施工方案不相符	跨越架架体的强度，应能在发生断线或跑线时承受冲击荷载	《国网电网公司电力安全工作规程（电网建设部分）（试行）》

27.2 跨越架搭设与拆除

违章表现	规程规定	规程依据
现场实际状况与施工方案不相符	跨越架应采取防倾覆措施	《国网电网公司电力安全工作规程（电网建设部分）（试行）》
搭设跨越架，未事先与被跨越设施的产权单位取得联系	搭设跨越架，应事先与被跨越设施的产权单位取得联系，必要时应请其派员监督检查	《国网电网公司电力安全工作规程（电网建设部分）（试行）》
1) 跨越架的中心未在线路中心线上，跨越架搭设长度不满足施工要求。 2) 架顶两侧无外伸羊角	跨越架的中心应在线路中心线上，宽度应考虑施工期间牵引绳或导地线风偏后超出新建线路两边线各2.0m，且架顶两侧应设外伸羊角	《国网电网公司电力安全工作规程（电网建设部分）（试行）》
跨越架与铁路、公路及通信线的最小安全距离小于《国家电网公司电力安全工作规程（电网建设部分）（试行）》中的有关规定	跨越架与铁路、公路及通信线的最小安全距离应符合表20的规定。跨越架与高速铁路的最小安全距离应符合表21的规定	《国网电网公司电力安全工作规程（电网建设部分）（试行）》

违章表现	规程规定	规程依据
跨越架横担中心未在新架线路每相（极）导线的中心垂直投影上	跨越架横担中心应设置在新架线路每相（极）导线的中心垂直投影上	《国网电网公司电力安全工作规程（电网建设部分）（试行）》
各类型金属格构式跨越架架顶未设置挂胶滚筒或挂胶滚动横梁	各类型金属格构式跨越架架顶应设置挂胶滚筒或挂胶滚动横梁	《国网电网公司电力安全工作规程（电网建设部分）（试行）》
跨越架上未悬挂醒目的警告标志及夜间警示装置	跨越架上应悬挂醒目的警告标志及夜间警示装置	《国网电网公司电力安全工作规程（电网建设部分）（试行）》
1）跨越架未设专人看护。 2）跨越铁路、公路时跨越架未设置反光标志。 3）跨越公路时，未在跨越段前200m处设置限高提示。 4）跨越架未经取得相应资格的专业人员搭设	跨越架须经取得相应资格的专业人员搭设，验收合格后使用。架体上应悬挂醒目的安全警示标志，并设专人看护。跨越铁路、公路时应设置反光标志、跨越公路时，还应在跨越段前200m处设置限高提示	《国网电网公司电力安全工作规程（电网建设部分）（试行）》
1）现场未经监理及使用单位验收。 2）未悬挂验收牌	跨越架应经现场监理及使用单位验收合格后方可使用	《国网电网公司电力安全工作规程（电网建设部分）（试行）》
1）强风、暴雨过后未对跨越架进行检查。 2）未确认合格继续使用	强风、暴雨过后应对跨越架进行检查，确认合格后方可使用	《国网电网公司电力安全工作规程（电网建设部分）（试行）》
未在公路前方距跨越架适当距离设置提示标志	跨越公路的跨越架，应在公路前方距跨越架适当距离设置提示标志	《国网电网公司电力安全工作规程（电网建设部分）（试行）》
1）新型金属格构式跨越架架体未经载荷试验。 2）未有试验报告及产品合格证	新型金属格构式跨越架架体应经载荷试验，具有试验报告及产品合格证后方可使用	《国网电网公司电力安全工作规程（电网建设部分）（试行）》
跨越架的各个立柱未有独立的拉线系统，立柱的长细比大于120	跨越架的拉线位置应根据现场地形情况和架体组立高度确定。跨越架的各个立柱应有独立的拉线系统，立柱的长细比一般不应大于120	《国网电网公司电力安全工作规程（电网建设部分）（试行）》

违章表现	规程规定	规程依据
绳索选用存在以小代大现象	1）承载索、循环绳、牵网绳、支承索、悬吊绳、临时拉线等的抗拉强度应满足施工设计要求。 2）悬索跨越架的承载索应用纤维编织绳，其综合安全系数在事故状态下应不小于6，钢丝绳应不小于5。拉网（杆）绳、牵引绳的安全系数应不小于4.5。网撑竿的强度和抗弯能力应根据实际荷载要求，安全系数应不小于3。承载索悬吊绳安全系数应不小于5	《国网电网公司电力安全工作规程（电网建设部分）（试行）》
绳、网存在有严重磨损、断股、污秽及受潮的现象时仍在使用	绝缘绳、网使用前应进行外观检查，绳、网有严重磨损、断股、污秽及受潮时不得使用	《国网电网公司电力安全工作规程（电网建设部分）（试行）》
可能接触带电体的绳索，使用前未经绝缘测试	可能接触带电体的绳索，使用前均应经绝缘测试并合格	《国网电网公司电力安全工作规程（电网建设部分）（试行）》
绝缘网伸出被保护的电力线外长度小于10m	绝缘网宽度应满足导线风偏后的保护范围。绝缘网伸出被保护的电力线外长度不得小于10m	《国网电网公司电力安全工作规程（电网建设部分）（试行）》
1）木质跨越架所使用的立杆有效部分的小头直径小于70mm。 2）立杆有效部分的小头直径60～70mm的未双杆合并或单杆未加密使用。 3）横杆有效部分的小头直径小于80mm	木质跨越架所使用的立杆有效部分的小头直径不得小于70mm，60～70mm的可双杆合并或单杆加密使用。横杆有效部分的小头直径不得小于80mm	《国网电网公司电力安全工作规程（电网建设部分）（试行）》
木质跨越架所使用的杉木杆，出现木质腐朽、损伤严重或弯曲过大等情况的仍在使用	木质跨越架所使用的杉木杆，出现木质腐朽、损伤严重或弯曲过大等情况的不得使用	《国网电网公司电力安全工作规程（电网建设部分）（试行）》
1）毛竹跨越架的立杆、大横杆、剪刀撑和支杆有效部分的小头直径小于75mm。 2）50～75mm未双杆合并或单杆未加密使用。 3）小横杆有效部分的小头直径小于50mm	毛竹跨越架的立杆、大横杆、剪刀撑和支杆有效部分的小头直径不得小于75mm，50～75mm的可双杆合并或单杆加密使用。小横杆有效部分的小头直径不得小于50mm	《国网电网公司电力安全工作规程（电网建设部分）（试行）》

违章表现	规程规定	规程依据
毛竹跨越架所使用的毛竹，如有青嫩、枯黄、麻斑、虫蛀以及裂纹长度超过一节以上等情况的仍在使用	毛竹跨越架所使用的毛竹，如有青嫩、枯黄、麻斑、虫蛀以及裂纹长度超过一节以上等情况的不得使用	《国网电网公司电力安全工作规程（电网建设部分）（试行）》
木、竹跨越架的立杆、大横杆应错开搭接，搭接长度小于 1.5m，绑扣少于 3 道。立杆、大横杆、小横杆相交时，有一扣绑 3 根现象	木、竹跨越架的立杆、大横杆应错开搭接，搭接长度不得小于 1.5m，绑扎时小头应压在大头上，绑扣不得少于 3 道。立杆、大横杆、小横杆相交时，应先绑 2 根，再绑第 3 根，不得一扣绑 3 根	《国网电网公司电力安全工作规程（电网建设部分）（试行）》
1）木、竹跨越架立杆均垂直埋入坑内，杆坑底部应夯实，埋深少于 0.5m，且大头朝上，回填土未夯实。 2）遇松土或地面无法挖坑时未绑扫地杆。 3）跨越架的横杆未与立杆成直角搭设	木、竹跨越架立杆均应垂直埋入坑内，杆坑底部应夯实，埋深不得少于 0.5m，且大头朝下，回填土应夯实。遇松土或地面无法挖坑时应绑扫地杆。跨越架的横杆应与立杆成直角搭设	《国网电网公司电力安全工作规程（电网建设部分）（试行）》
钢管跨越架立杆和大横杆未错开搭接，搭接长度小于 0.5m	钢管跨越架宜用外径 48mm～51mm 的钢管，立杆和大横杆应错开搭接，搭接长度不得小于 0.5m	《国网电网公司电力安全工作规程（电网建设部分）（试行）》
钢管跨越架所使用的钢管，有弯曲严重、磕瘪变形、表面有严重腐蚀、裂纹或脱焊等情况的仍在使用	钢管跨越架所使用的钢管，如有弯曲严重、磕瘪变形、表面有严重腐蚀、裂纹或脱焊等情况的不得使用	《国网电网公司电力安全工作规程（电网建设部分）（试行）》
钢管立杆底部未设置金属底座或垫木，无扫地杆	钢管立杆底部应设置金属底座或垫木，并设置扫地杆	《国网电网公司电力安全工作规程（电网建设部分）（试行）》
1）跨越架两端及每隔 6～7 根立杆无剪刀撑、支杆或拉线。 2）拉线的挂点或支杆或剪刀撑的绑扎点未设在立杆与横杆的交汇处，拉线的挂点与地面的夹角大于 60°。 3）支杆埋入地下的深度小于 0.3m	跨越架两端及每隔 6～7 根立杆应设置剪刀撑、支杆或拉线。拉线的挂点或支杆或剪刀撑的绑扎点应设在立杆与横杆的交接处，且与地面的夹角不得大于 60°。支杆埋入地下的深度不得小于 0.3m	《国网电网公司电力安全工作规程（电网建设部分）（试行）》
各种材质跨越架的立杆、大横杆及小横杆的间距大于规定	各种材质跨越架的立杆、大横杆及小横杆的间距不得大于规定	《国网电网公司电力安全工作规程（电网建设部分）（试行）》

违章表现	规程规定	规程依据
1）附件安装未完，开始拆除跨越架。 2）钢管、木质、毛竹跨越架未自上而下逐根拆除，有抛扔现象。 3）上下同时拆架或将跨越架整体推倒	附件安装完毕后，方可拆除跨越架。钢管、木质、毛竹跨越架应自上而下逐根拆除，并应有人传递，不得抛扔。不得上下同时拆架或将跨越架整体推倒	《国网电网公司电力安全工作规程（电网建设部分）（试行）》
1）采用提升架拆除金属格构式跨越架架体时，未严格控制拉线。 2）未用经纬仪监测垂直度	采用提升架拆除金属格构式跨越架架体时，应控制拉线并用经纬仪监测垂直度	《国网电网公司电力安全工作规程（电网建设部分）（试行）》

27.3　人力及机械牵引放线

违章表现	规程规定	规程依据
放线时存在有无通信联络的现象下开始放线	放线时的通信应畅通、清晰、指令统一，不得在无通信联络的情况下放线	《国网电网公司电力安全工作规程（电网建设部分）（试行）》
1）被跨越的低压线路或弱电线路需要开断时，未事先征得有关单位的同意。 2）开断低压线路不遵守停电作业的有关规定。 3）开断时无防止电杆倾倒的措施	被跨越的低压线路或弱电线路需要开断时，应事先征得有关单位的同意。开断低压线路应遵守停电作业的有关规定。开断时应有防止电杆倾倒的措施	《国网电网公司电力安全工作规程（电网建设部分）（试行）》
1）放线滑车使用前未进行外观检查，直接使用。 2）带有开门装置的放线滑车，无关门保险	放线滑车使用前应进行外观检查。带有开门装置的放线滑车，应有关门保险	《国网电网公司电力安全工作规程（电网建设部分）（试行）》
1）线盘架存在不稳固、转动不灵活、制动实效的情况。 2）运转不稳时，未打上临时拉线固定	线盘架应稳固，转动灵活，制动可靠。必要时打上临时拉线固定	《国网电网公司电力安全工作规程（电网建设部分）（试行）》
1）穿越滑车的引绳未根据导、地线的规格选用，引绳与线头的连接不牢固。 2）引绳与线头的连接穿越滑车时，有作业人员站在导线、地线的垂直下方	穿越滑车的引绳应根据导、地线的规格选用。引绳与线头的连接应牢固。穿越时，作业人员不得站在导线、地线的垂直下方	《国网电网公司电力安全工作规程（电网建设部分）（试行）》
线盘或线圈展放处，未设专人传递信号	线盘或线圈展放处，应设专人传递信号	《国网电网公司电力安全工作规程（电网建设部分）（试行）》

违章表现	规程规定	规程依据
1）作业人员站在线圈内操作。 2）线盘或线圈接近放完时，未减慢牵引速度	作业人员不得站在线圈内操作。线盘或线圈接近放完时，应减慢牵引速度	《国网电网公司电力安全工作规程（电网建设部分）（试行）》
1）架线时对被跨越的房屋、路口、河塘、裸露岩石无专人监护。 2）跨越架和人畜较多处无专人监护	架线时，除应在杆塔处设监护人外，对被跨越的房屋、路口、河塘、裸露岩石及跨越架和人畜较多处均应派专人监护	《国网电网公司电力安全工作规程（电网建设部分）（试行）》
1）导线、地线（光缆）被障碍物卡住时，作业人员不应站在线弯的内侧处理。 2）导线、地线（光缆）被障碍物卡住时，作业人员直接用手推拉	导线、地线（光缆）被障碍物卡住时，作业人员应站在线弯的外侧，并应使用工具处理，不得直接用手推拉	《国网电网公司电力安全工作规程（电网建设部分）（试行）》
1）人力放线时，领线人未由技工担任，未随时注意前后信号。 2）拉线人员行走不直，相互间距离过大或过小随意	人力放线时领线人应由技工担任，并随时注意前后信号。拉线人员应走在同一直线上，相互间保持适当距离	《国网电网公司电力安全工作规程（电网建设部分）（试行）》
1）机械牵引放线时导引绳或牵引绳的连接未使用专用连接工具。 2）牵引绳与导线、地线（光缆）连接未使用专用连接网套或专用牵引头	机械牵引放线时导引绳或牵引绳的连接应用专用连接工具。牵引绳与导线、地线（光缆）连接应使用专用连接网套或专用牵引头	《国网电网公司电力安全工作规程（电网建设部分）（试行）》
拖拉机直接牵引放线时途经的桥梁、涵洞未事先进行检查与鉴定，存在冒险强行施工的现象	拖拉机直接牵引放线时途经的桥梁、涵洞应事先进行检查与鉴定，不得冒险强行施工	《国网电网公司电力安全工作规程（电网建设部分）（试行）》

27.4 张力放线

违章表现	规程规定	规程依据
1）使用牵引机和张力机时操作人员未严格依照使用说明书要求进行各项功能操作。 2）使用牵引机和张力机时存在有超速、超载、超温、超压或带故障运行	使用牵引机和张力机时操作人员应严格依照使用说明书要求进行各项功能操作，禁止超速、超载、超温、超压或带故障运行	《国网电网公司电力安全工作规程（电网建设部分）（试行）》
1）使用牵引机和张力机前未对设备的布置、锚固、接地装置以及机械系统进行全面的检查。 2）使用牵引机和张力机前未进行运转试验	使用牵引机和张力机前应对设备的布置、锚固、接地装置以及机械系统进行全面的检查，并做运转试验	《国网电网公司电力安全工作规程（电网建设部分）（试行）》

违章表现	规程规定	规程依据
1）牵引机、张力机进出口与邻塔悬挂点的高差未能满足设备的技术要求。 2）牵引机、张力机进出口与线路中心线的夹角未能满足设备的技术要求	牵引机、张力机进出口与邻塔悬挂点的高差及与线路中心线的夹角应满足设备的技术要求	《国网电网公司电力安全工作规程（电网建设部分）（试行）》
1）牵引机牵引卷筒槽底直径小于被牵引钢丝绳直径的25倍。 2）对于使用频率较高的牵引机钢丝绳卷筒未检查槽底磨损状态。 3）遇有牵引机钢丝绳卷筒槽底有磨损，未及时维修仍继续使用	牵引机牵引卷筒槽底直径不得小于被牵引钢丝绳直径的25倍；对于使用频率较高的钢丝绳卷筒应定期检查槽底磨损状态，及时维修	《国网电网公司电力安全工作规程（电网建设部分）（试行）》
放线滑车允许荷载应满足放线的强度要求，安全系数小于3	放线滑车允许荷载应满足放线的强度要求，安全系数不得小于3	《国网电网公司电力安全工作规程（电网建设部分）（试行）》
放线滑车悬挂凭经验估计对导引绳、牵引绳的上扬严重程度，凭经验选择悬挂方法及挂具规格	放线滑车悬挂应根据计算对导引绳、牵引绳的上扬严重程度，选择悬挂方法及挂具规格	《国网电网公司电力安全工作规程（电网建设部分）（试行）》
转角塔（包括直线转角塔）的预倾滑车及上扬处的压线滑车无专人监护	转角塔（包括直线转角塔）的预倾滑车及上扬处的压线滑车应设专人监护	《国网电网公司电力安全工作规程（电网建设部分）（试行）》
使用导线、地线连接网套时导线、地线连接网套的使用与所夹持的导线、地线规格不匹配	使用导线、地线连接网套时导线、地线连接网套的使用应与所夹持的导线、地线规格相匹配	《国网电网公司电力安全工作规程（电网建设部分）（试行）》
导线、地线穿入网套应到位。网套夹持导线、地线的长度少于导线、地线直径的30倍	导线、地线穿入网套应到位。网套夹持导线、地线的长度不得少于导线、地线直径的30倍	《国网电网公司电力安全工作规程（电网建设部分）（试行）》
1）网套末端未用铁丝绑扎。 2）网套端采用铁丝绑扎，绑扎圈数少于20圈	网套末端应用铁丝绑扎，绑扎不得少于20圈	《国网电网公司电力安全工作规程（电网建设部分）（试行）》
导线、地线连接网套每次使用前未对其进行检查，有断丝者仍在使用	导线、地线连接网套每次使用前，应逐一检查，发现有断丝者不得使用	《国网电网公司电力安全工作规程（电网建设部分）（试行）》

违章表现	规程规定	规程依据
1）较大截面的导线穿入网套前，其端头未做坡面梯节处理。 2）施工过程中需要导线对接时未使用双头网套	较大截面的导线穿入网套前，其端头应做坡面梯节处理；施工过程中需要导线对接时宜使用双头网套	《国网电网公司电力安全工作规程（电网建设部分）（试行）》
卡线器规格的选用与所夹持的线（绳）不匹配	卡线器的使用应与所夹持的线（绳）规格相匹配	《国网电网公司电力安全工作规程（电网建设部分）（试行）》
1）卡线器存在有裂纹、弯曲、转轴不灵活的现象时仍在使用。 2）卡线器钳口斜纹磨平时仍在使用	卡线器有裂纹、弯曲、转轴不灵活或钳口斜纹磨平等缺陷的禁止使用	《国网电网公司电力安全工作规程（电网建设部分）（试行）》
抗弯连接器表面不平滑，与连接的绳套不匹配	抗弯连接器表面应平滑，与连接的绳套相匹配	《国网电网公司电力安全工作规程（电网建设部分）（试行）》
1）抗弯连接器存在有裂纹、变形、磨损严重的现象时仍在使用。 2）抗弯连接器连接件拆卸不灵活时仍在使用	抗弯连接器有裂纹、变形、磨损严重或连接件拆卸不灵活时禁止使用	《国网电网公司电力安全工作规程（电网建设部分）（试行）》
1）旋转连接器不经检查直接使用，转动有卡阻现象。 2）旋转连接器有超负荷使用现象	旋转连接器使用前，检查外观应完好无损，转动灵活无卡阻现象。禁止超负荷使用	《国网电网公司电力安全工作规程（电网建设部分）（试行）》
1）旋转连接器有裂纹、变形、磨损严重时仍在使用。 2）旋转连接器连接件拆卸不灵活时仍在使用	旋转连接器发现有裂纹、变形、磨损严重或连接件拆卸不灵活时禁止使用	《国网电网公司电力安全工作规程（电网建设部分）（试行）》
1）旋转连接器或与钢丝绳或网套连接时的横销未拧紧到位。 2）旋转连接器与钢丝绳或网套连接时未安装滚轮	旋转连接器的横销应拧紧到位。与钢丝绳或网套连接时应安装滚轮并拧紧横销	《国网电网公司电力安全工作规程（电网建设部分）（试行）》
旋转连接器存在直接进入牵引轮或卷筒的现象	旋转连接器不应直接进入牵引轮或卷筒	《国网电网公司电力安全工作规程（电网建设部分）（试行）》
旋转连接器长期挂在线路中	旋转连接器不宜长期挂在线路中	《国网电网公司电力安全工作规程（电网建设部分）（试行）》

违章表现	规程规定	规程依据
牵引场转向布设时未使用专用的转向滑车或锚固不可靠	牵引场转向布设时使用专用的转向车，锚固应可靠	《国网电网公司电力安全工作规程（电网建设部分）（试行）》
牵引场转向布设时各转向滑车的荷载不均衡或超过允许承载力	牵引场转向布设时各转向滑车的荷载应均衡，不得超过允许承载力	《国网电网公司电力安全工作规程（电网建设部分）（试行）》
牵引场转向布设时牵引过程中，各转向滑车围成的区域内侧有人	牵引场转向布设时牵引过程中，各转向滑车围成的区域内侧禁止有人	《国网电网公司电力安全工作规程（电网建设部分）（试行）》
1）吊挂绝缘子串前，未检查绝缘子串弹簧销是否齐全、到位。 2）吊挂绝缘子串或放线滑车时，吊件的垂直下方有人	吊挂绝缘子串前，应检查绝缘子串弹簧销是否齐全、到位。吊挂绝缘子串或放线滑车时，吊件的垂直下方不得有人	《国网电网公司电力安全工作规程（电网建设部分）（试行）》
1）导引绳、牵引绳的安全系数小于3。 2）特殊跨越架线的导引绳、牵引绳安全系数小于3.5	导引绳、牵引绳的安全系数不得小于3。特殊跨越架线的导引绳、牵引绳安全系数不得小于3.5	《国网电网公司电力安全工作规程（电网建设部分）（试行）》
1）导引绳、牵引绳的端头连接部位在使用前无专人检查。 2）导引绳、牵引绳有损伤等情况仍使用	导引绳、牵引绳的端头连接部位在使用前应由专人检查，有钢丝绳损伤等情况不得使用	《国网电网公司电力安全工作规程（电网建设部分）（试行）》
1）展放的绳、线若必须从带电线路下方穿过时，未制定专项安全技术措施。 2）展放的绳、线若从带电线路下方穿过时未设专人监护	展放的绳、线不应从带电线路下方穿过，若必须从带电线路下方穿过时，应制定专项安全技术措施并设专人监护	《国网电网公司电力安全工作规程（电网建设部分）（试行）》
飞行器展放初级导引绳前未对飞行器进行试运行测试	飞行器展放初级导引绳前应对飞行器进行试运行至规定时间后，检查各部运行状态是否良好	《国网电网公司电力安全工作规程（电网建设部分）（试行）》
采用无线信号传输操作的飞行器，信号传输距离未能满足飞行距离要求	采用无线信号传输操作的飞行器，信号传输距离应满足飞行距离要求	《国网电网公司电力安全工作规程（电网建设部分）（试行）》
飞行器在不满足飞行的气象条件下飞行	飞行器应在满足飞行的气象条件下飞行	《国网电网公司电力安全工作规程（电网建设部分）（试行）》

违章表现	规程规定	规程依据
飞行器的起降场地无法满足设备说明书规定	飞行器的起降场地应满足设备使用说明书规定	《国网电网公司电力安全工作规程（电网建设部分）（试行）》
1）初级导引绳为钢丝绳时安全系数小于3。 2）初级导引绳为纤维绳时安全系数小于5	初级导引绳为钢丝绳时安全系数不得小于3；为纤维绳时安全系数不得小于5	《国网电网公司电力安全工作规程（电网建设部分）（试行）》
1）牵引设备及张力设备的锚固不可靠。 2）牵引设备及张力设备未有接地或接地不良	牵引设备及张力设备的锚固应可靠，接地应良好	《国网电网公司电力安全工作规程（电网建设部分）（试行）》
牵张段内的跨越架结构不牢固、可靠	牵张段内的跨越架结构应牢固、可靠	《国网电网公司电力安全工作规程（电网建设部分）（试行）》
1）通信联络点有缺岗。 2）通信不畅通	通信联络点不得缺岗，通信应畅通	《国网电网公司电力安全工作规程（电网建设部分）（试行）》
转角杆塔放线滑车的预倾措施和导线上扬处的压线措施不可靠	转角杆塔放线滑车的预倾措施和导线上扬处的压线措施应可靠	《国网电网公司电力安全工作规程（电网建设部分）（试行）》
交叉、平行或邻近带电体的放线区段接地措施不符合施工作业指导书的安全规定	交叉、平行或邻近带电体的放线区段接地措施应符合施工作业指导书的安全规定	《国网电网公司电力安全工作规程（电网建设部分）（试行）》
1）张力放线通信系统可靠性差。 2）牵引场、张力场未设专人指挥	张力放线应具有可靠的通信系统。牵引场、张力场应设专人指挥	《国网电网公司电力安全工作规程（电网建设部分）（试行）》
牵引过程中，牵引绳进入的主牵引机高速转向滑车与钢丝绳卷车的内角侧有人	牵引过程中，牵引绳进入的主牵引机高速转向滑车与钢丝绳卷车的内角侧禁止有人	《国网电网公司电力安全工作规程（电网建设部分）（试行）》
1）牵引时接到任何岗位的停车信号未立即停止牵引。 2）停止牵引未先停牵引机，后停张力机。恢复牵引时未先开张力机，再开牵引机	牵引时接到任何岗位的停车信号均应立即停止牵引，停止牵引时应先停牵引机，再停张力机。恢复牵引时应先开张力机，再开牵引机	《国网电网公司电力安全工作规程（电网建设部分）（试行）》

违章表现	规程规定	规程依据
牵引过程中，牵引机、张力机进出口前方有人通过	牵引过程中，牵引机、张力机进出口前方不得有人通过	《国网电网公司电力安全工作规程（电网建设部分）（试行）》
牵引过程中发生导引绳、牵引绳或导线跳槽、走板翻转或平衡锤搭在导线上等情况时，未及时停机处理	牵引过程中发生导引绳、牵引绳或导线跳槽、走板翻转或平衡锤搭在导线上等情况时，应停机处理	《国网电网公司电力安全工作规程（电网建设部分）（试行）》
导线的尾线或牵引绳的尾绳在线盘或绳盘上的盘绕圈数均少于6圈	导线的尾线或牵引绳的尾绳在线盘或绳盘上的盘绕圈数均不得少于6圈	《国网电网公司电力安全工作规程（电网建设部分）（试行）》
导线或牵引绳带张力过夜未采取临锚安全措施	导线或牵引绳带张力过夜应采取临锚安全措施	《国网电网公司电力安全工作规程（电网建设部分）（试行）》
1）导引绳、牵引绳或导线临锚时，其临锚张力小于对地距离为5m时的张力。2）导引绳、牵引绳或导线临锚时不满足对被跨越物距离的要求	导引绳、牵引绳或导线临锚时，其临锚张力不得小于对地距离为5m时的张力，同时应满足对被跨越物距离的要求	《国网电网公司电力安全工作规程（电网建设部分）（试行）》

27.5 压接

违章表现	规程规定	规程依据
1）钳压机压接时手动钳压器无固定设施。2）钳压机压接时未平稳放置，两侧扶线人未对准位置，手指伸入压模内	钳压机压接时手动钳压器应有固定设施，操作时平稳放置，两侧扶线人应对准位置，手指不得伸入压模内	《国网电网公司电力安全工作规程（电网建设部分）（试行）》
切割导线时线头未扎牢	切割导线时线头应扎牢，并防止线头回弹伤人	《国网电网公司电力安全工作规程（电网建设部分）（试行）》
液压机压接使用前未检查液压钳体与顶盖的接触口，液压钳体有裂纹者仍使用	液压机压接除遵守液压压接工艺规定外，使用前检查液压钳体与顶盖的接触口，液压钳体有裂纹者不得使用	《国网电网公司电力安全工作规程（电网建设部分）（试行）》
1）液压机起动后未空载运行即使用。2）压接钳活塞起落时，人体位于压接钳上方	液压机起动后先空载运行，检查各部位运行情况，正常后方可使用。压接钳活塞起落时，人体不得位于压接钳上方	《国网电网公司电力安全工作规程（电网建设部分）（试行）》

违章表现	规程规定	规程依据
1）放入顶盖时，顶盖与钳体未完全吻合。 2）顶盖未旋转到位的状态下压接	放入顶盖时，应使顶盖与钳体完全吻合，不得在未旋转到位的状态下压接	《国网电网公司电力安全工作规程（电网建设部分）（试行）》
1）液压泵操作人员未与压接钳操作人员配合。 2）液压泵操作人员未注意压力指示，有过荷载现象	液压泵操作人员应与压接钳操作人员密切配合，并注意压力指示，不得过荷载	《国网电网公司电力安全工作规程（电网建设部分）（试行）》
1）液压泵的安全溢流阀随意调整。 2）用液压泵的安全溢流阀卸荷	液压泵的安全溢流阀不得随意调整，且不得用溢流阀卸荷	《国网电网公司电力安全工作规程（电网建设部分）（试行）》
1）高空压接前未检查起吊液压机的绳索和起吊滑轮是否完好。 2）起吊液压机的绳索和起吊滑轮位置设置不合理，操作不方便	高空压接前应检查起吊液压机的绳索和起吊滑轮完好，位置设置合理，方便操作	《国网电网公司电力安全工作规程（电网建设部分）（试行）》
1）液压机升空后未做好悬吊措施。 2）起吊绳索未作二道保险	液压机升空后应做好悬吊措施，起吊绳索作为二道保险	《国网电网公司电力安全工作规程（电网建设部分）（试行）》
高空压接时未使用高处作业平台或搭设的高处作业平台不符合相关规定	线路工程平衡挂线出线临锚、导地线不能落地压接时，应使用高处作业平台	《国家电网公司输变电工程安全文明施工标准化管理办法》[国网（基建/3）187—2015]
高空人员压接工器具及材料未做好防坠落措施	高空人员压接工器具及材料应做好防坠落措施	《国网电网公司电力安全工作规程（电网建设部分）（试行）》
导线无防跑线措施	导线应有防跑线措施	《国网电网公司电力安全工作规程（电网建设部分）（试行）》

27.6　导线、地线升空

违章表现	规程规定	规程依据
1）导线、地线升空作业未与紧线作业密切配合并逐根进行。 2）导线、地线的线弯内角侧有人	导线、地线升空作业应与紧线作业密切配合并逐根进行，导线、地线的线弯内角侧不得有人	《国网电网公司电力安全工作规程（电网建设部分）（试行）》
升空作业未使用压线装置，直接用人力压线	升空作业应使用压线装置或禁止直接用人力压线	《国网电网公司电力安全工作规程（电网建设部分）（试行）》
压线滑车未设控制绳，压线钢丝绳回松随意进行	压线滑车应设控制绳，压线钢丝绳回松应缓慢	《国网电网公司电力安全工作规程（电网建设部分）（试行）》
升空场地在山沟时，升空的钢丝绳长度不足	升空场地在山沟时，升空的钢丝绳应有足够长度	《国网电网公司电力安全工作规程（电网建设部分）（试行）》

27.7　紧线

违章表现	规程规定	规程依据
1）杆塔部件不齐全，螺栓紧固率未达到98%。 2）铁塔临时拉线，补强措施，导线、地线临锚未准备完毕	紧线的准备工作应遵守下列规定： 1）杆塔的部件应齐全，螺栓应紧固。 2）紧线杆塔的临时拉线和补强措施以及导线、地线的临锚应准备完毕	《国网电网公司电力安全工作规程（电网建设部分）（试行）》
1）牵引地锚距紧线杆塔的水平距离不能满足安全施工要求。 2）地锚布置与受力方向不一致，埋设不可靠	牵引地锚距紧线杆塔的水平距离应满足安全施工要求。地锚布置与受力方向一致，并埋设可靠	《国网电网公司电力安全工作规程（电网建设部分）（试行）》
1）紧线档内的通信不畅通。 2）埋入地下或临时绑扎的导线、地线未挖出或解开，未压接升空。 3）障碍物以及导线、地线跳槽等未处理完毕。 4）分裂导线相互绞扭。 5）各交叉跨越处的安全措施未能按照要求进行。 6）冬季施工时，导线、地线被冻结处未处理完毕	紧线前应具备下列条件： 1）紧线档内的通信应畅通。 2）埋入地下或临时绑扎的导线、地线应挖出或解开，并压接升空。 3）障碍物以及导线、地线跳槽等应处理完毕。 4）分裂导线不得相互绞扭。 5）各交叉跨越处的安全措施可靠。 6）冬季施工时，导线、地线被冻结处应处理完毕	《国网电网公司电力安全工作规程（电网建设部分）（试行）》

违章表现	规程规定	规程依据
紧线过程中： 1）施工人员站在悬空导线、地线的垂直下方。 2）施工人员跨越将离地面的导线或地线。 3）未监视行人靠近牵引中的导线或地线。 4）传递信号不及时、不清晰，擅自离岗	紧线过程中监护人员应遵守下列规定： 1）不得站在悬空导线、地线的垂直下方。 2）不得跨越将离地面的导线或地线。 3）监视行人不得靠近牵引中的导线或地线。 4）传递信号应及时、清晰，不得擅自离岗	《国网电网公司电力安全工作规程（电网建设部分）（试行）》
展放余线的人员站在线圈内或线弯的内角侧	展放余线的人员不得站在线圈内或线弯的内角侧	《国网电网公司电力安全工作规程（电网建设部分）（试行）》
导线、地线未使用卡线器或其他专用工具，其规格与材料规格不匹配，存在代用现象	导线、地线应使用卡线器或其他专用工具，其规格应与材料规格匹配，不得代用	《国网电网公司电力安全工作规程（电网建设部分）（试行）》
1）高处安装螺栓式线夹时，未将螺栓装齐拧紧直接回松牵引绳。 2）高处安装耐张线夹，未采取防止跑线的可靠措施。 3）从杆塔上割断的线头未使用绳索放下。 4）地面安装耐张线夹时，导线、地线的锚固不可靠	耐张线夹安装应遵守下列规定： 1）高出安装螺栓式线夹时，应将螺栓装齐拧紧后可回松牵引绳。 2）高出安装耐张线夹时，应采取防止跑线的可靠措施。 3）从杆塔上割断的线头应用绳索放下。 4）地面安装耐张线夹时，导线、地线的锚固应可靠	《国网电网公司电力安全工作规程（电网建设部分）（试行）》
挂线时，当连接金具接近挂线点时未停止牵引或未慢速牵引，然后作业人员未从安全位置到挂线点操作	挂线时，当连接金具接近挂线点时应停止牵引，然后作业人员方可从安全位置到挂线点操作	《国网电网公司电力安全工作规程（电网建设部分）（试行）》
挂线后未缓慢回松牵引绳，在调整拉线的同时未观察耐张金具串和杆塔的受力变形情况	挂线后应缓慢回松牵引绳，在调整拉线的同时应观察耐张金具串和杆塔的受力变形情况	《国网电网公司电力安全工作规程（电网建设部分）（试行）》
1）导线在完成地面临锚后未及时在操作塔设置过轮临锚。 2）导线地面临锚和过轮临锚的设置不是相互独立，工器具未满足各自能承受全部紧线张力的要求	分裂导线的锚线作业应遵守下列规定： 1）导线在完成地面临锚后应及时在操作塔设置过轮临锚。 2）导线地面临锚和过轮临锚的设置应相互独立，工器具应满足各自能承受全部紧线张力的要求	《国网电网公司电力安全工作规程（电网建设部分）（试行）》

违章表现	规程规定	规程依据
附件安装前，作业人员未对专用工具和安全用具进行外观检查，不符合要求的工器具继续使用	附件安装前，作业人员应对专用工具和安全用具进行外观检查，不符合要求者不得使用	《国网电网公司电力安全工作规程（电网建设部分）（试行）》
1）相邻杆塔同时在同相（极）位安装附件。 2）安装附件时，作业点垂直下方有人	相邻杆塔不得同时在同相（极）位安装附件，作业点垂直下方不得有人	《国网电网公司电力安全工作规程（电网建设部分）（试行）》
1）提线工器具未挂在横担的施工孔上提升导线。 2）无施工孔时，承力点位置不满足受力计算要求，并在绑扎处未衬垫软物	提线工器具应挂在横担的施工孔上提升导线；无施工孔时，承力点位置应满足受力计算要求，并在绑扎处衬垫软物	《国网电网公司电力安全工作规程（电网建设部分）（试行）》
1）附件安装时，安全绳或速差自控器未拴在横担主材上。 2）安装间隔棒时，安全带未挂在一根子导线上，后备保护绳未拴在整相导线上	附件安装时，安全绳或速差自控器应拴在横担主材上。安装间隔棒时，安全带应挂在一根子导线上，后备保护绳应拴在整相导线上	《国网电网公司电力安全工作规程（电网建设部分）（试行）》
在跨越电力线路、铁路、公路或通航河流等的线段杆塔上安装附件时，未采取防止导线或地线坠落措施	在跨越电力线路、铁路、公路或通航河流等的线段杆塔上安装附件时，应采取防止导线或地线坠落措施	《国网电网公司电力安全工作规程（电网建设部分）（试行）》
1）在带电线路上方的导线上测量间隔棒距离时，未使用干燥的绝缘绳。 2）在带电线路上方的导线上测量间隔棒距离时，使用带有金属丝的测绳、皮尺	在带电线路上方的导线上测量间隔棒距离时，应使用干燥的绝缘绳，禁止使用带有金属丝的测绳、皮尺	《国网电网公司电力安全工作规程（电网建设部分）（试行）》
1）塔上作业上下悬垂瓷瓶串、上下复合绝缘子串和安装附件时，未使用下线爬梯。 2）高处作业区附近有带电体时，未使用绝缘梯或绝缘平台	塔上作业上下悬垂绝缘子串、上下复合绝缘子串和安装附件时，应使用下线爬梯。高处作业区附近有带电体时，应使用绝缘梯或绝缘平台	《国家电网公司输变电工程安全文明施工标准化管理办法》[国网（基建/3）187—2015]
拆除多轮放线滑车时，直接用人力松放，或从高空直接抛下	拆除多轮放线滑车时，不得直接用人力松放	《国网电网公司电力安全工作规程（电网建设部分）（试行）》
1）使用飞车携带重量及行驶速度超过飞车铭牌规定。 2）每次使用前未进行检查，飞车的前后活门未关闭牢靠或无保险装置，使用前未检查刹车装置是否灵活可靠。	使用飞车应遵守下列规定： 1）携带重量及行驶速度不得超过飞车铭牌规定。 2）每次使用前应进行检查，飞车的前后活门应关闭牢靠，刹车装置应灵活可靠。	《国网电网公司电力安全工作规程（电网建设部分）（试行）》

违章表现	规程规定	规程依据
3）行驶中遇有接续管或补修管时，没有减速。 4）安装间隔棒时，前后轮未卡死（刹牢）。 5）随车携带的工具和材料未绑扎牢固。 6）导线上有冰霜时强行施工。 7）飞车越过带电线路时，飞车最下端（包括携带的工具、材料）与电力线的最小安全距离不符合安全要求，未设专人监护	3）行驶中遇有接续管时，应减速。 4）安装间隔棒时，前后轮应卡死（刹牢）。 5）随车携带的工具和材料应绑扎牢固。 6）导线上有冰霜时应停止使用。 7）飞车越过带电线路时，飞车最下端（包括携带的工具、材料）与电力线的最小安全距离应在表 24 的安全距离基础上加 1m，并设专人监护	《国网电网公司电力安全工作规程（电网建设部分）（试行）》

27.8 平衡挂线

违章表现	规程规定	规程依据
平衡挂线时，在同一相邻耐张段的同相（极）导线上进行其他作业	平衡挂线时，不得在同一相邻耐张段的同相（极）导线上进行其他作业	《国网电网公司电力安全工作规程（电网建设部分）（试行）》
高处断线时，作业人员站在放线滑车上操作。割断最后一根导线时，未采取措施防止滑车失稳晃动	待割的导线应在断线点两端事先用绳索绑牢，割断后应通过滑车将导线松落至地面	《国网电网公司电力安全工作规程（电网建设部分）（试行）》
高处断线时，作业人员站在放线滑车上操作。割断最后一根导线时，未注意防止滑车失稳晃动	高处断线时，作业人员不得站在放线滑车上操作。割断最后一根导线时，应注意防止滑车失稳晃动	《国网电网公司电力安全工作规程（电网建设部分）（试行）》
割断后的导线未在当天挂接完毕，并在高处临锚过夜	割断后的导线应在当天挂接完毕，不得在高处临锚过夜	《国网电网公司电力安全工作规程（电网建设部分）（试行）》
高空锚线未有二道保护措施	高空锚线应有二道保护措施	《国网电网公司电力安全工作规程（电网建设部分）（试行）》
换线施工段包括多个耐张段时，未制定特殊施工方案，未能确保耐张线夹安全通过放线滑车	宜以耐张段划分换线施工段。如换线施工段包括多个耐张段时，应制定特殊施工方案，确保耐张线夹安全通过放线滑车	《国网电网公司电力安全工作规程（电网建设部分）（试行）》

27.9 导线、地线更换施工

违章表现	规程规定	规程依据
换线施工前，未将导线、地线充分放电后直接开始作业	换线施工前，应将导线、地线充分放电后方可作业	《国网电网公司电力安全工作规程（电网建设部分）（试行）》
导线高空锚线未有有二道保护	导线高空锚线应有二道保护	《国网电网公司电力安全工作规程（电网建设部分）（试行）》
原导线接续管未安装接续管保护套后直接通过放线滑车	原导线接续管应安装接续管保护套方可通过放线滑车	《国网电网公司电力安全工作规程（电网建设部分）（试行）》
带电更换架空地线或架设耦合地线时，未通过金属滑车可靠接地	带电更换架空地线或架设耦合地线时，应通过金属滑车可靠接地	《国网电网公司电力安全工作规程（电网建设部分）（试行）》
1）带张力断线。 2）松线杆塔未做好临时锚固措施。 3）旧线拆除时，未采用控制绳控制线尾，没有安全防止线尾卡住的安全措施	拆除旧导线、地线应遵守下列规定： 1）禁止带张力断线。 2）松线杆塔做好临时锚固措施。 3）旧线拆除时，采用控制绳控制线尾，防止线尾卡住	《国网电网公司电力安全工作规程（电网建设部分）（试行）》
1）注意旧线残缺，未采取加固措施。 2）新旧导线连接不可靠，未能顺利通过滑轮。 3）采用以旧线带新线的方式施工，未检查确认旧导线完好牢固；若放线通道中有带电线路和带电设备，不能与之保持安全距离，无法保证安全距离没有采取搭设跨越架等措施或停电。 4）牵引过程中未安排专人跟踪新旧导线连接点，发现问题未能立即通知停止牵引	以旧线牵引新线换线应遵守下列规定： 1）注意旧线残缺，必要时采取加固措施。 2）新旧导线连接可靠，并能顺利通过滑轮。 3）采用以旧线带新线的方式施工，应检查确认旧导线完好牢固；若放线通道中有带电线路和带电设备，应与之保持安全距离，无法保证安全距离时应采取搭设跨越架等措施或停电。 4）牵引过程中应安排专人跟踪新旧导线连接点，发现问题立即通知停止牵引	《国网电网公司电力安全工作规程（电网建设部分）（试行）》
对可能出现雷电以及邻近高压电力线作业时的感应电时，未能按本规程要求装设接地线	为预防雷电以及邻近高压电力线作业时的感应电，应按本规程要求装设接地线	《国网电网公司电力安全工作规程（电网建设部分）（试行）》

违章表现	规程规定	规程依据
1）工作接地线未能使用多股软铜线，截面积小于 25mm²，接地线无透明外护层，护层厚度不符合安全要求。 2）工作人员将保安接地线代替工作接地线。保安接地线未使用截面积不小于 16mm²的多股软铜线。 3）接地线有绞线断股、护套严重破损以及夹具断裂松动等缺陷时仍在使用	接地线应满足以下要求： 1）工作接地线应用多股软铜线，截面积不得小于 25mm²，接地线应有透明外护层，护层厚度大于 1mm。 2）保安接地线仅作为预防感应电使用，不得以此代替工作接地线。保安接地线应使用截面积不小于 16mm²的多股软铜线。 3）接地线有绞线断股、护套严重破损以及夹具断裂松动等缺陷时禁止使用	《国网电网公司电力安全工作规程（电网建设部分）（试行）》
1）接地线未用缠绕法连接，未使用专用夹具，连接不可靠。 2）接地棒应镀锌，直径不小于 12mm，插入地下的深度不足 0.6m。 3）装设接地线时，未按照顺序进行接地。 4）挂接地线或拆接地时未设监护人。操作人员未使用任何绝缘工具	装设接地装置应遵守下列规定： 1）接地线不得用缠绕发连接，应使用专用夹具，连接应可靠。 2）接地棒应镀锌，直径应不小于 12mm，插入地下的深度应大于 0.6m。 3）装设接地线时，应先接接地端，后接导线或地线端，拆除时的顺序相反。 4）挂接地线或拆接地时应设监护人。操作人员应使用绝缘棒（绳），戴绝缘手套，并穿绝缘鞋	《国网电网公司电力安全工作规程（电网建设部分）（试行）》
1）架线前，放线施工段内的杆塔未与接地装置连接或接地装置不符合设计要求。 2）牵引设备和张力设备未可靠接地。操作人员未站在干燥的绝缘垫上或与未站在绝缘垫上的人员接触。 3）牵引机及张力机出线端的牵引绳及导线上没有安装接地滑车。 4）跨越不停电线路时，跨越档两端的导线没有接地。 5）没有根据平行电力线路情况，采取专项接地措施	张力放线时的接地应遵守下列规定： 1）架线前，放线施工段内的杆塔应与接地装置连接，并确认接地装置符合设计要求。 2）牵引设备和张力设备应可靠接地。操作人员应站在干燥的绝缘垫上且不得与未站在绝缘垫上的人员接触。 3）牵引机及张力机出线端的牵引绳及导线上应安装接地滑车。 4）跨越不停电线路时，跨越档两端的导线应接地。 5）应根据平行电力线路情况，采取专项接地措施	《国网电网公司电力安全工作规程（电网建设部分）（试行）》
1）紧线段内的接地装置不完整且接触不良好。 2）耐张塔挂线前，没有用导体将耐张绝缘子串短接，作业后未及时拆除	紧线时的接地应遵守下列规定： 1）紧线段内的接地装置应完整并接触良好。 2）耐张塔挂线前，应用导体将耐张绝缘子串短接，并在作业后及时拆除	《国网电网公司电力安全工作规程（电网建设部分）（试行）》

违章表现	规程规定	规程依据
1）附件安装作业区间两端未装设接地线。施工的线路上有高压感应电时，未在作业点两侧加装工作接地线。 2）作业人员在附件安装工作前，未装设保安接地线。 3）地线附件安装前，未采取接地措施。 4）附件（包括跳线）全部安装完毕后，没有保留部分接地线并做好记录。 5）在330kV及以上电压等级的运行区域作业，未有采取防静电感应措施。 6）在±400kV及以上电压等级的直流线路单极停电侧进行作业时，未有穿着全套屏蔽服	附件安装时的接地应遵守下列规定： 1）附件安装作业区间两端应装设接地线。施工的线路上有高压感应电时，应在作业点两侧加装工作接地线。 2）作业人员应在装设个人保安接地线后，方可进行附件安装。 3）地线附件安装前，应采取接地措施。 4）附件（包括跳线）全部安装完毕后，应保留部分接地线并做好记录，竣工验收后方可拆除。 5）在330kV及以上电压等级的运行区域作业，应采取防静电感应措施。例如穿戴相应电压等级的全套屏蔽服（包括帽、上衣、裤子、手套、鞋等，下同）或静电感应防护服和导电鞋等（220kV线路杆塔上作业时宜穿导电鞋）。 6）在±400kV及以上电压等级的直流线路单极停电侧进行作业时，应穿着全套屏蔽服	《国网电网公司电力安全工作规程（电网建设部分）（试行）》

28 电缆线路工程

28.1 一般规定

违章表现	规程规定	规程依据
安装电工、焊工、起重吊装工和电气调试人员等未持证上岗	安装电工、焊工、起重吊装工和电气调试人员等，按有关要求持证上岗。起重、汽车、电气安装设备应提供厂家出厂合格证及定期检定证书，电缆及附件应出具出厂合格证及厂家自检证明	《建筑电气工程施工质量验收规范》
起重、汽车、电气安装设备未提供出厂合格证及定期检定证书	安装电工、焊工、起重吊装工和电气调试人员等，按有关要求持证上岗。起重、汽车、电气安装设备应提供厂家出厂合格证及定期检定证书，电缆及附件应出具出厂合格证及厂家自检证明	《建筑电气工程施工质量验收规范》
项目部管理人员未对施工人员进行安全交底与技术交底	施工人员必须进行入场安全教育，经考试合格后方可进场。进入施工现场的人员应正确佩戴安全帽，根据作业工种或场所需要选配人体防护装备	《国家电网公司电力安全工作规程（线路部分）》Q/GDW 1799.2—2013
1）施工人员未正确佩戴安全帽。 2）高处作业人员未正确佩戴安全带。 3）电焊作业人员未穿戴电焊服、护目镜、电焊手套	施工人员必须进行入场安全教育，经考试合格后方可进场。进入施工现场的人员应正确佩戴安全帽，根据作业工种或场所需要选配人体防护装备	《国家电网公司电力安全工作规程（线路部分）》Q/GDW 1799.2—2013
1）动火作业未填用动火工作票。 2）动火作业前，未清除动火现场及周围的易燃易爆物品。 3）动火作业现场未配备消防器材	在防火重点部位或场所以及禁止明火区动火作业，应填用动火工作票	《国家电网公司电力安全工作规程（线路部分）》Q/GDW 1799.2—2013
工井内使用移动照明灯具时未采取安全电压	工井内使用移动照明灯具时，应采取安全电压，进入潮湿工井内必须穿绝缘靴	《国家电网公司电力电缆及通道工程施工安全技术措施的通知》（基建安质〔2014〕11号）

违章表现	规程规定	规程依据
1）工井作业时，只打开一只井盖。 2）工井井盖开启后，井口未设置井圈。 3）工井井盖开启后，井口无专人监护。 4）作业人员全部撤离后，未将井盖盖好	开启工井井盖、电缆沟盖板及电缆隧道人孔盖时应使用专用工具，同时注意所立位置，以免滑脱后伤人。工井作业时，禁止只打开一只井盖（单眼井除外）。开启井盖后，井口应设置井圈，设专人监护，作业人员全部撤离后，应立即将井盖盖好，以免行人摔跌或不慎跌入井内	《国家电网公司电力安全工作规程（电网建设部分）（试行）》
1）进入电缆井、电缆隧道前，作业人员未进行通风排除浊气。 2）施工人员进入隧道、工井前未用仪器检测有毒有害气体	电缆隧道应有充足的照明，并有防水、防火、通风措施。进入电缆井、电缆隧道前，应先通风排除浊气，并用仪器检测，合格后方可进入	《国家电网公司电力安全工作规程（电网建设部分）（试行）》
在潮湿的工井内使用电气设备时，操作人员未穿绝缘靴	在潮湿的工井内使用电气设备时，操作人员应穿绝缘靴	《国家电网公司电力安全工作规程（电网建设部分）（试行）》
1）工井、电缆沟作业前，施工区域未设置标准路栏。 2）工井、电缆沟作业前，夜间施工未使用警示灯。 3）施工人员夜间施工未佩戴反光标志。 4）无盖板的电缆沟、沟槽、孔洞，以及放置在人行道或车道上的电缆盘，未设遮栏和相应的交通安全标志。 5）无盖板的电缆沟、沟槽、孔洞，以及放置在人行道或车道上的电缆盘，夜间未设警示灯	工井、电缆沟作业前，施工区域应设置标准路栏，夜间施工应使用警示灯。无盖板的电缆沟、沟槽、孔洞，以及放置在人行道或车道上的电缆盘，应设遮栏和相应的交通安全标志，夜间设警示灯	《国家电网公司电力安全工作规程（电网建设部分）（试行）》
1）作业人员未详细核对电缆标志牌的名称与作业票所填写的相符。 2）作业人员未按照作业票所注明的线路名称，对其两端设备状态进行检查	作业前应详细核对电缆标志牌的名称与作业票所填写的相符，并按照作业票所注明的线路名称，对其两端设备状态进行检查，安全措施可靠后，方可作业	《国家电网公司电力安全工作规程（电网建设部分）（试行）》
1）停电作业未填用电力电缆第一种工作票。 2）不停电作业未填用电力电缆第二种工作票	涉及运行电缆的改扩建工程，停电作业应填用电力电缆第一种工作票，不停电作业应填用电力电缆第二种工作票	《国家电网公司电力安全工作规程（电网建设部分）（试行）》
1）填用电力电缆第一种工作票的工作未经调控人员许可。 2）进入变、配电站、发电厂工作，作业人员未经运维人员许可	填用电力电缆第一种工作票的工作应经调控人员许可。填用电力电缆第二种工作票的工作可不经调控人员许可。若进入变、配电站、发电厂工作，都应经运维人员许可	《国家电网公司电力安全工作规程（电网建设部分）（试行）》

违章表现	规程规定	规程依据
1）已建工井、排管改建作业未编制相关改建方案并经运维单位审批，运行监护人、现场负责人应对施工全过程进行监护。 2）已建工井、排管改建作业的改建方案未经运维单位审批	已建工井、排管改建作业应编制相关改建方案并经运维单位审批，运行监护人、现场负责人应对施工全过程进行监护。改建施工时，使用电缆保护管对运行电缆进行保护，将运行电缆平移到临时支架上并做好固定措施，面层用阻燃布覆盖，施工部位和运行电缆做好安全隔离措施，确保人身和设备安全	《国家电网公司电力安全工作规程（电网建设部分）（试行）》
1）已建工井、排管改建作业无运行监护人、安全监护人对施工全过程进行监护。 2）施工时未对运行电缆做好保护措施，未使用保护管、阻燃布等隔离措施进行安全隔离	已建工井、排管改建作业应编制相关改建方案并经运维单位审批，运行监护人、现场负责人应对施工全过程进行监护。改建施工时，使用电缆保护管对运行电缆进行保护，将运行电缆平移到临时支架上并做好固定措施，面层用阻燃布覆盖，施工部位和运行电缆做好安全隔离措施，确保人身和设备安全	《国家电网公司电力安全工作规程（电网建设部分）（试行）》

28.2 电缆通道施工

违章表现	规程规定	规程依据
在城市道路红线范围内施工使用大型机械未履行相应的报批手续	为防止损伤运行电缆或其他地下管线设施，在城市道路红线范围内不应使用大型机械来开挖沟槽，硬路面面层破碎可使用小型机械设备，但应加强监护，不准深入土层。若要使用大型机械设备时，应履行相应的报批手续	《国家电网公司电力安全工作规程（线路部分）》Q/GDW 1799.2—2013
掘路施工未具备相应的交通组织方案	掘路施工应具备相应的交通组织方案，做好防止交通事故的安全措施。施工区域应用标准路栏等严格分隔，并有明显标记，夜间施工应佩戴反光标志，施工地点应加挂警示灯，以防行人或车辆等误入	《国家电网公司电力安全工作规程（线路部分）》Q/GDW 1799.2—2013
直埋敷设开挖施工未根据设计或规范要求预留足够数量的样洞和样沟	电缆直埋敷设施工前应先查清图纸，再开挖足够数量的样洞和样沟，摸清地下管线分布情况，以确定电缆敷设位置及确保不损坏运行电缆和其他地下管线	《国家电网公司电力安全工作规程（线路部分）》Q/GDW 1799.2—2013
1）沟槽开挖深度达到1.5m及以上时，施工方案未编制防土层塌方措施。 2）沟槽开挖深度达到1.5m及以上时，未按照施工方案采取防止土层塌方措施	沟槽开挖深度达到1.5m及以上时，应采取措施防止土层塌方	《国家电网公司电力安全工作规程（线路部分）》Q/GDW 1799.2—2013

违章表现	规程规定	规程依据
1）沟槽边未保留施工通道或施工通道小于 1m。 2）沟（槽）开挖时，未将路面铺设材料和泥土分别堆置。 3）推土斜坡上放置工具材料等器具	沟槽开挖时，应将路面铺设材料和泥土分别堆置，堆置处和沟槽之间应保留通道供施工人员正常行走。在堆置物堆起的斜坡上不准放置工具材料等器具，以免滑入沟槽损伤施工人员或电缆	《国家电网公司电力安全工作规程（线路部分）》Q/GDW 1799.2—2013
1）挖空的的运行电缆未采用悬吊保护。 2）接头盒未悬吊平放，使接头受到拉力。 3）电缆悬吊时，采用铁丝或钢丝绑扎	挖掘出的电缆或接头盒，如下面需要挖空时，应采取悬吊保护措施。电缆悬吊应每 1～1.5m 吊一道；接头盒悬吊应平放，不准使接头盒受到拉力；若电缆接头无保护盒，则应在该接头下垫上加宽加长木板，方可悬吊。电缆悬吊时，不准用铁丝或钢丝等，以免损伤电缆护层或绝缘	《国家电网公司电力安全工作规程（线路部分）》Q/GDW 1799.2—2013

28.3 电缆敷设施工

违章表现	规程规定	规程依据
1）装卸过程中，将电缆盘直接由车上推下。 2）电缆盘平放运输、平放储存	在运输装卸过程中，严禁将电缆盘直接由车上推下；电缆不应平放运输、平放储存	《电缆线路施工及验收规范》
1）滚动电缆盘时，未按电缆缠紧方向滚动。 2）推滚电缆盘时，推盘人员站在电缆前方	在搬运及滚动电缆盘时，应确保电缆盘结构牢固，滚动时方向正确。使用符合安全要求的工器具进行电缆盘转角度移动。在地面条件不满足搬运条件时，应采取必要的措施，确保电缆盘搬运和滚动安全	《电缆线路施工及验收规范、国家电网公司电力电缆及通道工程施工安全技术措施的通知》（基建安质〔2014〕11 号）
1）施工单位未派专人指挥电缆敷设施工，未落实现场安全措施。 2）电缆敷设施工未配备通信设备	施工单位应派专人指挥电缆敷设施工，落实现场安全措施，确保现场通信联络畅通，确保作业人员人身安全	《国家电网公司电力安全工作规程（线路部分）》Q/GDW 1799.2—2013
1）电缆盘存在松散、扭曲现象。 2）电缆盘吊装作业区域未封闭。 3）选用的吊车或起吊用钢丝绳存在缺陷和隐患。 4）施工单位未配置专职吊车操作工及指挥工	电缆盘运输前应做好电缆盘的检查工作，确保电缆盘和电缆端头完好方可进行运输	《国家电网公司电力安全工作规程（电网建设部分）（试行）》

违章表现	规程规定	规程依据
1）架空电缆、竖井作业现场未设置围栏，未设置安全标志。 2）工具材料存在上下抛掷现象。 3）吊物下方有人通过或逗留	架空电缆、竖井作业现场应设置围栏，对外悬挂安全标志。工具材料上下传递所用绳索应牢靠，吊物下方不得有人逗留。使用三脚架时，钢丝绳不得磨蹭其他井下设施	《国家电网公司电力安全工作规程（电网建设部分）（试行）》
1）电缆盘未按规定搭设放线架。 2）电缆盘放线架布置不牢固、不平稳。 3）输送机、回铃撑、转角滑车、牵引机等固定不牢固。 4）电缆盘、输送机、电缆转弯处未设专人监护	电缆盘、输送机、电缆转弯处应按规定搭建牢固的放线架并放置稳妥，并设专人监护。电缆盘钢轴的强度和长度应与电缆盘重量和宽度相匹配，敷设电缆的机具应检查并调试正常	《国家电网公司电力安全工作规程（电网建设部分）（试行）》
敷设设备未固定牢固	用输送机敷设电缆时，所有敷设设备应固定牢固。作业人员应遵守有关操作规程，并站在安全位置，发生故障应停电处理	《国家电网公司电力安全工作规程（电网建设部分）（试行）》
1）电缆展放敷设过程中，转弯处未设专人监护。 2）电缆通过孔洞或楼板时，两侧未设监护人。 3）电缆入口处，施工人员用手搬动电缆	电缆展放敷设过程中，转弯处应设专人监护。转弯和进洞口前，应放慢牵引速度，调整电缆的展放形态，当发生异常情况时，应立即停止牵引，经处理后方可继续作业。电缆通过孔洞或楼板时，两侧应设监护人，入口处应采取措施防止电缆被卡，不得伸手，防止被带入孔中	《国家电网公司电力安全工作规程（电网建设部分）（试行）》
水底电缆施工未制定专门的施工方案、通航方案	水底电缆施工应制定专门的施工方案、通航方案，并执行相应的安全措施	《国家电网公司电力安全工作规程（电网建设部分）（试行）》
风力大于五级时，进行水底电缆敷设	水底电缆敷设应在小潮汛、憩流或枯水期进行，并应视线清晰，风力小于五级	《电缆线路施工及验收规范》
电缆盘处无可靠的制动装置	电缆敷设时，应在电缆盘处配有可靠的制动装置，应防止电缆敷设速度过快及电缆盘倾斜、偏移	《国家电网公司电力安全工作规程（电网建设部分）（试行）》
作业人员手握电缆的位置未与孔口保持适当距离	人工展放电缆、穿孔或穿导管时，作业人员手握电缆的位置应与孔口保持适当距离	《国家电网公司电力安全工作规程（电网建设部分）（试行）》
作业人员站在牵引钢丝绳内角侧	用机械牵引电缆时，牵引绳的安全系数不得小于3。作业人员不得站在牵引钢丝绳内角侧	《国家电网公司电力安全工作规程（电网建设部分）（试行）》

违章表现	规程规定	规程依据
高落差电缆敷设施工未进行相关验算	在进行高落差电缆敷设施工时，应进行相关验算，采取必要的措施防止电缆坠落	《国家电网公司电力安全工作规程（电网建设部分）（试行）》
进入变、配电站、发电厂工作，作业人员未经运维人员许可	进入带电区域敷设电缆时，应取得运维单位同意，办理工作票，设专人监护	《国家电网公司电力安全工作规程（电网建设部分）（试行）》
1）电缆穿入带电的盘柜前，电缆端头未做绝缘包扎处理。2）电缆穿入时盘上无专人接引	电缆穿入带电的盘柜前，电缆端头应做绝缘包扎处理，电缆穿入时盘上应有专人接引，严防电缆触及带电部位及运行设备	《国家电网公司电力安全工作规程（电网建设部分）（试行）》
1）桥架未经验收，未设置围栏。2）高空敷设电缆，无展放通道，未沿桥架搭设专用脚手架。3）桥架下方有工业管道等设备，未经设备方确认许可	使用桥架敷设电缆前，桥架应经验收合格。高空桥架宜使用钢质材料，并设置围栏，铺设操作平台。高空敷设电缆时，若无展放通道，应沿桥架搭设专用脚手架，并在桥架下方采取隔离防护措施。若桥架下方有工业管道等设备，应经设备方确认许可	《国家电网公司电力安全工作规程（电网建设部分）（试行）》
电缆孔洞未及时封堵	电缆施工完成后应将穿越过的孔洞进行封堵	《国家电网公司电力安全工作规程（电网建设部分）（试行）》

28.4 电缆接头施工

违章表现	规程规定	规程依据
充油电缆施工区域存在油污现象	充油电缆施工应做好电缆油的收集工作，对散落在地面上的电缆油要立即覆上黄沙或砂土，及时清除，以防行人滑跌和车辆滑倒	《国家电网公司电力安全工作规程（线路部分）》Q/GDW 1799.2—2013
接头工人无技能证书	电缆终端与接头的制作，应有经过培训的熟练工人进行	《电缆线路施工及验收规范》
现场未配置消防器材	充油电缆接头安装时，应做好充油电缆接头附件及油压力箱的存放作业，并配备必要的消防器材	《国家电网公司电力安全工作规程（电网建设部分）（试行）》

违章表现	规程规定	规程依据
电缆终端施工区域下方未设置围栏或采取其他保护措施	在电缆终端施工区域下方应设置围栏或采取其他保护措施，禁止无关人员在作业地点下方通行或逗留	《国家电网公司电力安全工作规程（电网建设部分）（试行)》
电缆终端瓷质绝缘子吊装绑扎方式不牢固	进行电缆终端瓷质绝缘子吊装时，应采取可靠的绑扎方式，防止瓷质绝缘子倾斜，并在吊装过程中做好相关的安全措施	《国家电网公司电力安全工作规程（电网建设部分）（试行)》
环氧树脂作业过程，防毒和防火措施落实不到位	制作环氧树脂电缆头和调配环氧树脂作业过程中，应采取有效的防毒和防火措施	《国家电网公司电力安全工作规程（电网建设部分）（试行)》
1）开断电缆前，未核对电缆走向图纸，未使用专用仪器确切证实电缆无电。 2）钉入电缆芯的铁钎未牢固接地。 3）远控电缆割刀开断电缆时，刀头未可靠接地。 4）扶绝缘柄人员未戴绝缘手套。 5）扶绝缘柄人员未站在绝缘垫上。 6）扶绝缘柄人员未采取防灼伤措施	开断电缆，应与电缆走向图图纸核对相符，并使用专用仪器（如感应法）确切证实电缆无电后，用接地的带绝缘柄的铁钎钉入电缆芯后，方可作业。扶绝缘柄的人员应戴绝缘手套并站在绝缘垫上，并采取防灼伤措施（如戴防护面具等）。使用远控电缆割刀开断电缆时，刀头应可靠接地，周边其他作业人员应临时撤离，远控操作人员应与刀头保持足够的安全距离，防止弧光和跨步电压伤人	《国家电网公司电力安全工作规程（电网建设部分）（试行)》
压力容器放置在工井内	工井内进行电缆中间接头安装时，应将压力容器摆放在井口位置，禁止放置在工井内。隧道内进行电缆中间接头安装时，压力容器应远离明火作业区域，并采取相关安全措施	《国家电网公司电力安全工作规程（电网建设部分）（试行)》
施工区域内临近的运行电缆，安全防护措施落实不到位	对施工区域内临近的运行电缆和接头，应采取妥善的安全防护措施加以保护，避免影响正常的施工作业	《国家电网公司电力安全工作规程（电网建设部分）（试行)》
使用携带型火炉或喷灯时，火焰与带电部分安全距离不满足要求	使用携带型火炉或喷灯时，火焰与带电部分的安全距离：电压在 10kV 及以下者，应大于 1.5m；电压在 10kV 以上者，应大于 3m	《国家电网公司电力安全工作规程（电网建设部分）（试行)》
1）未征得工作许可人的许可，擅自拆除电力电缆接地线。 2）试验工作完毕后，未立即恢复电力电缆接地线	电力电缆试验需拆除接地线时，应征得工作许可人的许可（根据调控人员指令装设的接地线，应征得调控人员的许可）方可进行。工作完毕后应立即恢复	《国家电网公司《国家电网公司电力安全工作规程（线路部分)》Q/GDW 1799.2—2013

28.5 电缆试验

违章表现	规程规定	规程依据
1）未编写专项施工方案。 2）未填写安全施工作业票 B。 3）高压试验设备的外壳未接地。 4）试验设备布置不平稳、牢靠。 5）电缆耐压试验过程中，加压端防人员误入措施不到位。 6）电缆耐压试验过程中，非加压端安全隔离措施不到位。 7）电缆耐压试验过程中，非加压端未派人看守。 8）试验区域未悬挂"止步，高压危险！"标志牌	电缆耐压试验前，应对设备充分放电，并测量绝缘电阻。加压端应做好安全措施，防止人员误入试验场所。另一端应设置围栏并挂上警告标志牌。如另一端在杆上或电缆开断处，应派人看守。试验区域、被试系统的危险部位或端头应设临时遮栏，悬挂"止步，高压危险！"标志牌	《国家电网公司电力安全工作规程（电网建设部分）（试行）》
1）电缆耐压试验两端无专人监护。 2）电缆耐压试验两端未配备通信设备或通信设备不畅通	被试电缆两端及试验操作应设专人监护，并保持通信畅通	《国家电网公司电力安全工作规程（电网建设部分）（试行）》
试验引线未做好防风措施，与带电体安全距离不足	连接试验引线时，应做好防风措施，保证与带电体有足够的安全距离。试验引线的安全距离应符合表 13 要求。更换试验引线时，应先对设备充分放电	《国家电网公司电力安全工作规程（电网建设部分）（试行）》
1）作业人员未戴好绝缘手套。 2）作业人员未穿绝缘靴。 3）作业人员未站在绝缘垫上	电缆试验过程中，作业人员应戴好绝缘手套并穿绝缘靴或站在绝缘垫上	《国家电网公司电力安全工作规程（电网建设部分）（试行）》
1）更换试验引线时，未对设备充分放电。 2）更换试验引线时，作业人员未戴绝缘手套	电缆试验过程中，更换试验引线时，应先对设备充分放电。作业人员应戴好绝缘手套	《国家电网公司电力安全工作规程（电网建设部分）（试行）》
电缆耐压试验分相进行时，另外两相未可靠接地	电缆耐压试验分相进行时，另外两相应可靠接地	《国家电网公司电力安全工作规程（电网建设部分）（试行）》
1）电缆试验结束，未对被试电缆进行充分放电。 2）电缆试验结束，未在被试电缆上加装临时接地线	电缆试验结束，应对被试电缆进行充分放电，并在被试电缆上加装临时接地线，待电缆尾线接通后方可拆除	《国家电网公司电力安全工作规程（电网建设部分）（试行）》

违章表现	规程规定	规程依据
电缆故障声测定点时，直接用手触摸电缆外皮或冒烟小洞	电缆故障声测定点时，禁止直接用手触摸电缆外皮或冒烟小洞，以免触电	《国家电网公司电力安全工作规程（电网建设部分）（试行）》
在雷雨或六级以上大风时，开展电缆高压试验	遇有雷雨及六级以上大风时应停止高压试验	《国家电网公司电力安全工作规程（电网建设部分）（试行）》

29 顶 管 施 工

29.1 施工准备

违章表现	规程规定	规程依据
专项施工方案未按要求编制，或专项施工方案未通过审核便开始实施	需单独编制专项施工方案，并按规定进行审核、审批	《建筑施工安全检查标准》JGJ 59—2011
安全管理人员和特种作业人员与岗位和证书信息不一致	项目经理、专职安全员和特种作业人员应持证上岗	《建筑施工安全检查标准》JGJ 59—2011
作业人员未进行安全交底和技术交底	作业前应按规定进行安全技术交底，并应有交底记录	《建筑施工安全检查标准》JGJ 59—2011
现场缺少安全标识	施工现场入口处及主要施工区域、危险部位应设置相应的安全警示标志牌	《建筑施工安全检查标准》JGJ 59—2011

29.2 施工用电

违章表现	规程规定	规程依据
施工现场同一配电系统中同时采用两种保护系统	施工现场配电系统不得同时采用两种保护系统	《建筑施工安全检查标准》JGJ 59—2011
保护零线引出位置不正确	保护零线应由工作接地线、总配电箱电源侧零线或总漏电保护器电源零线处引出，电气设备的金属必须与保护零线连接	《建筑施工安全检查标准》JGJ 59—2011
保护零线接设不符合规范要求	保护零线应单独敷设，线路上严禁装设开关或熔断器，严禁通过工作电流；保护零线应采用绝缘导线，规格和颜色标记应符合规范要求	《建筑施工安全检查标准》JGJ 59—2011
防雷装置设置不符合规范要求	施工现场起重机、物料提升机、施工升降机、脚手架应按规范要求采取防雷措施，防雷装置的冲击接地电阻值不得大于30Ω	《建筑施工安全检查标准》JGJ 59—2011
线路不符合标准，接头处不规范	线路及接头应保证机械强度和绝缘强度	《建筑施工安全检查标准》JGJ 59—2011

违章表现	规程规定	规程依据
1) 施工现场配电系统设置不符合规范要求。 2) 施工现场电箱布置混乱，不符合规范要求。 3) 开关箱与用电设备间的距离超过3m	施工现场配电系统应采用三级配电、二级漏电保护系统，用电设备必须有各自专用的开关箱；箱体安装位置、高度及周边通道应符合规范要求；分配箱与开关箱间的距离不应超过 30m，开关箱与用电设备间的距离不应超过 3m	《建筑施工安全检查标准》JGJ 59—2011
施工现场未配置适用于电气火灾的灭火器材	配电室的建筑耐火等级不应低于三级，配电室应配置适用于电气火灾的灭火器材	《建筑施工安全检查标准》JGJ 59—2011
专职人员未做到定期巡视、检查并记录	施工用电配电箱设开关保护、现场电箱及灭火器材应由专职人员定期巡视、检查	《建筑施工安全检查标准》JGJ 59—2011
在特殊的施工场地，照明电源未使用相应的安全电压，施工现场未配备应急照明装置	根据施工场地的特殊性，选择不同等级的安全电压为照明电源；按规范要求配备应急照明	《建筑施工安全检查标准》JGJ 59—2011

29.3 安全防护

违章表现	规程规定	规程依据
施工现场作业人员未规范使用安全帽	进入施工现场的人员必须正确佩戴安全帽；现场使用的安全帽必须是符合国家相应标准的合格产品	《建筑施工安全检查标准》JGJ 59—2011
施工现场作业人员未规范使用安全带	高处作业人员应按规定系挂安全带；安全带的系挂应符合规范要求	《建筑施工高处作业安全技术规范》JGJ 80
施工现场作业人员使用的安全带未定期检验	安全带的质量应符合规范要求	《安全带》GB 6095
1) 临边防护设施有缺口，或未连接固定。 2) 临边防护设施其构造、强度未达到要求，或其高度未达到标准要求。 3) 杆件的连接固定方式不符合规范，稳定性达不到要求	临边防护设施应连续；其构造、强度和高度应符合规范要求；宜定型化、工具式，杆件的规格及连接固定方式应符合规范要求	《建筑施工安全检查标准》JGJ 59—2011
爬梯的拉撑装置简易，不可靠	攀登折梯的材质和制作质量应符合规范要求，并应设有可靠的拉撑装置	《建筑施工安全检查标准》JGJ 59—2011

29.4 基坑工程（作业前）

违章表现	规程规定	规程依据
1） 基坑工程未编制专项施工方案。 2） 开挖深度超过 3m 或未超过 3m 但地质条件和周边环境复杂的基坑土方开挖、支护、降水工程，未单独编制专项施工方案	基坑工程施工应编制专项施工方案，开挖深度超过 3m 或未超过 3m 但地质条件和周边环境复杂的基坑土方开挖、支护、降水工程，应单独编制专项施工方案	《建筑施工安全检查标准》JGJ 59—2011
专项施工方案未进行审核、审批	专项施工方案应按规定进行审核、审批	《建筑施工安全检查标准》JGJ 59—2011
1） 支护结构养护后强度未达到设计要求提前开挖。 2） 开挖下层土方时有超挖现象。 3） 未按方案要求分层均衡开挖	基坑支护结构必须在达到设计要求的强度后，方可开挖下层土方，严禁提前开挖和超挖，要求按设计和施工方案的要求，分层、分段、均衡开挖	《建筑施工安全检查标准》JGJ 59—2011

29.5 基坑工程（作业中）

违章表现	规程规定	规程依据
开挖深度超过 2m 及以上的基坑周边所安装防护栏杆未闭合或围栏高度不足，未设中间杆	开挖深度超过 2m 及以上的基坑周边必须安装防护栏杆，防护栏杆的安装应符合规范要求	《建筑施工安全检查标准》JGJ 59—2011
雨期施工时，未在坑顶、坑底采取有效的截排水措施；	雨期施工时，应在坑顶、坑底采取有效的截排水措施	《建筑基坑支护技术规程》JGJ 120—2012
1） 安全等级为一级、二级的支护结构，在基坑开挖过程与支护结构使用期内，未进行支护结构的水平位移监测和基坑开挖影响范围内建（构）筑物、地面的沉降监测。 2） 安全等级为一级、二级的支护结构，在基坑开挖过程与支护结构使用期内，未对基坑开挖影响范围内建（构）筑物、地面的沉降进行监测	安全等级为一级、二级的支护结构，在基坑开挖过程与支护结构使用期内，必须进行支护结构的水平位移监测和基坑开挖影响范围内建（构）筑物、地面的沉降监测（强条）	《建筑基坑支护技术规程》JGJ 120—2012
1） 支护结构顶部水平位移的监测，基坑向下开挖期间，未进行每天监测。 2） 支护结构顶部水平位移的监测，当地面、支护结构或周边建筑物出现裂缝、沉降，遇到降雨、降雪、气温骤变，基坑出现异常的渗水或漏水，坑外地面荷载增加等各种环境条件变化或异常情况时，未立即进行连续三天的监测数值稳定监测。	支护结构顶部水平位移的监测频次应符合下列要求： 1） 基坑向下开挖期间，监测不应少于每天一次，直至开挖停止后连续三天的监测数值稳定。 2） 当地面、支护结构或周边建筑物出现裂缝、沉降，遇到降雨、降雪、气温骤	《建筑基坑支护技术规程》JGJ 120—2012

违章表现	规程规定	规程依据
3）支护结构顶部水平位移的监测，位移速率大于或等于前次监测的位移速率时，未进行连续监测	变，基坑出现异常的渗水或漏水，坑外地面荷载增加等各种环境条件变化或异常情况时，应立即进行连续监测，直至连续三天的监测数值稳定。 3）当位移速率大于或等于前次监测的位移速率时，则应进行连续监测	《建筑基坑支护技术规程》JGJ 120—2012
1）在支护结构施工、基坑开挖期间以及支护结构使用期内未对支护结构和周边环境进行巡查。 2）巡查记录缺少基坑外地面和道路有无开裂、沉陷情况，基坑周边建筑物开裂、倾斜情况。 3）巡查记录缺少支撑构件有无变形、开裂情况记录、缺少基坑侧壁有无截水帷幕渗水、漏水、流砂等	在支护结构施工、基坑开挖期间以及支护结构使用期内，应对支护结构和周边环境的状况随时进行巡查	《建筑基坑支护技术规程》JGJ 120—2012
1）满堂脚手架架体四周与中部未按规范要求设置竖向剪刀撑或水平斜杆。 2）立杆间距，水平步距过大，不符合设计和规范要求	满堂脚手架架体四周与中部应按规范要求设置竖向剪刀撑或专用斜杆，架体应按规范要求设置水平剪刀撑或水平斜杆，架体立杆件间距，水平杆步距应符合设计和规范要求	《建筑施工安全检查标准》JGJ 59—2011
1）作业人员操作前未检查施工操作环境、临边洞口安全防护措施等。 2）脚手架上脚手板未按要求设置、固定	作业前必须检查工具、设备、现场环境等，确认安全后方可作业。要认真看在施工洞口、临边安全防护和脚手架护身栏、挡脚板、立网是否齐全、牢固；脚手板是否按要求间距放正、绑牢，有无探头板和空隙	《建筑施工安全检查标准》JGJ 59—2011
1）进入施工现场的人员未正确佩戴安全帽。 2）脚手架外侧未采用密目式安全网进行封闭	高处作业中，进入施工现场的人员必须正确佩戴安全帽，安全帽的质量应符合规范要求，在建工程脚手架外侧应采用密目式安全网进行封闭	《建筑施工安全检查标准》JGJ 59—2011
1）钢丝绳有磨损、断丝、变形、锈蚀现象较为明显。 2）起重机械荷载限位器，行程限位装置未安装或不够灵敏	起重吊装作业中，起重机械应按规定安装荷载限制器及行程限位装置，钢丝绳磨损，断丝、变形、锈蚀应在规范允许范围内	《建筑施工安全检查标准》JGJ 59—2011
1）多台起重机同时起吊一个构件时，未制定专项施工方案。 2）吊索系挂点不够牢固	多台起重机同时起吊一个构件时，单台起重机所承受的荷载应符合专项施工方案要求，吊索系挂点应符合专项施工方案要求	《建筑施工安全检查标准》JGJ 59—2011

违章表现	规程规定	规程依据
1）起重机用吊具载运人员。 2）起重时起重臂下方有人员停留，被吊物从人的正上方通过	起重机不应采用吊具载运人员，起重机作业时，任何人不应停留在起重臂下方，被吊物不应从人的正上方通过	《建筑施工安全检查标准》JGJ 59—2011
1）用滑轮起吊时，碰撞脚手架。 2）用滑轮吊到位置后，作业人员直接用手拉拽吊绳	用滑轮起吊时，不得碰撞脚手架，吊到位置后，应用铁钩向里拉至操作平台，不得直接用手拉拽吊绳	《建筑施工安全检查标准》JGJ 59—2011
1）电焊机未单独设置保护零线。 2）电焊机未设置二次空载降压保护装置。 3）电焊机一次线长度超过 5m	电焊机安装保护零线应单独设置，并安装漏电保护装置，应设置二次空载降压保护装置，电焊机一次线长度不得超过 5m，并应穿管保护	《建筑施工安全检查标准》JGJ 59—2011
1）高温下，气瓶未采取遮阳措施。 2）气瓶使用时未安装减压器。 3）乙炔瓶未安装回火防止器	气瓶使用时必须安装减压器，乙炔瓶应安装回火防止器，并应灵敏可靠	《建筑施工安全检查标准》JGJ 59—2011
1）潜水泵未单独设置保护零线。 2）未安装漏电保护装置或漏电保护装置失效。 3）负荷线未采用专用防水橡皮电缆	潜水泵保护零线应单独设置，并应安装漏电保护装置，负荷线应采用专用防水橡皮电缆，不得有接头	《建筑施工安全检查标准》JGJ 59—2011
作业时电缆线长度超过 30m	振捣器作业时应使用移动配电箱，电缆线长度不应超过 30m	《建筑施工安全检查标准》JGJ 59—2011
砌筑过程中施工人员交叉作业未设置可靠、安全的防护隔离层	高处作业面下方不得有人，交叉作业必须设置可靠、安全的防护隔离层	《建筑施工安全检查标准》JGJ 59—2011
作业平台上铺脚手板，宽度少于两块脚手板（50cm），间距大于 2m	作业平台上铺脚手板，宽度不得少于两块脚手板（50cm），间距不得大于 2m，移动高凳时上面不能站人	《建筑施工安全检查标准》JGJ 59—2011
施工人员移动高凳时上面有人	作业平台上铺脚手板，宽度不得少于两块脚手板（50cm），间距不得大于 2m，移动高凳时上面不能站人	《建筑施工安全检查标准》JGJ 59—2011
脚手架站脚处的高度高于已砌砖的高度	脚手架站脚处的高度，应低于已砌砖的高度	《建筑施工安全检查标准》JGJ 59—2011
内部结构施工使用的工具、材料未稳妥摆放	内部结构施工使用的工具、材料应放在稳妥的地方。挂线的坠物必须牢固	《建筑施工安全检查标准》JGJ 59—2011
挂线的坠物未绑定牢固	内部结构施工使用的工具、材料应放在稳妥的地方。挂线的坠物必须牢固	《建筑施工安全检查标准》JGJ 59—2011
施工人员在临边作业时，未佩戴安全带、未使用安全绳	在临边作业时，必须佩戴安全带、安全绳	《建筑施工安全检查标准》JGJ 59—2011

29.6　基坑工程（恶劣天气注意事项）

违章表现	规程规定	规程依据
施工人员在雨期未采取防雨措施	如遇雨天及每天下班时，要做好防雨措施，以防雨水冲走砂浆，致使砌体倒塌	《建筑施工安全检查标准》JGJ 59—2011
冬期施工时，脚手板上有冰霜、积雪，施工人员未清除干净就在架子进行操作	冬期施工时，脚手板上如有冰霜、积雪，应先清除干净才能上架子进行操作	《建筑施工安全检查标准》JGJ 59—2011
在台风到来之前，已砌好的山墙未采取加固措施	在台风到来之前，已砌好的山墙应临时用联系杆（例如桁条）放置各跨山墙间，联系稳定，否则，应另行作好支撑措施	《建筑施工安全检查标准》JGJ 59—2011
在台风季节，施工人员未及时封堵预留洞导致雨水灌入井内	在台风季节，应对现场钢筋使用油布进行遮盖，现场预留洞及时封堵避免雨水灌进	《建筑施工安全检查标准》JGJ 59—2011
六级级以上大风、雨雪天气之后，未对脚手架垂直度等变化进行测量	大风、大雨、冰冻等异常气候之后，应检查脚手架是否有垂直度的变化	《建筑施工安全检查标准》JGJ 59—2011

29.7　吊装工程

违章表现	规程规定	规程依据
采用非常规起重设备、方法且单件起吊质量在 110kN 及以上的起重吊装工程未组织专家论证	超规模的起重吊装作业应组织专家对专项施工方案进行论证	《建筑施工安全检查标准》JGJ 59—2011
1）起重设备专业机构出具的检测合格证和起重机安装质量检测报告缺失。 2）起重机械荷载限位器，行程限位装置未安装或不够灵敏。 3）吊车吊钩保险装置损坏。 4）钢丝绳有磨损、断丝、变形、锈蚀现象较为明显	起重吊装作业中，起重机械应按规定安装荷载限制器及行程限位装置，钢丝绳磨损，断丝、变形、锈蚀应在规范允许范围内	《建筑施工安全检查标准》JGJ 59—2011
1）人与证、证与机信息不一致，或上岗时未携带证件。 2）没有专职信号指挥人员配合，司索人员就进行作业。 3）未进行安全技术交底就上岗作业	起重机司机应持证上岗，操作证应与操作机型相符；起重机作业应设专职信号指挥和司索人员，一人不得同时兼顾信号指挥和司索作业。作业前应按规定进行安全技术交底，并应有交底记录	《建筑施工安全检查标准》JGJ 59—2011
1）人员从吊物下面通过。 2）吊索系挂吊物时不紧或不到位。 3）吊运易散落物件，未采用专用吊笼。	吊装作业时，任何人不应停留在起重臂下方，被吊物不应从人的正上方通过；吊索系挂点应符合专项施工方案要求；当吊	《建筑施工安全检查标准》JGJ 59—2011

违章表现	规程规定	规程依据
4）吊物超载。 5）起重司机、指挥、司索间通信联络方式不佳。 6）吊物倾斜。 7）重物与捆绑钢丝绳之间未加衬垫。 8）施工场地昏暗，照明不佳	运易散落物件时，应使用专用吊笼。起重机吊装时"十不吊"：超载或被吊物重量不明时不吊；指挥信号不明确时不吊；捆绑、吊挂不牢或不平衡可能引起吊物滑动时不吊；被吊物上有人或有浮置物时不吊；结构或零部件有影响安全工作的缺陷或损伤时不吊；遇有拉力不清的埋置物时不吊；歪拉斜吊重物时不吊；工作场地昏暗，无法看清场地、被吊物和指挥信号时不吊；重物棱角处与捆绑钢丝绳之间未加衬垫时不吊；容器内物品装得太满时不吊	《建筑施工安全检查标准》JGJ 59—2011
1）作业区域未明示警戒区域，安放安全警告牌。 2）警戒区没有专人监护	起重吊装应按规定设置作业警戒区，警戒区应设专人监护	《建筑施工安全检查标准》JGJ 59—2011
项目部未编制大型机械的安装和拆除相应的专项施工方案	大型机械的安装和拆除作业应编制安装、拆除、加节、移位等专项施工技术方案，并按规定进行审核、审批	《建筑施工安全检查标准》JGJ 59—2011
作业人员防护设施佩戴不齐全	按施工方案要求实施各类防护设施及通讯设施，并经验收合格	《建筑施工安全检查标准》JGJ 59—2011
施工现场未对场地承载力进行验算和检测，就进行大型机械作业	作业面承载力满足大型机械的要求，否则进行加固处理，并经验收合格	《建筑施工安全检查标准》JGJ 59—2011
未作安全警示，旁边没有专职监控人员，监控人员是未经培训的合格专职人员	应按规定设置作业警戒区，指派经培训合格的专职人员全过程进行监控	《建筑施工安全检查标准》JGJ 59—2011
1）机械安装完成后，未等检测合格结果出来就开始使用。 2）未按时间维修和保养	安装、自检完毕，必须经专业检测检验机构检测合格后方可交付使用；按规定做好维修和保养	《建筑施工安全检查标准》JGJ 59—2011
1）油路转角较多就易漏油。 2）油管及接头不符合标准，易漏油、损坏	油路安装应顺直、并联，减少转角，接头不漏油；油泵装有限压阀和压力表等指示保护装置，安装完毕后须试车，在顶进中应定时检修维护，及时排除故障	《顶管施工技术及验收规范》
预埋法兰底盘、橡胶板、钢压板、垫圈与螺栓不完全符合标准，洞口易渗漏	为防止顶管机头进出工作坑洞口流入泥水，并确保在顶进过程中压注的触变泥浆不致流失，必须事先安装好前墙止水圈	《顶管施工技术及验收规范》

违章表现	规程规定	规程依据
吊、卸机头等重要设备时未使用专用吊具，易发生碰撞而造成工程事故	吊、卸机头时应平衡、缓慢、避免冲击、碰撞，并由专人指挥，一般重量较轻的工具管可用钢丝绳外套橡皮吊放，对顶管掘进机等重要设备必须使用专用吊具，确保安全可靠	《顶管施工技术及验收规范》
1）出洞前未对所有设备进行全面检查。 2）出洞前未进行联动调试	出洞前必须对所有设备进行全面检查：液压、电气、压浆、气压、水压、照明、通信、通风等操作系统是否能正常进行工作，各种电表、压力表、换向阀、传感器、流量计等是否能正确显示其进入工作状态，然后进行联动调试无故障后方可准备出洞	《顶管施工技术及验收规范》
1）未进行进出洞条件验收或验收不合格时仍进出洞易发生漏浆、塌陷。 2）洞口封门拆除时间未控制好易发生漏浆、塌陷等问题	洞口封门拆除前，应保证洞口外段的降水效果达到要求，洞口止水圈与机头外壳的环形间隙均匀、密封、无泥浆流入，用注浆法加固的洞口外段增加洞外土体固结力使地面无明显沉陷	《顶管施工技术及验收规范》
1）顶进过程中没有掌握好顶进过程中的参数，无法控制机头偏转。 2）顶进过程中没有勤测量，无法准确掌握机头位置。未勤纠偏，发生塌陷	顶进过程中应控制好顶进速度、注浆速度、泥浆配比等施工参数，同时勤测勤纠，防止发生塌陷或上拱	《顶管施工技术及验收规范》
在长距离顶管施工的管道内未按要求设置通风装置	顶进距离超过50m时应当在管道内设置通风装置，并应有预防缺氧、窒息的措施	《顶管施工技术及验收规范》
施工现场未按有关规定储存、使用、处理易燃易爆物品及危险化学品	应设立危险品仓库，将易燃易爆物品及危险化学品隔离分类存放；应轻拿轻放、防撞击和倾倒，应有防风、防潮、防火、防盗和避雷等设施	《危险化学品安全管理条例》（国务院令第591号） 《民用爆炸物品安全管理条例》（国务院令第653号）

30 盾 构 施 工

30.1 准备工作

违章表现	规程规定	规程依据
入场前未对施工人员进行技术交底	施工人员必须进行入场安全教育,经考试合格后方可进场。进入施工现场的人员应正确佩戴安全帽,根据作业工种或场所需要选配人体防护装备	《电力建设安全工作规程 第3部分:变电站》DL 5009.3—2013 《国家电网公司基建安全管理规定》[国网(基建/2)173—2015]
施工人员未正确佩戴安全帽	施工人员必须进行入场安全教育,经考试合格后方可进场。进入施工现场的人员应正确佩戴安全帽,根据作业工种或场所需要选配人体防护装备	《电力建设安全工作规程 第3部分:变电站》DL 5009.3—2013 《国家电网公司基建安全管理规定》[国网(基建/2)173—2015]
1) 施工前未进行风险复测。 2) 施工前未开具安全施工作业票或作业票使用错误	开具符合标准的作业票	《国家电网施工项目部标准化管理手册》
1) 临边安全防护措施不到位。 2) 隧道区间走道板未按要求设置固定	作业前必须检查工具、设备、现场环境等,确认安全后方可作业。要认真查看在施工洞口、临边安全防护和脚手架身栏、挡脚板、立网齐全、牢固;脚手板按要求间距放正、绑牢,无探头板和空隙	《电力建设安全工作规程 第3部分:变电站》DL 5009.3—2013 《国家电网公司电力安全工作规程(电网建设部分)(试行)》
1) 盾构施工未编制作业指导书。 2) 盾构作业区域未设置警戒区域	编制专项作业指导书,盾构机解体拆卸区域设置警戒线,无关人员不得进入吊装区域;监护人员对拆卸和由内向外运输过程监控到位;盾构机解体拆卸物件时,专人指挥,按工序进行,配置合理,无野蛮施工现象;无违反起重作业相关安全规定	《盾构法隧道施工与验收规范》GB 50446—2008

30.2　作业过程

违章表现	规程规定	规程依据
施工现场及周边未设置沉降监测	对地表沉降、临边建（构）筑物、地下管线、隧道结构等进行监测，防止出现工程自身或第三方安全事故	《盾构法隧道施工与验收规范》GB 50446—2008
1）在盾构施工前,未对各机械设备进行每日例保。 2）在盾构施工前,未对各施工环节进行每日巡查	大型起重机械设备进行每日例保,行车轨道进行每日例检,电瓶车进行每日检测	《建筑施工安全检查标准》JGJ 59—2011
电工未对施工用电进行每日巡检	施工电缆、电线无脱皮老化现象,临电系统按照三相五线、一机一闸一保护的要求进行设置	《施工现场临时用电安全技术规范》JGJ 46—2012
特殊工种作业人员未持证上岗	盾构管片的吊运、泥浆吊运放置、危险品吊装符合标准要求（按照十不吊进行吊装）	《建筑施工起重吊装安全技术规范》JGJ 276—2012
1）泥浆外运存在泥浆外溢现象。 2）氧气瓶和乙炔瓶混合吊装	盾构管片的吊运、泥浆吊运放置、危险品吊装符合标准要求（按照十不吊进行吊装）	《建筑施工起重吊装安全技术规范》JGJ 276—2012
1）盾构施工电瓶车司机不具备上岗证。 2）盾构施工电瓶车载人运输。 3）盾构施工电瓶车车速超过限定速度。 4）盾构施工电瓶车超过限定车速	电瓶车运输过程中不允许载人、电瓶车司机驾驶不得超过限定车速、电瓶车司机持证上岗	《场（厂）内机动车辆安全检验技术要求》GB/T 16178—2011
隧道内未设置空气检测仪	使用空气检测仪对隧道内空气进行检测,空气达到氧气 17.5～21.5,无氯气、一氧化碳低于 49	《盾构法隧道施工与验收规范》GB 50446—2008
1）隧道内照明电源电压高于 36V 2）隧道内电器设备存在绝缘不良、外壳有带电现象	按有限空间施工要求使用低于 36V 安全电压、电器设备无绝缘不良、外壳带电现象	《盾构法隧道施工与验收规范》GB 50446—2008/JGJ 46—2012
隧道内消防器材配备不足	消防器材的配置 75m/一组干粉 ABC 灭火器	《盾构法隧道施工与验收规范》GB 50446—2008
1）六级及以上大风期间,开展吊装作业。 2）盾构施工行车揽风钢丝绳设置不规范。 3）盾构施工行车揽风钢丝绳地锚埋设不合格。	台风、大风、高温下作业（6 级大风情况施工现场停止一切施工作业、室外 35°以上作业时,配备防暑药品、防暑通风措施到位）	《建筑施工安全检查标准》JGJ 59—2011

违章表现	规程规定	规程依据
4）临建防风措施不到位。 5）储料罐防风措施不到位。 6）盾构施工高温期间防暑措施不到位	台风、大风、高温下作业（6级大风情况施工现场停止一切施工作业、室外35°以上作业时，配备防暑药品、防暑通风措施到位）	《建筑施工安全检查标准》JGJ 59—2011
盾构施工夜间施工照明不足	施工作业环境具备施工照明充足	《建筑施工安全检查标准》JGJ 59—2011
1）盾构施工电瓶车未采取防溜车措施。 2）盾构施工电瓶车的刹车、制动系统不良。 3）盾构施工电瓶车轨枕与轨道之间连接不够牢固。 4）盾构施工电瓶车例保维护工作及记录不全。 5）泥斗、管片、运浆车间连接不良	电瓶车无失控现象，车队无惯性下行现象（电瓶车车况良好，刹车制动系统完好，轨道与轨枕连接良好，车辆各节连接完好）	《盾构法隧道施工与验收规范》GB 50446—2008
1）盾构施工电瓶车的警示设备（警示灯、警示铃）故障。 2）盾构施工电瓶车司机起步未打铃、超速行驶。 3）电瓶车人货混装	行驶电瓶车车队对隧道内人员和设备无挂刮碰撞现象	《盾构法隧道施工与验收规范》GB 50446—2008
1）盾构尾部漏水。 2）盾构尾部漏沙。 3）盾尾油脂添加不足	盾构尾部油脂添加足够，盾构尾部无漏水、漏沙现象	《盾构法隧道施工与验收规范》GB 50446—2008
1）盾构机出洞前，洞口存在漏水、漏沙、漏泥现象。 2）盾构机进洞时，洞口存在塌方、漏水、漏沙现象	盾构机出洞无漏沙渗水现象、无坍塌方现象	《盾构法隧道施工与验收规范》GB 50446—2008
沉井上下通道未采取防雨措施	如遇雨天及每天下班时，要做好防雨措施，以防上下井通道滑，致使人员受伤	《建筑施工手册》（第五版）
冬期施工时，作业区域及通道积雪未及时清除	冬期施工时，脚手板上如有冰霜、积雪，应先清除干净才能上架子进行操作	《建筑施工手册》（第五版）
沉井挡水墙高度不足	在台风到来之前，已砌好的山墙应临时用联系杆（例如桁条）放置各跨山墙间，联系稳定，否则，应另行作好支撑措施	《建筑施工手册》（第五版）